Graham Farmelo

It Must
be Beautiful

Great Equations of
Modern Science

天地有大美

现代科学之伟大方程

[英]格雷厄姆·法米罗 主编

涂泓 吴俊 译

冯承天 译校

 上海科技教育出版社

内 容 提 要

●

　　科学在我们的文化中具有非凡的影响。许多最为杰出成功的科学理论，其核心部分就是方程。但是，对于我们中的许多人来说，这些方程是一本合上了的书。它们那些难以理解的形式常常会成为一道障碍，使我们无法理解它们的意义，它们甚至开始成为现代科学之神秘和恐怖的体现。《天地有大美》一书纠正了这一点，它为不精通数学的读者介绍了现代科学中的一些伟大方程，力图展示方程中的力量和优美。

　　《天地有大美》汇集了世界上一些著名的科学家，以及关于科学方面的重要历史学家和作家，他们每个人都具有解释的天赋。其中每位作者揭示一个方程，使之通俗易懂；通过认识怎样获得这个方程、方程能够做什么，以及方程在当代文化中的重要性，我们心悦诚服、眼界大开。

　　这些作者包括：哈佛大学的彼得·加利森（关于 $E = mc^2$）、罗杰·彭罗斯（关于爱因斯坦的广义相对论方程）、皇家学会主席罗伯特·梅（关于逻辑斯谛映射）、约翰·梅纳德·史密斯（关于进化的数学）、获奖记者艾斯琳·欧文（关于预言将出现臭氧层空洞的方程）、诺贝尔物理学奖得主弗兰克·维尔切克（关于电子的狄拉克方程）、《连线》杂志特约编辑奥利弗·莫顿（关于德雷克方程，这个方程阐明了外太空生命存在可能性的思考），还有诺贝尔物理学奖得主斯蒂文·温伯格（给了我们一篇发人深思的后记）。

品 读 建 议

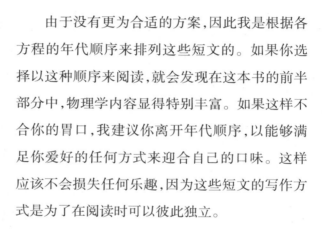

由于没有更为合适的方案,因此我是根据各方程的年代顺序来排列这些短文的。如果你选择以这种顺序来阅读,就会发现在这本书的前半部分中,物理学内容显得特别丰富。如果这样不合你的胃口,我建议你离开年代顺序,以能够满足你爱好的任何方式来迎合自己的口味。这样应该不会损失任何乐趣,因为这些短文的写作方式是为了在阅读时可以彼此独立。

既然现在我有发言权,我想要感谢格兰塔出版社(Granta Books)的全体职员,所有他们的工作得以使这本集子结成硕果。我尤其要感谢萨吉达·艾哈迈德(Sajidah Ahmad)、尼尔·贝尔顿(Neil Belton)、路易丝·坎贝尔(Louise Campbell)、安吉拉·罗斯(Angela Rose)和莎拉·瓦斯利(Sarah Wasley),他们都作出了超出职责范围的贡献。

祝您好胃口。

格雷厄姆·法米罗

目　录

前　言

●

天地有大美

科学为习者而存，诗歌为知音而作。

——约瑟夫·鲁(Joseph Roux)，《教区教士冥思录》，

第一部，第71页(1886)

1974年5月，拉金(Philip Larkin)*为了促销被他取名为《高窗》的诗歌集，作了一次无线电访谈，在其中他指出一首好的诗歌就像一个洋葱。从外表上来看，诗歌和洋葱都平滑流畅，使人愉悦、令人着迷。随着一层一层的意义被揭开，它们愈显如此。而他的目标就是要写出"完美的洋葱"来。

科学的诗意，在某种意义上讲，是体现在它的伟大方程之中的。正如本书中各篇短文所表明的，这些方程也可以被一层一层地剥开。不过它们中的每一层都体现了它们的属性特征和因果关系，而不是它们的意义。

尽管有诗人和文艺评论家的极大努力，仍然没有人能对诗提出一个毫无争议的定义。但是，数学家去定义"方程"这一词时，他们是不会有这样的困惑的。一个方程，根本上是一个完美平衡的表达式。对于

* 拉金(1922—1985)，英国小说家、诗人。——译者

纯数学家而言——他们往往对科学漠不关心——方程是一个抽象的表述,与真实世界的具体实在没有任何关系。所以当数学家们看到一个方程,比如说 $y = x + 1$,他们会把 y 和 x 当作完全抽象的符号,而不是把它们当作表述了真实存在的事物。

完全可以想象一个宇宙,在那里数学方程与大自然的运作方式毫无关联。然而绝妙的是,它们之间确实有联系。科学家们惯常以方程的形式把他们的定律表达出来,而使其中的每个符号都具有表示一个实验工作者可以测量的量的特征。正是通过这种符号表达的方法,才使得数学方程成为科学家们手中最强有力的武器之一。

在所有科学方程中,最著名的就是 $E = mc^2$。这个方程是爱因斯坦(Albert Einstein)在 1905 年首次提出来的。和许多伟大的方程式一样,它断言在表面看来完全不同的事物[1]——能量、质量以及光在真空中的速度——之间存在一个等式。通过这个方程式,爱因斯坦预言:对于你设想的任何大小的质量(m),如果你将它乘以真空中光速(用字母 c 表示)的二次方,那么其结果**正好**等于它所对应的能量(E)。像任何其他的方程一样,$E = mc^2$ 使两个量相等,其方式犹如一架天平的两臂而"="的作用如同支点。不过不同的是,天平平衡的是重物,而大多数方程平衡的是其他的一些量;例如 $E = mc^2$ 平衡的就是能量。这个著名的方程源自爱因斯坦自信的思索,而以后的实验者证明了大自然中的质量和能量的转化确实是以此方式发生的。这就使得质能关系式在其提出的仅仅数十年后就成为人类科学知识宝库中的一部分。$E = mc^2$ 现在已成为 20 世纪的一个象征了。如果你要参加电视竞答节目,你就必须具备少许科学知识,而 $E = mc^2$ 就是你应该知道的。[2]

和所有伟大的科学方程一样,$E = mc^2$ 在许多方面类似于一首美妙的诗歌。一首完美的十四行诗,即使改换其中的一个词或一个标点,它就会被糟蹋;同样地,一个伟大的方程,例如 $E = mc^2$,只要对它的一个细节作一点改动,就会使它变得毫无用处。例如说,$E = 3mc^2$就与大自然没有任何关联。

伟大的方程还与精美的诗歌分享另一个非凡的能力——诗歌是最简练但却充满丰富内涵的语言形式,这正如科学中伟大的方程是以一种最简洁的形式去理解它所描述的那一部分物理实在。$E = mc^2$本身就极其强大有力:它用寥寥几个符号概括了一种知识,而从地球上每一个生物体中的每一个细胞内的能量转化,直至最遥远的宇宙爆炸中的能量转化,凡此种种情况都能应用这一知识。更棒的是,它看上去亘古以来就一直是正确的。

当科学家进一步仔细地研究伟大的方程时,他们渐渐地会看到他们最初所未察觉到的事物。同样地,反复朗读一首美妙的诗歌也会一直不断地激起新的情感和联想。诗歌对于思想上有准备的想象有很强的刺激作用,伟大的方程亦复如此。爱因斯坦不能预知有关他的相对论方程的无数推论,莎士比亚(Shakespeare)同样也不能预先想象到他的读者能从他的"我怎么能够把你来比作夏天?"这句诗文(第18首十四行诗)中感受到各种含义。

这里所说的并非暗示诗歌和科学方程是一样的。每一首诗都是用一种独特的语言写成的,如果把它们翻译成另一种文字,其魅力就丧失殆尽了。然而,方程是用通用的数学语言写就的:$E = mc^2$在英语和在乌尔都语中都是一样的。再者,诗人寻求多样的含义以及言语和思想之间的交感,而科学家却意图使他们的方程传递一个单一的逻辑含义。[3]

一个伟大的科学方程,通常意味着为我们提供了一种称之为自然规律的东西。物理学家费恩曼(Richard Feynman)对此通俗地作了一个类比,这帮助我们澄清了方程和规律之间的关系。[4]设想人们正在观看弈棋。如果预先没有告诉他们下棋的规则,那么他们可以单单通过观察弈棋者如何移动不同的棋子很快地搞清楚下棋的规则。现在设想下棋者不是在普通的象棋棋盘上弈棋,而是根据非常复杂的一套规则在无限广大的棋盘上移动棋子。观察者为了能弄明白游戏的规则,他们将不得不非常仔细地观看各个部分,寻找他们可以收集到的各种模式和任何其他线索。从本质上讲,这就是科学家们所面临的情况。他们仔细地观察自然——在棋盘上移动的棋子——并且试图收集作为基础的种种规律。

大批思想家都无法解释这样的谜:为什么自然界中的大多数基本规律都可以如此便利地写成方程式?为什么那么多的定律可以被表示为一个绝对的规则,以致两个表面上看来是无关的量(方程的左边和右边)恰好相等?也不清楚究竟为什么会存在基本定律。[5]一个通俗而言不由衷的解释是:上帝是一位数学家——这是一种构想,它以越发无法证实的命题来无用地替换深刻的问题。然而利用上帝来寻求解释,长期以来一直是对科学中方程功效的一种通俗的解释。请看一下陈列在布朗克斯美国名人纪念堂里的美国第一个职业女性天文学家米切尔(Maria Mitchell, 1818—1889)半身纪念塑像上的一段引语:"每个表达自然定律的公式,都是赞扬上帝的一首圣歌",这段话是由米切尔在1866年写下的。

比科学方程的起源会引起更多争论的是,这些方程是被发明的还是被发现的这一问题。[6]印度裔美籍天体物理学家钱德拉塞卡(Subrahmanyan Chandrasekhar)*曾经说起过,在他发现一些新的事实或见识时,这些发现对他而言似乎就是"它一直就在那里,我只是有机会把它捡起来"那么一回事。这种说法倒很可能说出了大多数伟大的理论物理学家的意见。根据这种观点,作为宇宙运转机理的方程,在某种意义上,是"就在那里"的,是独立于人们而存在着的。所以科学家们是宇宙的

---

* 钱德拉塞卡(1910—1995),因对恒星结构和演化过程所进行的研究,特别是对白矮星的结构和变化的精确预言而获得1983年诺贝尔物理学奖。——译者

考古学家,他们试图去发掘出亘古以来一直隐藏着的种种规律。规律的起源仍然完全是一个谜。

在曾有过的成千上万名研究科学家中,只有很少的几位以他们的名字命名了重要的科学方程。两位擅长于发现基本方程并且对数学在科学中的角色有特殊洞察力的科学家,就是爱因斯坦和几乎有同样才气的英国理论物理学家狄拉克(Paul Dirac)。两人本身虽然都不是数学家,但却都有写出新方程的非凡能力,这些能力如同诗人杰出的作诗技巧一样丰富。而且他俩还都迷恋同一个信念:物理学的基本方程必定是优美的。[7]

这听起来也许有些奇怪,优美(beauty)这一出自主观想法上的概念在高雅的知识分子中是不受欢迎的,并且理所当然地在高等艺术的学术评论中也无一席之地。[8]然而当我们被微笑的婴儿、山岭的景色、赏心悦目的兰花这些景象所打动时,就是这个词常挂在我们所有人的嘴上——即便对最迂腐的批评家亦复如此。那么,说方程是优美的(beautiful)意味着什么呢?[9]从根本上讲,这意味着这些方程能像我们中的许多人描述为优美的其他事物一样唤起我们的狂喜。一个优美的方程非常像一件不寻常的艺术品,远远不只以纯粹的吸引力为其属性——它会有其普遍性、简洁性、必然性和一种质朴自然的力量。想一想下列这些杰作:塞尚(Cézanne)*的《苹果和梨》,富勒(Buckminster Fuller)**的网格球顶式建筑,登奇(Judi Dench)扮演的麦克白夫人,菲茨杰拉德(Ella Fitzgerald)录制的唱片《曼哈顿》。我在首次欣赏它们时,很快就意识到我与一些概念上浩瀚而不朽的事物同在,它们根本就是完美无瑕、丝毫没有赘余的,并且被精心制作以致一旦其内部有任何改变的话,它的力量就会被削弱。

_____

* 塞尚(1839—1906),法国画家,后期印象派代表人物。——译者

** 富勒(1895—1983),美国建筑师、发明家。——译者

一个优异的科学方程还有另一个品性,这就是实用上的优美性。它必须与每一个相关的实验结果吻合,更棒的是,它可以预言那些以前没有人做过的实验的结果。方程在这一方面的有效性,类似于一架精心研制的机械机器之美。当我们在库勃里克(Stanley Kubrick)的电影《全金属外壳》中听到海军新兵派尔(Gomer Pyle)开始对他的来复枪说话时,我们看到的就是那一类机器。这位痴迷的派尔赞扬其精密的设计,并以其极大地适合毁灭性功能的特性为乐。要是它不再工作,它就不会如此近乎完美。

对于爱因斯坦——这个20世纪科学唯美主义的典范来说,优美这个概念尤为重要。他的大儿子汉斯(Hans)曾说过,"他的性格,与其说像我们通常认为科学家应有的那种性格,倒还不如说更像艺术家所具有的那种性格。例如,他对一个好的理论和一项做得好的工作的最高评价并不是依据其正确性和精确性,而是其优美性。"他有一次竟然说"**只有**那些优美的物理理论才是我们愿意接受的",而且认为一个好的物理理论必然符合实验结果,这是理所当然的。狄拉克相信数学之美是判断基本理论品质优劣的一个标准,在这一方面他比爱因斯坦有过之而无不及[10];他甚至还宣称这对他来说是"一种宗教"。在他事业的后期,他花了大量时间周游世界,作关于冠有他名字的伟大方程的讲座,这些讲座场场爆满。他不断地强调对美的追求总像北极星那样能给人以方向,让人得到灵感。1955年在莫斯科大学举行的一次专题讨论会上,有人要求他概括他的物理学哲学思想,此时他用大写字母在黑板上写下了这样的话,"物理定律应该具有数学上的优美。"这块黑板现在仍然陈列着。

对于一般的人而言,这样的唯美主义是一种难以对付而没有产出的信条。实际的情况是,对于大多数的科学家来说,优美既不是一个和他们很有关系的概念,也不会对他们的日常工作有向导作用。诚然,他们所使用的方程有着一种潜在的美（underlying beauty），并且这些方程的正确解答极有可能是美的而不是丑的。但是优美是可能会把人引入歧途的。科学中还混杂着一些曾经被视作优美的，但后来却证明是错误的理论的残余——但它们不是大自然所要实现的。对于大多数科学家来说，探索一个新的理论，其有效性的首要标准是看它是否与实验相符合。

科学是通过把实验与基于数学的理论结合起来，才得以发展的。相对来说，这一思想是新颖的。它起源于佛罗伦萨，仅仅在350年以前，这与人类历史的跨度对比，就犹如在昨天。其创始者是伽利略（Galileo）——第一个近代科学家。他意识到推进科学最好从考虑小范围内的现象开始，而其结果将是可以用精确的数学术语来表述的定律。[1]在整个思想史上，这是最伟大、最有成效的发现之一。

自从伽利略时代以来，科学已变得越来越离不开数学。方程式现在是一个非常重要的科学工具，而且对大多数理论家来说——当然也对大多数物理学家来说——存在着一个基本方程来描述他们正在研究的现象，或者，某人终有一天会找到一个适合的方程，这事实上是一种信念。然而，就像费恩曼喜欢推测的，也许最终的结果是：自然界的基本定律并不一定要用数学来表述，它们可以更好地用其他形式来表述，诸如支配弈棋比赛的那些规则。

眼下看来，对表述那些最基本的科学规律来说，方程式提供了一种最为有效的途径。但是方程式并非为所有科学家所关注，他们中的许多人只要稍许懂点数学就能很好地应付。下列笑话就表明了这种看法，当有人问及数学家、物理学家、工程师和生物学家π的数值时，数学家作了干净利落的回答，"它等于圆的周长除以它的直径"；物理学家反驳道，"它是3.141 593，误差至多为0.000 001"；工程师说它"大约是3"；而生物学家则反问道，"什么是π?"

　　这当然是一种漫画式的说法。一些物理学家不大懂数学,而一些工程师极善于把数学应用到他们的工作中去,还有一些理论生物学家却是处理数学问题的高手。然而,就像所有的漫画一样,它的核心是一个事实。工程师趋向于以实用的态度对待数学,高度重视求得好的近似值。在所有学科之中,物理学是最数学化的,而生物学则是数学用得最少的。自从伽利略时期以来,物理学家热衷于简化事物,即把日常世界中错综复杂的事物分解为组成它们的最简单的部分,这使他们成功了。这种还原论并不总被那些关注极为复杂的生物界的生物学家所采用。生物界具有相互联系的生物体群落,而每个生物体在分子的水平上看,又有一个极其复杂的结构。这让我们不会忘记生物学的统一理论在表面上看无论如何是不含数学的:达尔文(Darwin)在《物种起源》一书中以自然选择来阐明他的进化理论,其中连哪怕一个方程式都没有。地质学家的大陆漂移理论也是如此,在他们于第一次世界大战结束以后不久发表的早期论文中,通篇几乎就没有一个方程式。

　　本书里的各篇文章反映了自1900年起,数学在科学的各个交叉领域中的重要性。物理学受到了恰如其分的阐述。书中讨论了爱因斯坦的三个伟大贡献(其中包括了$E = mc^2$和他的广义相对论方程)。我们还讨论了他对其他的重要方程的贡献,通过它们使我们对亚原子世界有了当今的认识。狄拉克方程有其特殊的地位:它不但达到了想要描述电子行为的效果,还出乎意料地预言了确实存在着反物质。这种物质一度曾构成了整个宇宙的一半。难怪狄拉克评论说:"我的方程比我更聪明。"

　　亚原子物理的方程式构成了所谓的"标准模型"的基础。"标准模型"是对当前基本粒子及其相互作用理论的一个恰如其分的称呼。(惟独就所有力中最熟悉的力——引力而言,具有讽刺意义的是它在该模型所讨论的范围以外。)这个模型是20世纪人类智慧的杰出成就之一。在本书中,我们把对该模型有贡献的所有组成要素都绞合在一起了。

有两篇短文着眼于现代生物学中的一些方程式。其中第一篇解释了进化的思想如何能用数学精确地予以表达,从而从种种不同角度来洞察生物界。这种洞察可以从赤鹿的交配行为到黄蜂群中雄蜂与雌蜂的比例。第二篇短文涉及所谓的二次映射。这是理论生态学中一个貌似简单的方程,而我们却可以用它来理解花园池塘中多变的鱼尾数和沼地中波动的松鸡个数,以及许多其他类似问题。这个方程在混沌(chaos)的历史中扮演着至关重要的角色,因为原来这个方程惊人地把混沌性态(chaotic behaviour)具体化了——这是一种对初始条件极端敏感的性态。在很大程度上正是要归功于这个方程,这个简单得连孩子们都可以在中学中学习的方程,使得科学家们在20世纪70年代开始意识到,一些似乎能根据过去预言未来的方程是完全无法作出这样的预言的。这一结果与大多数科学家原来的想象大相径庭。

书中编入的另两个方程涉及信息科学和对地外智慧的探索。关于信息科学的那篇文章阐述了信息理论家中的已故权威香农(Claude Shannon)*的一些方程式,香农开创并奠定了我们现在称为通信革命的基础的一套数学方法。香农的方程应用于各类信息传递中,包括因特网、无线电和电视。

"搜寻地外智慧"(SETI)也许不是那种你指望会有一个方程的主题。怎么会有一个方程是关于一件也许不存在的事物的呢? 其答案是:搜寻地外智慧的关键方程——首次由美国天文学家德雷克(Frank Drake)**写下来——并没有作出预言;更确切地说,它使我们能有条不紊地去思考存在着会与我们进行交流的地外文明的可能性。这不是一

---

* 香农(1916—2001),美国应用数学家,信息论的奠基人。——译者

** 德雷克(1930—　),美国天文学家,以研究地外文明而著名。——译者

个在爱因斯坦和狄拉克理解意义下优美的方程,不过德雷克公式已经给一个充满着潜在杂乱无章的领域带来了某些条理性。

科学家所使用的方程不只是数学方程这种形式。例如说,化学家就使用不只是由数学符号写成的方程式,而是使用字母代表原子、分子及其亚微观亲戚的方程式。大量的工业生产就是基于像这样的一些化学方程;它们中的每一个都描述了一个相互作用,其细节可以被推知,但几乎从来没有被肉眼观察到过。我们在这里选择了一套特殊的化学反应,来阐明化学思想的威力。这些令人惊奇的简单方程,构成了我们能科学理解臭氧层变薄及其形成起因[地球的大气层中存在的称为氯氟烃(CFCs)的化学物质]的基础。在20世纪80年代早期,这些简单的方程唤醒了人们对迫在眉睫的环境大灾难的意识。

本书的作者都是一些最杰出的科学家、历史学家和作家。他们着眼于讨论这些方程中最令人着迷的那些方面——犹如拉金的洋葱层一样——而在很大程度上避开催人泪下的那些数学细节。其结果就是现代科学中一些有重大影响的方程式的一套独特的个人深思录。这些方程由于其言简意赅,强而有效,以及根本的朴实,而可以看成是20世纪中的一些最优美的诗篇。

在我书桌上方的书架中有我收藏的一些诗集,其中就放着一本一尘不染的《高窗》。当我第一次阅读它时,我还是一个亚原子物理系的新生,那时我正努力去理解其中的一些基本方程,并去鉴赏它们的优美。那本集子是由我的一个喜爱拉金的朋友,一位英国文学系的学生在它刚出版没几天就送给我的。她给我的寄语也正是我现在要给你们的:"请享用洋葱吧!"

格雷厄姆·法米罗

2001年8月

注释与延伸阅读：

1. 在这里要对科学方程和诗歌之间作一个类比。希尼（Seamus Heaney）在他翻译的《裴欧沃夫》（*Beowulf*）*版本的序言中指出：这首伟大的诗歌"完满地给出了有创造性想象力的作品的早期现代观念，其中各种冲突的现实在一个新的秩序中实现了调和"。（Faber and Faber, 1999, p. xvii）。对于伟大的科学方程也能说出类似的话：在它的"新秩序"中，它把在其中起重要作用的一些明显不同的量调和在一起了。

2. 对爱因斯坦的偶像地位的一个扼要而深切的分析（包括关于 $E = mc^2$ 的一些评论）见于 *Mythologies*（Vintage, 1993）一书中巴特（Roland Barthes）的文章"The brain of Einstein", pp. 68—70。

3. 关于这点的更多评论，参阅已故的捷克诗人和免疫学家霍卢布（Miroslav Holub）在 *The Dimension of the Present Moment*, London（Faber & Faber, 1990）中的文章"Poetry and science", pp. 132—133。还有值得阅读的是诗人格林罗（Lavinia Greenlaw）的个人反思录"Unstable regions: poetry and science", *Cultural Babbage*, ed. Francis Spufford and Jenny Uglow, London（Faber and Faber, 1996）。

4. Richard Feynman, *The Character of Physical Law*, London（Penguin, 1992）, pp. 35—36.

5. Eugene Wigner, "The unreasonable effectiveness of mathematics", *Communications on Pure and Applied Mathematics*, vol. 13, 1960, pp. 1—14.

6. 这一争论不休的问题在巴罗（John Barrow）的 *The Universe that Discovered Itself*（Oxford University Press, 2000）第5章中有清晰的讨论。

7. 好几个伟大的理论物理学家论述了在他们自己的学科领域里优美的重要性。参阅温伯格的 *Dreams of a Final Theory*（Random House, 1993）的第6章；钱德拉塞卡的 *Truth and Beauty: Aesthetics and Motivations in Science*（University of Chicago Press, 1987）；杨振宁（Chen Ning Yang）的论著"Beauty in theoretical physics", *The Aesthetic Dimension of Science*, ed. Deane W. Curtin, New York, Philosophical Library, 1980。

8. 然而，后现代主义建筑批评家詹克斯（Charles Jencks）声称"优美又回来了"，参阅他宽范围的评述"What is beauty?", *Prospect*, August/September 2001, pp. 22—27。

9. 对于科学中美的概念的一个透彻的讨论可以参阅 James W. McAllister, *Beauty and Revolution in Science*（Cornell University Press, 1996）。

10. 狄拉克阐明了他对优美的看法与信念，见他的"Pretty mathematics", *International Journal of Theoretical Physics*, vol. 21, 8/9（1982）, pp. 603—605。

----

　　* 约创作于公元8世纪的英国史诗，主人公与此同名。——译者

11. 在 *Opere Il Sattiatore*（1656 年）中，他写道："[宇宙]是无法解读的，除非我们懂得了其语言并且开始熟悉了用这种语言写作的风格。它是用数学语言写就的。"照常，柏拉图是达到这种境界的第一人：他曾经说过"世界是上帝写给人类的书信"以及"它是用数学字母写就的"。值得说明的是，伽利略和其他现代物理学的奠基人并没有写过方程式而只是列出比例式而已。然而，这些比例式在某些方面与方程式是相当的。仅仅在几十年以后，方程式才成了数学表达中的一种优先的形式。参阅 I. Bernard Cohen, *Revolution in Science* (Harvard University Press, 1985), pp. 139—140。

第1章

一场没有革命者的革命：
关于量子能量的
普朗克-爱因斯坦方程

格雷厄姆·法米罗（Graham Farmelo）

英国著名科学作家。1977年获英国利物浦大学理论物理博士学位，长期从事科学普及工作，曾任伦敦科学博物馆科学传播主任。2012年由于在物理学科普方面的杰出贡献，被英国物理学会授予开尔文奖。

• • ◆ • •

"艺术家们是自由地创造新的形式去代替在他们看来是过时了的东西，而科学家们则别无选择，只能创造新的理论去代替那些被发现已经不可救药的东西。"

I

当革命不再具有危险性后,才会得到庆祝。

——布莱兹(Pierre Boulez)*,1989 年 1 月 13 日

于法国大革命200周年庆典

20世纪选择了一些并不相配的人物作为它的名人,但在选择它最钟爱的科学家方面却口味绝佳。爱因斯坦在判别出可带来累累硕果的科学问题方面才能出众,在解决它们方面也同样卓越。在这个科学上最多产的世纪中,他为推动人类知识的进步所作出的贡献,超过了任何其他人。而他所做的真正革命性的工作现在却遭到了如此广泛的遗忘,这倒真是一件憾事。

如果你去请街上的路人指出爱因斯坦对科学所作出的最为著名的贡献是什么,他们大概会提出是他的相对论。这固然是一项杰出的工作,但正如爱因斯坦常常强调的那样,它却不是革命性的。他坚定不移地让自己站在牛顿(Newton)和伽利略的肩膀上,从而建立了一种同他们的理论契合良好的关于空间、时间和物质的新理论。只有一次,爱因斯坦从根本上背离了前辈们的思想,这就是,他对光的能量提出了一种非凡的新观念。

常识告诉我们,光线是以持续的流的形式进入我们眼睛的。19世纪末的科学家们似乎是用受到他们公认的光的波动图景来确证这种直觉信念的。这种图景说明,光的能量是平稳地传递的,就好像水波的能量拍击在海港的防护壁上。但是,正如爱因斯坦所说的:"常识是在18岁以前获得的那批偏见。"1905年,他的工作是在伯尔尼当一名专利审

---

* 布莱兹(1925—2016),法国作曲家、指挥家。对20世纪的音乐贡献重大,享有"音乐革命家"之誉。——译者

查员，当时他提出，这种关于光的图景是错误的，光的能量不是连续地，而是以分立的量的形式传递的，他把这些分立的量称为量子。此后不久，他推测固体中的原子能量也是量子化的——只可能存在某些固定的能量值。又一次，这种能量的量子化概念与常识发生了矛盾。在牛顿的花园里掉下来的苹果的运动能量看起来是逐渐增大的，而不是一系列跳跃性的增大。

爱因斯坦比任何人都看得更清楚，亚微观的世界里充满了量子：自然界从根本上是颗粒状的，而不是平滑的。虽然他是独自工作得到这些结论的，但他也并不是灵机一动就获得了它们。他的灵感来自一位比他大21岁的物理学家普朗克（Max Planck），当时普朗克是德国物理学界的泰斗，在柏林工作。普朗克在1900年的最后几个星期首先提出了能量量子的观念，虽然我们并不清楚他是否充分理解了他所做之事的含义。

这一个给人很简单的假象的方程，却使得量子的先驱们特别感到茫然不知所措。这个方程首先由普朗克写出，但只是在后来才由爱因斯坦给出了恰当的解释。这个方程把每个量子的能量 E 同其频率 f 联系了起来：$E = hf$，这里 h 是一个固定的量，后来其他人把它叫做普朗克常量。这是在这个世纪中的第一个重要的新科学方程［皇帝威廉二世（Wilhelm II）颁令将1900年定为20世纪的第一年，而不是19世纪的最后一年］。如今的中学生们学习这个方程时死记硬背，几乎没有人去苦苦地思考它，但是第一代量子物理学家们几乎花了25年的时间才弄清楚它的意义。在此期间，爱因斯坦对于 $E = hf$ 这个方程背后的意义进行了研究，这使他成为第一个成功预言了存在着基本粒子的人。此外，他和其他一些人奠定了一种羽翼丰满的量子理论的基础。把它说成是20世纪中最为革命的科学观念是言之成理的。

在这个智力上最富有成效的方程的故事中，爱因斯坦和普朗克占了首要地位。从表面上来看,这两个人是截然不同的。普朗克是高个子,面容憔悴,头也秃了;而爱因斯坦则身体强健,刚刚超过一般身高,生有一头又长又密的漂亮头发。普朗克和他的同事们相聚甚欢;爱因斯坦则与他们保持着一种智性的距离。普朗克是民族主义者;爱因斯坦公然宣称自己是一个世界主义者和自由主义者。在政治上普朗克是右倾的;爱因斯坦是左倾的。普朗克是一位谨小慎微的管理者;爱因斯坦则不放过任何逃避文书工作的机会。普朗克是一个重视家庭生活的人;而爱因斯坦的家庭生活却混乱不堪。

但是这两个人也有许多共同之处。他们都是理论物理学家。这是相对来说较新的一类科学家,他们对于用那些普遍的、包罗万象的原理来理解自然有着一种难以抵御的兴趣。两人都是工作狂,留意着新的实验结果,但最令他们感到愉快的是在他们头脑中的实验室里工作。他们俩都相信,科学原理是独立于人们而存在着的,而且新的原理就在那里,等着人们去发现。同所有优秀的科学家一样,普朗克和爱因斯坦保守地处理着他们的工作。他们对于新的实验结果小心翼翼,仔细谨慎地对待同那些已牢固确立的理论相抵触的创新,并且念念不忘一种新的理论必须再现它以前的理论的所有成功之处,而且最好能作出它自己的新的预言。

对于这两个人来说,物理都是他们的至爱,而音乐是其次。爱因斯坦钟情于巴赫(Bach)、莫扎特(Mozart)和海顿(Haydn),喜欢拉小提琴,他无论旅行到哪里都带着它。对于他的演奏技巧,存在着不同的看法:根据伟大的小提琴教师铃木镇一(Shinichi Suzuki)所说,他的音调"优美精致",但是另一位权威却说他"拉得像伐木工人"。不管爱因斯坦的音乐天赋究竟如何,他并不乐于接受对他的演奏的批评:"爱因斯坦在音乐方面的争辩比他在科学上的争辩要激动得多,"他的一个熟人这样说道。普朗克是一个出色得多也更加平和的音乐家。作为一位钢琴家,他在后半生已经优秀到足以和伟大的小提琴家约阿希姆(Joseph Joachim)共同演奏二重奏。普朗克喜爱约阿希姆的朋友及合作者勃拉姆斯(Brahms)的音乐,也钟爱舒伯特(Schubert)和巴赫。

在普朗克、爱因斯坦和他们的同行们奠定量子理论基础的同时,他们在现代主义(modernism)这一更广阔运动中也处于先锋地位,他们有意识地重新创造他们的学科,探究经典方法的手段和局限。[1]在这种意义上,他们与在圣彼得堡的斯特拉温斯基(Igor Stravinsky)、伦敦的吴尔夫(Virginia Woolf)、巴黎的毕加索(Pablo Picasso)、巴塞罗那的高迪(Antonio Gaudí)相似。但是,跟艺术家们不同,普朗克和爱因斯坦都是不由自主地成为现代主义者(modernists)的:他们俩的初衷都不是为了挑战而挑战他们的学科的基础。艺术家们是自由地创造新的形式去代替在他们看来是过时了的东西,而科学家们则别无选择,只能创造新的理论去代替那些被发现已经不可救药的东西。正是实验和理论之间有一个微小的、但又棘手的不一致,才导致了量子革命(quantum revolution)。这场麻烦开始于柏林的几只炉灶之中。

II

柏林从来就不是追求极品美食的行家们所向往的一块宝地。然而,他们承认,至少现在能买到一杯还不错的浓咖啡了——例如在城里各处突然涌现的许多爱因斯坦®咖啡吧的某一间里。虽然这些漂亮的建筑物过去并不是以那位伟大的物理学家的名字来命名的,但是在它们的前门上的这个名字却提醒着我们,在一个世纪前的那个时代,柏林不仅是欧洲发展最快、最富裕的城市,[2]同时也是物理学之都。

在普法战争结束的1871年前不久,俾斯麦(Bismarck)把柏林作为获胜的新帝国的首都。这个城市——自从一个世纪以前属于博学的普鲁士专制君主腓特烈大帝(Frederick the Great)那些光辉的日子以来,这里就是一个沸腾的文化大杂烩——是世界上最主要的一些实验家的家乡。柏林也是一群理论物理学家精英的总部,他们都是这一门新学科的成员。19世纪60年代后期,更多有名望的实验家开始利用这一学科来讲授日益变得流行的那些令人生畏的数学理论。这个团体最初清一色地是由男性组成的——女性直到1908年的夏天才获准进入柏林的大学。[3]一个世纪以后,情况也几乎没什么改变:理论物理学家里男性仍然占压倒性的多数。

正是作为柏林新科学共同体中的一名主要成员,普朗克构思出了能量量子的概念,并写下了 $E = hf$ 这个方程。为了理解普朗克的工作,我们需要考察两个伟大的理论,它们抓住了19世纪后半叶物理学家们的想象力。第一个理论是对电、磁和光的统一数学处理,它是由麦克斯韦(James Clerk Maxwell)于1864年开始的。麦克斯韦是一位苏格兰物理学家,因其才华和多才多艺而名闻遐迩。通过应用一组如今以他的名字冠名的方程,他证明了可见光是一种在无所不在的以太中前进的电磁波,与声波在空气中呼啸前进的方式非常相似。同任何其他波一样,电磁波具有波长以及相应的频率。波长就是波的两个相邻波峰之间的距离,而频率就是它每秒钟上下摆动的次数。在彩虹光谱的红端,光波具有万分之七毫米的波长,每秒钟上下运动430万亿次,而在紫端,它的波长要短得多,频率则要高得多。麦克斯韦的理论正确地解释了为什么在可见的范围以外也存在着电磁波,它们的频率更高或者更低。光只是电磁辐射波谱中的一部分。

在麦克斯韦的许多兴趣中还有热力学,这是到19世纪末时成熟起来的第二种伟大的物理学理论。这种理论处理的是不同形式的能量以及它们之间能够相互转化的程度,例如飞轮的运动转化为热量;它只关心大量的物质,而不涉及个别的组成原子的行为。为西欧工业化提供动力的蒸汽机最初刺激了热力学理论工作的发展。到19世纪中期,理论上的发展导致了技术上的改良,而技术改良本身又导致了设计更为精巧的设备来检验理论。

热力学和电磁学,加上牛顿的关于力的工作,就是我们今天所谓的"经典物理学"的一部分。这并不是因为它的发明者们认为自己是在以一种经典的传统方式作研究——他们相信自己就是在搞物理学而已。正是普朗克、爱因斯坦以及他们的同行们创造的量子理论的出现,才导致我们退回去把原先的那一部分标记为"经典物理学"。

在德国最主要的经典物理学家中有一位是克劳修斯(Rudolf Clausius)。把他称为是第一位理论物理学家是言之有理的。[4]这个喜欢争论的人是以一种数学方法来处理热力学问题的先驱和大师,该方法致力于寻找几条重大的、包罗万象的原理或公理。他提出,至关重要的是,它们在逻辑上应该是相容的,并且它们导出的那些结果应该与实验相一致。这种自上而下的方法与以零星方式来研究数理物理学的传统方式形成了鲜明的对照。传统的方式是列出方程来描述现象,而不是先看它们对实验结果解释得如何。

能量既不能被创造也不能被消灭——热力学第一定律——早已被其他人所确立。但是在1850年,克劳修斯是首先建立后来所谓的第二定律的人之一。这条定律的内容粗略地讲就是,热量不会自发地从冷的物体流向较热的物体。这似乎是非常可信的:如果一杯冷的卡布其诺咖啡被单独放置,它自己永远也不会热起来。这两条热力学定律看来似乎都是绝对的——不管它们在何时何地受到检验都是普遍有效的。

虽然这两条定律从表面上看来很简单,但是克劳修斯为了严格地表述它们,不得不绞尽脑汁。他在数学上和语言上的精确性,以及他那像钻石一般坚实清晰的论证,都使普朗克还是一名易受人影响的研究生时就为之着迷了。[5]普朗克1858年生于一个爱国而又富裕的家庭中,家庭成员中有学者、律师和公务员，他深深浸染了保守的价值观。对于政治动荡局面的一些早期记忆伴随了他的一生，其中相当重要的是，他在8岁时亲眼目睹了获胜的普鲁士和奥地利军队在击败丹麦人后行军进入他的家乡基尔的情景。读大学时，普朗克如果不算是一个特别聪明的学生，也是一个勤奋的学生，他在数学、物理、哲学和历史等方面皆受到广泛的教育。他还学习音乐，这也是他最主要的爱好。他创作了一出音调和谐的小歌剧，在他的教授们家中举行的音乐晚会上演出，从而使他出了名。

他在无法确定要从事哪门学科的情况下，选择了物理学。这倒并非由于他在慕尼黑大学的教授冯·约利（Philip von Jolly）之故。冯·约利劝告20岁的普朗克不要进入物理学领域，因为在发现了热力学的两大定律以后，留给理论物理学家们做的，就只有收拾那些细枝末节了。在职业咨询史上，这件事可列入最为滑稽可笑的错误之一了。普朗克带着他的保守主义的特色，令人动情地回答说，他只是希望能加强前辈们所建立的基础，并不希望能做出什么新的发现。我们将会看到，在牺牲第二个愿望的代价下，第一个愿望才会实现。

普朗克在写他的博士论文时，爱上了热力学，他被其定律的威力和普遍性迷住了。然而，他对于热力学的两个方面深感不安，这两个方面得到了奥地利最主要的理论物理学家、热情又忧郁的玻尔兹曼（Ludwig Boltzmann）的支持。首先，普朗克并不确信物质最终是由原子组成的：没有人曾观察到一个原子，因此它们也许只不过是为了方便而虚构出来的？令他怀疑的还有，玻尔兹曼提出热力学第二定律只在统计学上成立：热量在绝大多数情况下可能——并不是确定地——从热的物体自发地流到较冷的物体。这种确定性的缺乏，对于普朗克对绝对事物、对无可争辩性、对确定性的热情是有害的。

一个绝对事物确实引起了他的注意。它涉及的问题如此难以捉摸,以至于在柏林以外就几乎没有科学家关心它——而且在科学圈以外的人也有理由认为它模糊得可笑从而不予理会。想象一个完全密封的空腔,就像一个电炉,但是没有通风口,也没有窗口。现在假设这个空腔处于一个稳定、均匀的温度之下。空腔的内壁放出电磁辐射,辐射在空腔内部来回反弹,不断地被腔壁反射回来,或者被吸收然后又被发射出来。

实验家们在空腔的壁上开了一个小洞,使得少量的辐射能够逃逸,通过这种方法来观察这种空腔的辐射。周围环境中有一些辐射进入了空腔,但是很快就被吸收了,它在空腔内被来回地重新发射和反射,因此和空腔中的其他辐射具有相同的特征。由于所有来自外部的、通过这个洞的辐射都被"吸收"了,因此这个洞在室温下看上去就是黑的,而出现的辐射——空腔辐射的一个例子——通常被称为黑体辐射。[6]令物理学家们着迷的问题是:在任何给定的空腔温度下,每种颜色,或者更严格地说是每种波长的辐射强度是多少? 正是为了回答这个问题,导致了普朗克得出 $E = hf$ 这个方程。

普朗克的一个研究导师早就证明了,不管人们得出的这种辐射强度的定律是怎样的,它都与空腔的大小或形状无关,也不取决于制造空腔壁的材料。这样的一条定律将会是普朗克所谓的"绝对事物"的一个经典实例,即某物"将在一切时代和文化中必定保持其重要性,哪怕就非地球上的和不属于人类的时代和文化而言"。空腔辐射并不仅仅是在学术上有意义:它对德国的照明工业也很重要。在电和化学技术正在大力改革资本主义的一段时期中,这种工业是这个国家的经济中繁荣兴旺的许多分支之一。工程师们一直在寻找能够产生尽可能多的可见光和尽可能少的热量的光源,因此,试图设计出效率越来越高电灯的工程师们需要知道他们的灯丝放出多少辐射。他们对于空腔辐射知道得越多,他们能造出更好的电灯[就好像1897年美国人爱迪生(Thomas

Edison)发明的那种]的准备就越充分。

这是在装备豪华的帝国物理和技术研究所中研究的问题之一。研究所就在柏林城外的夏洛滕堡,距离普朗克自从1889年以来一直在那里工作的那所大学3英里*远。研究所由德国政府和实业家冯·西门子(Werner von Siemens)联合资助,它是在普法战争(1870—1871)以后创建的,其任务是改进精确测量的技术和设立标准,使科学家和工程师们能以此进行工作。研究所的创始人们留意到了对新德国经济可能产生的潜在好处,因此着手提供对德国工业会产生实际利益的无比精美的研究设备。[7]研究所的黄砖建筑占据了几乎9英亩**适于辟建公园的上等土地,即使其古典式的设计也显示出了它极大的雄心壮志。

德国物理学家们对于空腔辐射问题已经研究了30年。他们对此的认识可以方便地用一些简单的数学定律来加以总结,这些定律能预言与每种波长相应的辐射强度。当研究所里有两组实验家在研究这个问题时,普朗克也正在试图理解那些辐射定律中最为成功的一条,这条定律是1896年3月由他的密友、研究所里最优秀的物理学家之一维恩(Wilhelm Wien)写下的。维恩是一个怪人:他是东普鲁士一位地主的儿子,热爱乡村,他曾希望在物理学和农事之间分配他的时间,直到有一次收成极差,迫使他的父亲不得不卖掉了农场,这才使得年轻的维恩必须将科学作为他的全职工作。他还是一个沙文主义者和一个反犹太的反动分子。在第一次世界大战结束后的几天,他带领着一群志愿者,其中主要是战争中的老兵,在维尔茨堡和慕尼黑的街道上向共产党人和其他左派人士射击,目的是防止他所言表的"德国被布尔什维克化"。

在一个很大的温度范围内,维恩的空腔辐射定律成功地说明了与每种颜色相应的辐射强度。普朗克想要用热力学和电磁学来理解他这

---

* 1英里约为1.6千米。——译者

** 1英亩约为0.004平方千米。——译者

位同事的定律。他一开始满怀希望，认为自己能在不必假设原子存在或者不必应用与其说涉及确定性倒不如说更多地涉及概率性的那种热力学第二定律表述的情况下，去理解空腔辐射。然而到了1899年初夏，他把这两种先入之见都抛弃了。他不情愿地总结道，他只有接受原子的存在，以及接受玻尔兹曼的统计学思考方法，才能理解空腔辐射。当他正在纠正一篇陈述这个理论的论文中的证明时，实验家们——他称之为"科学中的突击部队"——给他带来了一些令他烦恼的消息：维恩定律（Wien's law）似乎突然陷入了麻烦。它一直以来都低估了空腔辐射的强度，尤其是在长波波段。新的设备刚刚使他们有能力对这些波段开始进行研究（图1.1）。

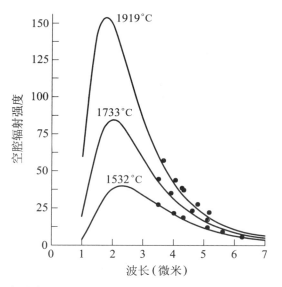

图1.1　图中的点是量子理论的萌芽。普朗克观察到，这些点和维恩定律所预言的（图中用实线表示）不一致，这里每一根实线都对应于不同的温度。普朗克很快提出了一条拟合所有这些点的定律，试图从理论上导出他的公式，从而促使他提出了能量量子观念。

1900年10月7日，星期天，研究所的实验家鲁本斯（Heinrich Rubens）和他的妻子到位于古耐沃德的美丽的橡木镶板别墅拜访了普朗

克及其家人。古耐沃德是柏林一个美丽的郊区，受到所有教授们的钟
爱。这两位物理学家三句话不离本行，而在鲁本斯夫妇离开后不久，普
朗克就开始着手寻找一条更好的定律。那天晚上在他的书房中——他
无疑是像他惯常的那样站在他那高高的写字桌旁——他改进了维恩定
律的表述，所得到的公式能够说明实验家们的所有数据。普朗克匆忙
地写了一张明信片，告诉鲁本斯他的新空腔辐射定律。12天以后，他又
在和柏林的同事们举行的一次正式会议上首次公开介绍了这条定律，
鲁本斯也在场。此后，鲁本斯回到了他的实验室，确认了普朗克的新定
律能成功地说明他的新数据，这样，第二天早晨他给普朗克带去的喜讯
使普朗克的周末从愉快中开始。到这天为止，还没有人提出一条能更
好地预言空腔辐射强度的定律。

就在普朗克第一次写下他的空腔辐射定律的那一天，他就开始试
图根据炉灶中确实在发生的情况来理解它。他最初应用的是经典物理
学的一些定律。[8]他很快发现，为了理解辐射和炉壁上的原子是如何相
互作用的，他别无选择，只能应用他先前曾憎恨的玻尔兹曼的统计推
理。他接受了炉壁的标准图景，那就是它们——和任何固体一样——
由在固定位置附近振动的原子组成，而当炉灶升温时，它们的平均能量
也增大。但是在这种情况下，玻尔兹曼用来处理原子能量的方法并不
奏效，因此普朗克别无选择，只能放弃经典物理学中的一些假设（他曾
认为这些假设是他研究的学科的基础），还要做一些对他而言十分厌
恶、令人失望的事情——即兴创作。这就好像突然间要鲁宾斯坦（Artur Rubinstein）*得像海因斯（Earl Hines）**那样反复演奏即兴段。

在大约8个星期的时间里，在经过一生中最奋发的工作后他发现，

* 鲁宾斯坦（1887—1982），美籍波兰钢琴家。——译者
** 海因斯（1903—1983），美国钢琴家。他的演奏融会各种爵士乐技巧，在20
世纪20年代曾被称为"现代第一爵士钢琴手"。——译者

只有彻底修改玻尔兹曼的统计学方法,并且采取特别奇怪的一个步骤,才能得出他的定律。他不得不在每种频率下,把在炉壁中振动的所有原子的总能量分成一些分立的量,其中每一个能量都由方程$E=hf$决定。这是能量量子的第一次出现:第一次提出了在分子水平上的能量和在日常尺度下的能量是根本不同的。

能量量子的概念公然违抗了当时每一位科学家对于能量的理解。人们认为能量像水一样,可以以任何量出现——你可以以你喜欢的任何量把水从海洋中取出来,或者放回去。认为水只能以一定的量子化的量,比如说只能以一杯杯的量存在,这种观念是和日常经验相矛盾的。但是在分子水平,这显然就是能量的运转方式。是不是有可能就像水最终是以水分子为单位存在一样,能量在根本上是以分立的量子、以一块一块的方式存在的?

普朗克在一次演讲中,第一次公开提出了他的方程$E=hf$。12月14日,星期五,下午5点刚过,在德国物理学会每两周举行一次的会议上,他站了起来,向柏林的物理学家们宣读了一篇关于他导出空腔定律的短论文。普朗克既没有夸耀,也没有表露出丝毫激动,在这次演讲中第一次提出了$E=hf$这个方程。看来他的同事们似乎出于尊重而表示了兴趣,但是并未对它留下深刻印象。

根据通常的看法,通过这次陈述,普朗克向世界揭示了量子的观念。[9]然而,已故的科学哲学家和科学史家库恩(Thomas Kuhn)的著作使得许多研究量子的历史学家都相信这种说法过于简单化了。普朗克写道,他认为能量量子化是"一种纯粹形式上的假设,只是除了以下这一点以外,我并没有对它多加思考:我必须得到一个确实的结果,不管是在哪一种情况下或者是以什么作为代价"。像这样的一些表述使得库恩确信,普朗克在1900年并没有能正确评价能量量子的意义,而且他也不相信能量是量子化的。库恩提出,更确切地说,普朗克和其他每一个人一样,都相信原子可以具有他们想要的任意的能量,把这些能量分成量子,这仅仅只是作为一种数学手段,以使他的计算能有令人满意的结果。[10]

但是,所有的学者都同意,普朗克的确正确地抓住了他的新常量 h 的重要性。[11]他研究了几年,试图根据经典物理学来理解这个常量。后来他写道,他的许多同事都错误地把他的失败看作是一场悲剧。他最终开始接受,他发现了仅仅少数几个真正基本的常量——包括光速和牛顿万有引力定律中的那个常量——中最新的一个。这些常量出现在物理学的一些方程中,它们的值是无法推导出的。这样的一个发现在科学史上是极其罕见的:自从普朗克看到了对 h 的需求以来,至今还没有再确定过任何一个新的基本常量。

普朗克的理论还以另一个重要的常量 k 为特色,这个常量和玻尔兹曼的统计学理论相联系,因此普朗克以玻尔兹曼的姓氏来命名它。这是一种会令他后悔的慷慨,因为玻尔兹曼既没有引入它,也没有想要研究它的值。普朗克通过将由他的数学定律所作出的预言同研究所的空腔辐射数据相比较,得出了这两个常量各自的值。玻尔兹曼常量的测定对普朗克来说尤其令他高兴,因为这使他能够对原子的质量进行测量,这是当时最为精确的测量。[12]这个常量的值后来也使科学家们能够计算在宇宙中任何地方、任何温度下、在任何物质中的原子所具有的平均能量。[13]

现在看起来也许会觉得奇怪,普朗克的量子理论及其方程 $E = hf$ 本身,还不及这个理论所引出的一种可能性更让他兴奋:那就是用一组可以在宇宙中的任何地方自然地使用的新单位来测量长度、时间和质量。跟随传统和追求方便使得生活在地球上的我们用米或者英尺来测量长度,用秒来测量时间,以及用千克或磅来测量质量,但是关于这些单位为什么优于别的什么单位,并没有任何基本的原因。如果历史进程有所不同，我们也许现在正在用恺撒（Julius Caesar）*的小手指长度为单位来测量长度，以及用他的王冠重量和他心跳的时间来分别测量质量和时间。

普朗克很快意识到，这个新的常量 h 使他能够建立起一些单位，这些单位全然不是任意的，而是出自自然定律。他注意到，利用这个新的普适常量和其他两个常量（即光速和牛顿万有引力常量）的特殊组合，他就可以计算出长度、质量和时间的独特值。[14]普朗克推论，如果这三个常量在任何地方总是取相同的数值，那么他计算的质量、长度和时间的值也将给出在宇宙中处处都有效的单位，因此也就比由地球上任何权威建立的单位要更自然，不管那个权威多么令人敬畏。普朗克发现，由此出现的质量的独特值大约等于一个巨大的变形虫的质量（10^{-8}千克）；对于长度，这个值大约是一个原子宽度的一亿亿亿分之一（10^{-35} 米），对于时间是 10^{-43} 秒，这大约是你眨眼时间的一百亿亿亿亿亿分之一。当然，这三个单位都不便于在日常生活中使用，但是普朗克意识到，本质的新要点是，不仅一些定律具有绝对的、普适的有效性——一组独一无二的单位也复如此。

普朗克的大多数同事都认为他的空腔辐射定律不过只是一个碰巧拟合了这些数据的数学公式。在柏林物理学界的文人雅士中，无人清楚地看到普朗克工作的意义，尤其是他的新方程 $E = hf$ 的意义。这将留给在瑞士的一个主要靠自己独立工作的年轻的大学毕业生来完成。

III

诗人瓦莱里（Paul Valéry）**很注重在他的口袋里放上一本笔记本，用来简略地记下他的念头。当他问爱因斯坦是否也这样做时，爱因斯

---

* 恺撒（公元前100—前44），古罗马将军、政治家、历史学家。——译者
** 瓦莱里（1871—1945），法国象征派诗人、文学评论家。——译者

坦回答说:"哦,这就不必要了,"然后又若有所思地补充道,"我也很少有笔记本。"这是他在20世纪20年代说的话,当时他的职业生涯中最富有创造性的那一段时期快要结束了。我们很想知道,当20年前在这一段时期刚开始时,他用掉了多少文具用品。

1900年秋天,在普朗克第一次写下了他的方程 $E = hf$ 之时,爱因斯坦在苏黎世,以做私人家庭教师勉强维持生计。[15]几年以前,他曾读到过关于理解空腔辐射的问题,而到了1901年的春天,他已经熟悉普朗克所作的研究了。爱因斯坦对此的反应表明他已经是一个特殊的人才了。没有任何其他人看到普朗克的数学分析的精湛技巧以及他的公式在解释研究所的数据所获得的表面上的成功以外的东西,但是爱因斯坦却立即意识到,一场革命正在酝酿之中。在普朗克的研究工作出现以后不久,他写道:"这就好像一个人脚下的地面被抽掉了,哪里也找不到可以赖以建造的坚实地基。"

爱因斯坦在发表他关于光——或者更一般地说是辐射——以及它和物质相互作用时所发生的情况的革命性观念以前,几乎花了4年时间思考普朗克工作的意义。这位自信而快乐的年轻物理学家已经在伯尔尼的瑞士专利局获得了一份报酬优厚的工作,即作为一名"第三级专家"的专利审查员,并且已经和以前的一位大学同学结了婚。到了1904年的初秋,他们的儿子汉斯出生了,他们搬进了一套有两间房间的公寓里,而爱因斯坦的工作也已变成是长期性的了。在上班和家庭生活的空隙中,他逐步产生了关于光、相对性还有物质的分子结构的一些想法,并将物质的分子结构选为他的博士论文。爱因斯坦的三条研究路线在1905年都结出了果实。[16]我们现在意识到,这是科学史上天赋最壮观的绽放之一。这一年他发表的第一篇论文是关于光量子的。他在写给一位朋友的一封信中把这描述成一个"非常革命的"想法,这篇论文现在被公认是他对科学所作出的首次伟大贡献。

这篇论文是一块瑰宝。虽然文中的语言措辞稳健到了轻描淡写的程度，但是它的推理却大胆到只有最有才能、最无拘无束的年轻头脑才能作出。爱因斯坦开门见山，温和地声称，跟麦克斯韦的光的波动理论相反，"[从一个点源发射出一条光线的]能量并不是连续地分布到无限增大的空间体积中，而是由有限数量的能量量子组成，它们处于空间中一些点上，不分割地运动，而且它们只能作为一些完整的单位被吸收或产生"。对于麦克斯韦的追随者——在当时包括每一位头面物理学家——来说，这是一种糟透了的异端邪说。

然后爱因斯坦又继续向前，进一步表明了普朗克用来研究他的空腔辐射的推理具有致命的缺陷，这相当于给普朗克上了一节物理课。爱因斯坦应用简单的数学，说明了根据经典物理学，在一个空腔中的所有辐射能量是无限的。正如爱因斯坦后来指出的，如果普朗克早就意识到这一点，他也许就会抛弃他的理论了，也不会作出他关于能量量子的伟大发现了。爱因斯坦出于对普朗克的空腔辐射强度公式的小心谨慎，改用了维恩的早期公式，这个公式对于空腔辐射的短波波段（或者同样也可以说是高频段）给出了完美的解释。爱因斯坦注意到，这个辐射强度的方程和气体量子的相应方程是一样的（当这些量子彼此独立地四处弹跳时）。因此——这是他特别大胆的一步——爱因斯坦提出，维恩的定律所描述的辐射**不管是不是**在一个空腔内部，它的行为就好**像是一种气体**。这种比较也给了他一个描述辐射气体中每个"量子"的能量的简单方程：那就是 $E = hf$，这里 h 是普朗克常量，而 f 是辐射的频率。

虽然爱因斯坦的公式看上去和普朗克的完全一样，但它们表示的却是完全不同的东西：爱因斯坦的公式适用于每一个光量子的能量，而普朗克的公式则是关于一个空腔内的原子和光相互作用时的能量这一种特殊情况。但是爱因斯坦对于这种相互作用另外还有话要说：他提出,物质不是像经典理论所暗示的那样,以连续流的形式吸收或者放出辐射,而是"好像"(爱因斯坦的原话)辐射是由量子组成的。因此物质能够吸收或者放出1个、37个或任何其他整数个辐射量子,但不会是两个半或是其他的分数个。

如果辐射是以量子的形式被传递的,为什么我们不是感觉到分立的能量包进入我们的眼睛呢?虽然爱因斯坦没有明确地说明这个问题,但是他完全知道答案是什么——每一个量子具有的能量是如此微小,而进入我们眼睛的量子数量通常是如此巨大,以至于我们的大脑无法区分它们是不是分别到达的,因此它们看上去就好像是以连续流的形式到达的。可见光的每一个量子所具有的能量大约只有一只苍蝇翅膀拍动的能量的一万亿分之一。于是其结果就是,一支普通的蜡烛每秒钟大约放出十万亿亿个量子——对我们的眼睛来说,这实在太多了,完全无法把它们逐个区分开来。

爱因斯坦在他的论文结尾处指出了他的光量子想法如何能在实验上加以验证。他最惊人的提议涉及了另一个表面看来是模糊不清的问题:关于理解当辐射照在一块金属上时,会发生什么情况——这就是所谓的光电效应。虽然金属反射和吸收辐射,但是爱因斯坦知道,实验家们已经发现辐射能从金属中打出某些电子。爱因斯坦提出,如果辐射的量子图景是正确的,就有理由推测,每个被打出的电子都是由具有能量 $E = hf$ 的单个辐射量子替代的。更进一步,如果量子把所有的这些能量交给了电子,那么被打出的电子的能量就等于辐射的能量再减去把电子从金属中拉出来所需要的能量。爱因斯坦用数学的语言表述了这种想法,这在以后就被称为爱因斯坦光电定律。

爱因斯坦把他对光的这种看法称为"启发性的"(某种提出来帮助学习的东西),因此他似乎对光量子是否真实存在不愿意打赌。很容易明白他为什么这样做——他正在提出的是,在这种情况下,神圣的麦克斯韦辐射理论就是错误的,辐射的行为表现为量子,而不是波。但是如果物理学家们认为他们对辐射有所知晓的话,那就是它的行为**确实像**波。而且他们具有无可争议的证据:如果一位实验家将一束光投射到一条足够窄的缝上,光将会发生衍射,或者说——不用那么正式的术语来说——会散开。发生衍射的光常常具有一个在亮度上由峰和谷组成的特征图样。如果辐射是一种波,那就很容易解释这种图样。否则的话,是不可能的。

　　虽然爱因斯坦非常明白这一点,而且他也理解这种论证的力量,但是他并不会被不相称的实验事实所吓倒。他在3月中旬完成了他的论文,并寄给了世界上重要的物理学研究杂志——由普朗克和维恩主编的《物理学年刊》。普朗克是个特别有效率的编辑:他拒绝二流的稿件,但是只要它们论证充分、逻辑一致,不管是正统的还是异端的论文他都乐于发表。爱因斯坦的革命性论文在几个月以后如期发表了。

　　大多数人总是会拒绝一个真正革命的想法,因为要用它所试图替代的那些想法来理解它是不可能的。因此,对于爱因斯坦的论文也是如此,它的发表完全被全世界的职业物理学家——大约有几千人——忽略了,其他的科学家也是一样。你可不能去责备他们:按照麦克斯韦的理论来理解,他的那些想法是毫无意义的,而麦克斯韦的理论已经经受住了40年来每一个实验的检验。甚至关于量子能量的方程 $E = hf$,由于它把无法联系的东西联系在了一起——它把**量子**的能量和辐射的频率联系了起来,因此也是稀奇古怪的,而只有当辐射是一种**波**时,频率这个概念才有意义。还有,这个阿尔伯特·爱因斯坦究竟**是**谁?

　　爱因斯坦并没有垂头丧气。到1906年1月,他前一年所撰写的一些论文没有受到普朗克和维恩的挑剔,都顺利发表了。他也变成了"爱因斯坦博士先生"。虽然他对于在专利局每天8小时的工作感到很愉快,但是他已经产生了要走的念头,并郑重地考虑要从事一份在学校里教书的全职工作。与此同时,他也在思考他的光量子的想法与普朗克早先的研究之间的关系。爱因斯坦最初认为这两种理论是相互补充的,但是这时他开始意识到,普朗克已经使用了光量子的观念,尽管不是很明显。爱因斯坦还意识到,在普朗克的理论中,空腔壁上每一个原子的能量也是量子化的——普朗克当然还没有意识到这一点。如果每个原子在一秒时间内振动固定的次数——也就是说,具有固定的频率——那么这个振动着的原子的能量只能是普朗克常量乘以该频率所得的乘积的整数倍。因此,振动着的原子所能具有的最小能量就是 $E = hf$,而它也可能具有能量值 $2hf$、$3hf$、$4hf$ 等等。爱因斯坦说的是,方程 $E = hf$ 适用于某一固体中的**每一个**原子,它与普朗克所提出的不同,这不是**所有原子**的总能量以数学的形式细分。

1906年11月,爱因斯坦说明了如何通过考虑固体怎样吸收热量来验证这种想法,关于固体吸热问题,经典物理学是难以解释的。他描绘了一种理想化的结晶固体,它的具有规则间隔的原子排列成三维点阵,彼此独立,以同样的频率振动着。爱因斯坦知道这个图景并不完全现实,因为原子并不是相互独立地运动的,但是他希望这是一个使他能够侥幸成功的简化。他还通过假设每个原子的振动能量都是量子化的,预言了固体中的原子的平均能量会随着温度降低,直到变成零。他的这些预言与25年前的那些曾使人迷惑不解的测量结果符合得很好。这种成功的比较立即就使正在崛起的量子理论获得了信任。爱因斯坦一共只有3次发表一幅图来将他的理论预言和实验相比较,这是第一次。由于在固体吸热问题中没有涉及辐射,物理学家们就可能留下深刻印象,而不必为与麦克斯韦理论抵触的麻烦而苦恼。

主要是由于相对论的缘故,爱因斯坦的名声在物理学家中迅速传播开来。当他们中的许多人发现这样伟大的理论的作者竟然每天在专利局办公室里工作8小时时,都感到很吃惊。第一个认识到爱因斯坦的天才的,是他最钦佩的理论家之一,普朗克。这两个人于1909年9月在萨尔茨堡的一次会议上第一次会面,在那里普朗克邀请爱因斯坦从专利局的工作中抽出几天的时间对理论物理方面的杰出人物作个首次演讲。令他们感到惊奇的是,爱因斯坦没有选择讲他那获得欢呼的、极为时髦的相对论,而是讲了"辐射的本质和构造"。

他的演讲是一项精心杰作。与克劳修斯的传统相一致,他所关心的既不是实验中的琐碎之事,也不是数学上的细节,而是一些关键性的原理问题。他的听众在听他们同行中这位新成员的演说时一定是震惊了:他所作的并不是通常新手的那种缺乏自信的演说,相反,他捍卫了光的本性,并且对此宣布了一个新的研究宣言。他认为,像电子一样,每一个量子都以一个特定的方向前进——用专业的语言来说,就是它具有动量——当他说明这一点时,他把他的关于辐射量子的一些早有争议的想法又向前推进了一步。这是爱因斯坦第一次公开地提出辐射是由粒子组成的。他还指出,因为相对论已经使得以太成为多余,因此就不再需要认为辐射存在于什么东西中,而是"作为某种独立存在的东西,正如物质一样"。在爱因斯坦看来,理解辐射这个问题是如此重要,以至于"每一个人都应该研究它"。

爱因斯坦的听众们一定会感到迷惑,就像9个月前在邻近的维也纳欣赏勋伯格(Schoenberg)首次演出他的第二四重奏时的听众那样。当普朗克代表他的几乎所有同事讲话时,他恭敬地指出,放弃麦克斯韦方程组还为时过早,而且他也不愿意"假设光波本身具有极微小的结构"。不过,普朗克对量子观念的反对态度软化了,并开始不大情愿地接受,当辐射与物质相互作用时,能量是以分立的量子的形式传递到各原子中去的。但是,事实上同所有其他的物理学家一样,他当然也不接受辐射能量本身是量子的想法。

1909年7月,爱因斯坦为了接受他的第一份学术工作,即在苏黎世大学当一名理论物理方面的特别副教授,向专利局呈交了他的离职报告。他把大部分时间都用在思考他最喜爱的问题——理解光量子上。他尝试了许多种不同的处理方法,甚至还拙劣地尝试着修补麦克斯韦方程组,但结果却一无所获。他用来描述辐射量子的语言总是很谨慎小心,而且他从来没有彻底干到底,并总是含糊地声明量子的存在;更确切地说,他说辐射的行为表现出"好像"它的能量是量子化的。无疑,他的很多同事都认为他对量子的信奉是半心半意的。

在那些被爱因斯坦对光量子的矛盾心理打动了的人中,有一个是美国人密立根(Robert Millikan),他是一个精力十分充沛的实验家,喜欢研究那些时下最紧迫的问题。1912年,芝加哥大学给了他为期6个月的休假期,其间他访问了柏林的同行们,并且有很多时间同普朗克待在一起,与普朗克分享了他对于基本常量测量的兴趣。这两个人也讨论了辐射量子,而且普朗克表明了他是多么强烈地不同意爱因斯坦的那些想法。跟许多拜访者一样,密立根受邀去了普朗克家参加他们的一次音乐社交晚会。40年以后,密立根回忆起,当晚普朗克为他妻子朗诵的一首德国诗歌伴奏。他还熟练地即席演奏了钢琴。

密立根很快就意识到,做实验来阐明辐射是如何将电子从物质中赶出来的,即光电效应的实验,是多么地重要。虽然他一刻也不曾相信过爱因斯坦关于这种效应的理论是正确的,但是他察觉到,这一理论作出了特别适合于检验的一些预言,而这些预言和由其他的一些与之竞争的理论作出的预言有悬殊的差别。要是他能够克服困难来做这些实验,现在就有了一个机会来清楚明白地说明一些头面物理学家认为当时最迫切的问题——理解辐射。密立根一回到芝加哥,就开始了他的光电实验,这将用去他3年的时间。

与此同时,爱因斯坦的光量子并没有引起多少兴趣,也几乎没有拥护者。1913年6月,普朗克和他在柏林的3位同事提名爱因斯坦成为具有威望的普鲁士科学院院士时，他秘密地写下了他的保留意见。在其他方面都充溢着对爱因斯坦成就之颂词的这份文件中，普朗克为他的这位年轻的同行在光量子的研究上"在思维上爱走极端"而辩解，他还请求，"不应该用这一点来对他作过多的指责，因为没有偶尔的投机或冒险，甚至在最精确的科学中，也都不会有真正的革命"。爱因斯坦对于普朗克也不全是称颂，他把普朗克描述为"顽固地坚守着那些无疑是错误的先入之见"。

然而，他们俩都对来自哥本哈根的消息产生了兴趣。该消息说丹麦最聪明的年轻物理学家已把量子的观念成功地应用到了原子的结构中去。玻尔（Niels Bohr）*当时还是一个雄心勃勃的年轻人，他把原子是一个微小的核，而周围有电子绕其沿轨道运行这一通俗的图景搞得更精致了。在1913年发表的3篇系列论文中，玻尔宣布，在每个原子中的电子都只能有某些允许的特定轨道，它们与原子的特征能量值相应。[17]虽然这种理论在经典物理中毫无意义，但是它一下子解释了为什么每个原子只放出和吸收某些特征波长的光——它们和原子的能量值之间的量子跃迁相对应。更妙的是，这种理论作出的那些预言与实验相一致：玻尔的原子图景惊人完美地说明了最轻的原子（氢原子）放出和吸收的光的波长。这种成功很快就驱使量子理论家把他们努力的焦点集中到了理解原子上。爱因斯坦仔细地考虑了这个问题，后来说明了如何用玻尔的原子模型来解释普朗克的空腔辐射定律。在他使用的图景中，空腔中的原子放出和吸收辐射量子，而每个量子所具有的能量都是 $E = hf$。

在第一次世界大战爆发前的4个月，普朗克极力劝说爱因斯坦离开布拉格来到柏林工作，这时爱因斯坦在布拉格已经工作了1年。普

---

* 玻尔（1885—1962），丹麦物理学家。因在原子结构和原子辐射方面作出的贡献，获1922年诺贝尔物理学奖。——译者

朗克对于战争开始前的这种爱国热情的泛滥感到欣喜,后来还公开地支持德国的奋斗目标,而和平主义者爱因斯坦对这种冲突感到悲痛,他把这种冲突看成是一种国际性的疯狂大爆发。不过,这两个人把他们的政治分歧放在一边,彼此很亲密。在爱因斯坦到达后的几个星期内,普朗克邀请他参加了一次音乐晚会,他们在晚会上同一位专业的大提琴演奏家一起,演奏了贝多芬(Beethoven)的《D大调钢琴三重奏》,爱因斯坦昂扬的小提琴声有点刺耳,艺术大师普朗克则陶醉于具有歌剧风格的第二乐章。这两位伟大的物理学家享受着在一起演奏音乐的乐趣;在接下去的18年中,当他们白天在对经典物理学的基础进行着致命的破坏时,晚上他们最喜欢的,莫过于探究古典的室内卡农曲。贝尔格(Berg)的《沃采克》、斯特拉温斯基的《俄狄浦斯王》和施特劳斯(Strauss)的《莎乐美》这些音乐上的修正与不和谐音不适合他们。

到了1915年的春天,密立根已经完成了他的光电实验,并惊奇地发现爱因斯坦的光电定律是正确的。但是密立根指出,这并不一定说明爱因斯坦对辐射的量子描述是正确的。[18]在发表他的这些结论的那篇论文中,他第一句话写道,爱因斯坦的定律"以我的判断看来,目前不可能认为它是建立在任何一种令人满意的理论基础之上的"。虽然如此,密立根的结果还是进一步证实了$E = hf$这个方程,就像爱因斯坦曾经用它证实并写下他的光电定律一样。

生性多疑的科学界还不打算被有利于一个方程的单个实验证据说服,因为其结果似乎公然与其他许多实验不一致。虽然没有一个物理学家发现实验与爱因斯坦的预言有任何严重不一致的地方,但是仍有人质疑密立根的结果,还有几个实验组花了数年时间来检验和扩充它的结果。不过这当然也没有证明辐射是由粒子组成的:光电效应理论是关于辐射的能量的——它对量子前进的方向并未作出任何假定。要证明辐射的粒子模型,实验家们将需要表明每个辐射量子以一个特定的方向迅速通过空间。密立根的结果，加上对于作为它的基础的理论的日益增长的信心，使得爱因斯坦到1917年时确信了辐射的粒子确实是存在的。"虽然我的信念是极其孤立的，"几个月后他写信给一位朋友说道，"但是我再也不怀疑辐射量子的**实在性**了。"他忘记了有少数不太起眼的科学家公开与他保持着一致，但这一遗忘是可以原谅的。

到1919年11月初爱因斯坦已成为国际上一流的名人时，情况还是这样，当时英国天文学家们宣布，他们的结果似乎证实了爱因斯坦的引力理论优于牛顿的引力理论。这个世界对于战争已感到疲惫和气馁了，乐于看到由英雄崇拜带来的抚慰。

海顿有一次曾谈及，虽然他的朋友们常常恭维他的天才，但是他一直知道，他年轻的同行莫扎特远远超过了他。普朗克认为，他和爱因斯坦（他把爱因斯坦称为"新的哥白尼"）的关系也同样如此。因此当爱因斯坦成为伟大的罕见人物——一位有名望的科学家——时，普朗克是最不感到惊奇的人之一。爱因斯坦关于相对论的研究——但决不是关于量子的研究——成为欧洲各处夜总会里的笑柄，而且无疑也是盖茨比（Jay Gatsby）*聚会上的一个时髦的闲聊主题。许多人认为他在全神贯注地搞这项研究，但事实并不是这样：他后来写道，"我对量子理论的思考是我对广义相对论的思考的100倍。"

1920年4月，纽约处于"爱因斯坦热"之中，当时这位刚出名的科学家航行到这个城市，受到了数以千计的仰慕者沿街欢呼致意。而远在圣路易斯，美国最有才能的年轻物理学家之一康普顿（Arthur Compton）做了一系列实验，快要解决关于他对光的粒子描述的争论了。[19]康普顿正在思考电子引起的辐射波的散射，他把它描述成如水波在港口撞到浮标后的反弹。如果这种绘景是正确的，则波的频率在散射前后将是

---

* 杰伊·盖茨比，美国小说家菲兹杰拉德（F. S. Fitzgerald）的小说《了不起的盖茨比》中的主角。——译者

一样的。然而康普顿发现,这两种频率是不同的:散射前的辐射的频率比散射后更高。这就好像单纯的散射作用把蓝光变成了红光。经过几年的尝试,不管是通过修改受到广泛支持的有关电子大小和形状的假设,还是通过改变辐射的量子绘景,康普顿还是不能解释这一奇怪的发现。然后,在1922年11月,迷雾散开了。

康普顿意识到,解决这个问题的关键,是每个辐射量子都具有动量,但是他不知道爱因斯坦在数年以前就提出了这一点。因此辐射和电子一样可以描述为粒子,而它们之间的相互碰撞就好像台球的微观版本。康普顿也是一个相当好的理论家,他很快计算出了其结果,并且发现,他的新理论能很完善地说明他的那些实验结果。这种解释的关键在于$E = hf$这个方程:散射后的X射线光子的能量比原来的光子能量要低,这是因为原来的光子的一些能量被传递给了电子。因此结果就是,散射后的辐射频率也应该降低。康普顿在圣诞节前3个星期,在严寒的芝加哥举行的一次物理学家会议上马上宣布了这些结果。辐射量子的行为确实像粒子一样——每一个量子都同时具有能量和动量——这个轰动性的消息像海啸一般传遍了国际物理学界平时很平静的水面。

就像每一次真正非凡的观察一样,康普顿的观察结果受到了谨小慎微者和怀疑者的质疑。接下来就是为期两年的检验,但是到1924年底,达成的共识是,康普顿的这些结果是正确的,而且他也完全可以说他的发现"在关于电磁波的散射过程方面",承担了"我们观念上一次革命性的改变"。麦克斯韦的光的波动绘景的霸权地位结束了。由于康普顿不清楚爱因斯坦已考虑到辐射的粒子性质,因此在把他的发现写成论文去发表时,就没有提到爱因斯坦。但是爱因斯坦很高兴。于他来说这也在情理之中——因为他成为第一个成功地预言一种基本粒子存在的人。

爱因斯坦子（Einsteinons）似乎可以作为这种新粒子的名字，但是令人宽慰的是，没有人这样提议。事实上，在1926年，美国化学家刘易斯（Gilbert Lewis）提出了一个名称，而且立即就表明了它是受欢迎的。这是他在一篇现在看来不足信的论文里杜撰的，在那篇论文里他引入了辐射是原子形成的想法。他给这些"原子"起了一个名字——光子，它现在作为辐射粒子的同义词，受到普遍的使用。

Ⅳ

与此同时，在普朗克和爱因斯坦的圈子以外已有几个科学家在应用 $E = hf$ 这个方程，并挖掘出了亚微观世界另一个丰富的矿层。当这个世界上的物理学家中的精英分子都在努力理解这个方程如何——或者说是否——适用于辐射时，有一位在法国工作的、不出名的物理学家在1923年惊人地提出，它不仅可以描述辐射，也可以描述物质。正是这一至关重要的洞见，很快导致了现代量子力学的诞生。[20]

这位鲜为人知的物理学家就是路易·德布罗意（Louis de Broglie），他是一个30岁的研究生，仅仅在两年以前，他从第一次世界大战的兵役复员回来，才认真地开始了他的科学生涯。德布罗意是一个沉默寡言、勤于思考的人，决不是一个普通的学者。他是一个真正的王子，他的家庭是法国最著名的家庭之一[他左倾的高祖父查理（Charles）欢迎法国大革命，但是在罗伯斯庇尔（Robespierre）倒台前的一个月被送上了断头台]。德布罗意1913年毕业于巴黎大学的历史和法律专业，但是多亏他哥哥莫里斯·德布罗意公爵（Duc Maurice de Broglie）的劝说，他才决定将物理作为他的职业。莫里斯·德布罗意公爵是一位杰出的实验家，他非常富有，足以在自己的房子里投资建立一个实验室。仅仅在几个月以后，路易的计划就被中断了，当时他被征召去服兵役。后来，在埃菲尔铁塔开始用来作为无线电报通信的中转站以后，他就在那里做一名无线电工程师。没有任何特别的与众不同,他就这样度过了战争中的大部分时间。

德布罗意在他哥哥的多层连体别墅中的私人实验室里,开始撰写他关于量子理论的博士论文。从这所房子走到凯旋门只要两分钟,离香榭丽舍大街也只有一箭之遥。当康普顿在圣路易斯为他的数据大伤脑筋时,莫里斯·德布罗意正在劝他的弟弟搞清最新的实验技术,并将他的注意力引到辐射同时需要波动模型和粒子模型的问题上。路易后来写道,"我和哥哥长谈了X射线的性质……这导致我深刻思索了始终将波动性和粒子性联系在一起的必要性。"正是这条思路引导他提出了一个深刻的问题,而对这个问题的回答将改变科学的进程:如果电磁波的行为可以像粒子一样,那么像电子这样的一些粒子的行为是否也能够像波一样呢?

爱因斯坦在一年以前曾经简单地涉及过这个主题,但是路易·德布罗意洞察得更加深刻、更加清晰。德布罗意后来回忆起,他曾经有一个顿悟的时刻,在科学的现实中,这种情况比在民间传说中要少得多:"1923年[8月]间,在长时间地孤独地冥思苦想以后,我突然想到了,爱因斯坦在1905年作出的发现应该推广到所有的物质粒子中去,特别是推广到电子中去。"德布罗意忽然想出,$E = hf$这个方程不仅适用于辐射,也同样适用于物质。当爱因斯坦用这个方程来描述辐射时,他不得不解释量子的能量怎样才能与波的性质,即它的频率联系起来。德布罗意有一个相反的问题:人人都熟悉电子以及其他物质粒子的意思,但是与之相联系的波究竟是什么呢? 根据德布罗意的想法,每个粒子都具有某种与之相联系的物质波。他对大家熟悉的公式$E = hf$进行了类推,写下了一个简单公式来表示与一个自由粒子(即作用在这个粒子上的合力为零)相联系的波的波长。[21]德布罗意提出,当这个粒子的动量增大时,它的波长就变短,而波长的大小取决于普朗克常量h的值。

"这看起来很疯狂,但却是一个完全可靠的想法,"爱因斯坦在12月看过了德布罗意的博士论文后这样告诉一位同事。得到大师的认可当然极好,但是大自然是怎么想的呢? 德布罗意很快就注意到,如果物质具有波的性质,那么一束电子就应该像一束光那样散开——衍射。但是,正是一个学生最清晰地看到了这个理论可以怎样得到验证。艾尔萨瑟(Walter Elsasser)是德国格丁根大学一位年轻的物理学家,他指出,如果德布罗意是正确的,那么一块单晶体就应该能使照射到其上的一束电子发生衍射。艾尔萨瑟计算出,如果用150伏特的电压加速电子,它们就应该具有一百亿分之一米的波长,只比位于典型金属中的原子之间的间隔稍小一点。这些就是发生衍射的适当条件。因此如果德布罗意是正确的,实验家们应该能够在从晶体中以不同角度散射出来的电子数中探测到波峰和波谷。像水波和光波一样,电子也应该发生衍射。

"年轻人,你正坐在一座金矿上,"爱因斯坦这样告诉艾尔萨瑟。然而,当两位实验家将他的想法付诸实施时,这个学生也不过是个起促进作用的旁观者而已。1926年8月,他们有幸参加了在牛津举行的一次会议,那里流传着德布罗意和艾尔萨瑟的理论上的想法。这次会议是英国科学促进会的一次年会,其间科学家之间以及科学家与公众之间频频交往。虽然那两位实验家在这次会议上并没有碰面,但他们离开时都在思考怎样可以证实德布罗意的想法。此后不久,他们完成了 $E = hf$ 这个故事的最后一章。

这两位实验家中的第一位是戴维森(Clinton Davisson),一个瘦小体弱的人,他通过在曼哈顿南部的西大街上的贝尔电话实验室(和肉类市场只相距几个街区)中所进行的工作,逐渐建立了作为一名电子散射专家的名声。[22]在5年的时间里,他一直在从事着一项常规性的项目,同时也越来越多地去完成一些实验,用以搞清楚当一束电子打击一个金属靶时会发生什么。像这样把完整的研究对象击破成各个项目再加以研究，也许看来是搞科学的一种拙劣的方法，但是结果证明这样去做实验卓有成效——第二次世界大战以后原子击破器*的成功证明了这一点。戴维森的这些结果起初并没有什么特别之处，直到1925年4月才出现转机。当时他实验室里的一个液态空气瓶发生了爆炸——这是科学史上最幸运的实验室事故之一。在事故发生前，戴维森的镍靶是由小晶体随机拼凑起来的，但是当他对它进行了处理，以纠正爆炸产生的影响后，实际上他无意中把样品改变成单晶镍了。他用这种新的样品来散射他的电子束时，结果就完全改变了，但是还看不到电子衍射。

戴维森把他的这些结果带到了牛津的大会上，而当他航行回家时，有了一个模糊的念头，那就是量子理论也许能够解释他的数据。他一回到纽约，就应用德布罗意的理论来预测衍射峰值的位置，但是到处都找不到这些峰值。他没有气馁，和一位同事一起开始了一个详细的研究方案，其设计是为了彻底地去检验电子是否真的发生了衍射。1927年1月初，他探测到几个非常清晰的衍射峰值，对他的奖赏适时地到来了。几个简单的计算就表明了它们精确地出现在德布罗意的公式（他从对 $E = hf$ 这个方程的类推中得到启发，从而提出这个公式）所预言的地方。几乎在5年以前，甚至还没有人思考过的东西，在这里得到了证明——物质的粒子可以被衍射。

3000英里以外，在阴沉的花岗岩造就的阿伯丁市，英国物理学家汤姆孙（George Paget Thomson）同时也在用电子束做着一些相似的实验，但是他比戴维森使用的能量更高。[23]汤姆孙从牛津的会议回来以后，就同一名学生开始试图探测电子衍射，他用的不是单晶，而是使用一些特别制备的薄膜。这些实验获得了惊人的成功：汤姆孙采用一块赛璐珞

---

* 原子击破器（atom-smasher），即（轻子）加速器。——译者

的薄膜,观察到了一个衍射图样,其形状同德布罗意的公式所预言的完全一样。这个发现使汤姆孙家族获得了独一无二的双重成就:G. P. 汤姆孙发现电子是一种波,而就在28年以前,他的父亲"J.J."发现它是一种粒子。而且,同许多父子之间的分歧一样,他们两个都是正确的:当实验家们探索电子的相互作用时,它的行为确实像粒子,而当他们研究它的传播时,它的行为又像是波。

所有这一切的结论是,光和物质的行为都可以既像粒子又像波。于是方程 $E = hf$ 的故事就结束了。今天的科学家们常规地使用这个方程,而几乎不会想到为了梳理出它的意义花去了26年的时间。这个方程最著名的地方是给了光子能量,而它在激励关于物质二象性的争论方面所起到的关键性作用则没有那么广为人知。正如德布罗意第一个看到的,辐射和物质都是有两面性的:它们在相互作用时显示出它们粒子的一面,而在传播时显示出波动的一面。所有学习科学的学生在遇到这种二象性时都会感到困惑难解,你可不能去责备他们——它让世界上那些最好的科学家也困惑了好多年。这个问题在20世纪20年代末得到了解答,当时物理学家们将量子理论发展成了我们后来所称的量子场论,[24]这才有可能对辐射和物质有了一个统一的描述。在量子场论的所有那些令人敬畏的数学符号中,$E = hf$ 这个简单的方程保留了下来,它是量子历史上的一个质朴的遗迹。

V

"有科学的革命,但是却没有革命者,"科学史学家谢弗(Simon Schaffer)这样提出。对于他来说,不可否认在科学家思考和研究自然的方式中偶尔会有重大的转变,但是他不相信将科学的革新者刻画成一个孤独的英雄那种通常的描述:在灵感一闪以后,他们改变了科学研究的路线。"没有人能在一场科学革命中独自充当先锋。普朗克不行,哪怕爱因斯坦也不行。"

能量量子的故事证实了谢弗的看法吗？无疑有一场革命——需要完全突破经典传统才能接受量子理论。普朗克和爱因斯坦当然应该得到伟大的科学家的名声，但是我们能把量子革命的发端单独归功于他们中的任何一个吗？科学家们传统上把普朗克看作是量子理论之父，但是正如库恩强调指出的，他最初是否明白由他首先提出的量子理论会引起我们关于能量的想法的多大程度的改变，这一点还完全不清楚。对库恩来说，量子革命是由爱因斯坦开始的。但是把他看作一个孤独的革命者又是否公正呢？他无疑大量吸收了普朗克的研究成果，并且在大约14年的时间里，爱因斯坦对于辐射量子的拥护确实是犹豫的。甚至到了1924年，当康普顿证明了关于辐射的粒子描述时，爱因斯坦对这一证明的重要性充满热情，但他也没有彻底地说清粒子是真实的。他在报纸上发表了一篇文章，写道："[康普顿实验]证明了辐射的行为就好像它是由分立的能量子弹组成的……"请注意这里的"好像"二字。

在我看来，最好把量子革命看作是一个未经组织的团体的工作，而不是单独某一个革命者的。这个团体没有宣言，也没有表示忠诚的徽章，其中的某些人定会发现，在**旧的秩序**下生活要惬意得多。我们甚至不清楚，这个团体何时形成，哪些人又是它真正的成员。除了普朗克和爱因斯坦以外，它一定还包括德布罗意和一批实验家；包括帝国物理和技术研究所里的空腔辐射专家，他们为普朗克提供了至关重要的数据；包括密立根，他检验了爱因斯坦的光电定律；包括康普顿，他首先证明了光子的存在；当然还有戴维森和汤姆孙，他们证明了电子的行为可以像波。

这个团体中也有一部分持不同见解者。例如密立根和康普顿，他们在拒绝相信他们后来才支持的量子解释的同时，在他们伟大的实验研究方面做了许多工作。在保护经典物理学的遗产方面，没有人比普朗克战斗得更艰苦，他是否曾对量子革命所涉及的各方面予以完全的支持，这还是一个悬而未决的问题。1927年，即整个科学界实际上都接受了光子存在的两年后，普朗克为费城的弗兰克林学院撰写了一篇短文，解释了他为什么仍然没有做好要完全接受它们的准备。就我所知，他也从来没有改变过他的主意。

在这个团体中，普朗克与爱因斯坦之间的友谊一直是最为亲密的，但在普朗克对希特勒（Hitler）迁就通融以后，这种友好关系就走到了尽头。1933年，就在希特勒成为总理后不久，他们首次会面。普朗克对纳粹政权作出了无数的让步——他经常向希特勒致敬，在装饰着纳粹党所用的卐字记号的礼堂里发表演讲，还在一些演讲中有针对性地漏掉了那些主要的犹太物理学家的名字，其中包括爱因斯坦。虽然普朗克害怕看到元首希特勒对国家机构的腐蚀，但是他对德国各物理机构的忠诚、他的爱国热情以及可能是他的容易受骗，导致他作出越来越丢脸的妥协。他的行为在许多方面就好像一个从石黑（Ishiguro）*的小说中走出来的人物，他看待我们所见到的世界的方式显得越来越与所发生的事不一致。

在战争临近尾声时，1944年2月15日夜晚，一次空袭摧毁了古耐沃德的郊区。普朗克在那里生活了大约50年。他的藏书室（他也许就是在那里首次写下了 $E = hf$ 这个方程）和房间（他曾在这些房间里和爱因斯坦一起演奏音乐）都一起被摧毁了。普朗克的恬淡生活将经受考验，几乎濒临崩溃：他的大儿子在第一次世界大战的战场上阵亡，两个女儿都在分娩时死去，还有他的小儿子在1945年2月被盖世太保杀害了。

死神最后在1947年10月，就在普朗克90岁生日前几个月降临到

---

* 石黑一雄（1954—　），日裔英国作家。——译者

他身上，这对他几乎可以说是一种拯救。一个明媚的春日，在格丁根为他举行的纪念仪式上，巴赫、勃拉姆斯和贝多芬的室内音乐夹杂着颂辞。你如果打赌那些来悼念的物理学家都认为光子同其他粒子一样是一种微粒，那你肯定是赢的，但是普朗克从来也没有能够一心一意地加入到他们中去。其解释也许就在不久以前他在自传体笔记中所写的话中："一个新的科学真理并不是通过说服那些反对者，使他们领悟而取得胜利的，而是由于反对者最终死去，而熟悉它的新的一代成长起来。"

爱因斯坦是向悼念者们送去信息的显要人物之一。虽然爱因斯坦永远不会原谅普朗克为纳粹工作，但他还是给他这位以前的朋友写了一篇感人肺腑的悼辞。文章开头写道："一个以一种伟大的创造性思想赐福于世人的人，他不需要子孙后代的颂扬。"爱因斯坦在普林斯顿高等研究院写下了这些话。自从1933年以来他就住在那里，在前一年的12月，也就在纳粹执政前的7个星期，他逃离了德国。从此以后他再也没有踏足那个国家。

就像贝娄(Saul Bellow)*后来所写的，在大多数世人的眼中，爱因斯坦是一个只要一个提示就能推动上帝的权威。但是对于大多数与爱因斯坦同辈的科学家来说，他到那时还是一位既与外界联系，又很独立，而令人困窘的名士：他顽固地拒绝接受物理学家们在20世纪20年代已经系统表述的羽翼丰满的量子理论。跟往常一样，爱因斯坦乐于独自研究，做一个智识方面的孤独者。音乐仍是他的一大爱好。虽然在第二次世界大战后不久，他就不再拉小提琴了。但是当茱丽亚四重奏**

---

* 贝娄(1915—2005)，出生于加拿大的美国犹太人作家，1976年诺贝尔文学奖获得者。——译者

** 茱丽亚四重奏，1946年成立于纽约的四重奏团，因其团员都与茱丽亚音乐院有关而取名。——译者

在1952年秋天有一次到他家中拜访他时,还是说服他进行了一次即兴演奏。他们请爱因斯坦选择一曲,爱因斯坦毫不犹豫地选择了莫扎特的充满热情的《G小调五重奏》。他演奏的是第二小提琴,而且在演奏过程中几乎没有翻阅乐谱。

如果把普朗克比作是量子科学中的摩西的话,那么爱因斯坦就是约书亚*。从他在柏林的毗斯迦山**,普朗克看到了迦南。他带领着他的追随者们前行,但是他自己从来没有完成这趟旅程。是爱因斯坦把他们带到了那里,尽管对他来说,这趟旅程还没有结束。从他在1951年12月所写的关于辐射量子的最后几句话中,可以清晰地看出这一点:"所有这50年来的沉思并没有带领我更加靠近'什么是光量子'这个问题的答案。现在,任何一个汤姆、迪克和哈里都认为自己明白它了,但他们都是错误的。"爱因斯坦认为,要真正理解光子,仅有量子理论是不够的。

50年以后,这个理论仍然没有遇到任何因为同实验相抵触而引起的麻烦,更不要说被取代了。然而如果有这样的一次反革命,爱因斯坦在死后就会得到平反,而且人们也会把他看成是这个团体的创始成员。他的名声将在某种程度上再次被提升,而这将恰当地突出他对科学作出的最勇敢的贡献。

致　谢

在准备这篇短文的过程中,许多朋友和同事给了我宝贵的意见。在此,我很高兴要特别感谢卡恩(David Cahan)、斯图尔特·弗里克(Stuart Freake)和科琳·弗里克(Corinne Freake)、海尔布龙(John Heilbron)、

---

* 摩西是《圣经》故事中古代以色列的领袖,约书亚是摩西的继承者。——译者
** 毗斯迦山,在约旦河东,《圣经》传说摩西从此山眺望上帝赐给亚伯拉罕的迦南地。——译者

霍夫曼(Dieter Hoffmann)、麦科马克(Russell McCormmach)、谢弗、施瓦格尔(Chuck Schwager)以及沃里克(Andrew Warwick)。

注释与延伸阅读:

1. 在广泛文化背景下,对现代主义的充分讨论参阅 Thomas Vargish and Delo Mook, *Inside Modernism: Relativity Theory, Cubism, Narrative* (Yale University Press, 1999)。

2. Ronald Taylor, *Berlin and its Culture* (Yale University Press, 1997).

3. 当时妇女在德国大学生活中的地位,参阅 *Lise Meitner: A Life in Physics* by Ruth Lewin Sime (University of California Press, 1996)的第2章。

4. 关于现代理论物理早期阶段的一个全面的历史,参阅 Christa Jungnickel and Russell McCormmach, *Intellectual Mastery of Nature* vols. 1 and 2 (University of Chicago Press, 1986)。

5. John Heilbron, *The Dilemmas of an Upright Man* (Harvard University Press, 2000). 这是对于普朗克的一生的一个全面和极为敏感的描述,他的政治主张尤其写得有分量。这一版有一篇颇有价值的后记,有助于澄清海尔布龙在该书1986年初版时得出的那些结论。

6. 如果你把空腔的内部加热到足够高的温度,这时出现的辐射看上去将不是黑色的,而是暗红色,再是橙色,然后是黄色。所以把这种辐射称为"黑体辐射"就相当容易令人误解了,把它称为空腔辐射会更好一些。

7. 关于该研究所权威性的历史阐述,参阅 David Cahan, *An Institute for an Empire* (Cambridge University Press, 1989)。

8. 与今天物理学家们普遍相信的相反,普朗克开始这项工作时并未意识到那些空腔辐射的数据构成了对经典物理学的一种危机。这一点得到了全面的说明,参阅 Martin Klein, *Max Planck and the Beginnings of Quantum Theory* (Archives for History of Exact Science, 1, 1962) pp. 459—479。

9. 这是克莱因(Martin Klein)的看法,在他的文章"Thermodynamics and quanta in Planck's work"(*Physics Today*, vol. 19, no.11), pp. 23—32 中有解释。普朗克原来的那些论文的英译本,参阅 *Planck's Original Papers in Quantum Physics*, annotated by Hans Kangro (London, Taylor and Francis, 1972)。

10. 库恩在他的"Revisiting Planck"(*Historical Studies in the Physical Sciences*, vol. 14, 2, 1984) pp. 231—252 中,相当清晰地给出了他的观点。他在 *Blackbody Theory and the Quantum Discontinuity 1894—1912* (Clarendon Press, 1978)中给出了一个更为详尽但是也比较晦涩难懂的陈述。

11. 关于库恩对普朗克研究的解释,有过一场争论。加利森(Peter Galison)对此给出过一个仔细斟酌过的评论,参阅"Kuhn and the quantum controversy"(*British Journal for the Philosophy of Science*, vol. 32, part 1, 1981), pp. 71—85。

12. 普朗克得到的常量 h 和 k 的值与现在它们确认的值有百分之几的误差。在现代的单位制中,这些值是:$h = 6.63 \times 10^{-34}$ Js 和 $k = 1.38 \times 10^{-16}$ JK^{-1},其中 J 是现代能量单位焦耳的缩写,s 是秒的缩写,K 是绝对温标中的温度单位开尔文的缩写。在开氏温标中,可能达到的最低温度是零度,而通常条件下水的凝固点是 273.16 度。

13. 在任何物质——固体、液体或气体——中,原子的能量粗略地等于玻尔兹曼常量乘以该物质的温度,其中温度是使用绝对温标来度量的。

14. 质量、长度和时间的这些独特值现在是用普朗克的名字来命名的。使用普朗克常量 h、牛顿引力常量 G 和真空中的光速 c 来表示它们的公式是:普朗克质量 $= \sqrt{hc/G}$,普朗克长度 $= \sqrt{hG/c^3}$,普朗克时间 $= \sqrt{hG/c^5}$。这些量现在对于研究宇宙开端的天体物理学家是很重要的,西尔克(Joseph Silk)在他的 *A Short History of the Universe*(W. H. Freeman and Co, 1997), pp. 74—76 中有解释。

15. 关于爱因斯坦的一本特别好的传记是弗尔辛(Albrecht Fölsing)的 *Albert Einstein*(Penguin Books, 1997)。一个有关爱因斯坦对于物理学的贡献的全面而权威的阐述,参阅佩斯(Abraham Pais)的 *Subtle is the Lord...*(Oxford University Press, 1982)。

16. 对爱因斯坦在1905年所写的这些伟大论文的一个紧凑而优美的介绍(其中每一篇都有注释的英译文),参阅 *Einstein's Miraculous Year*, ed. John Stachel (Princeton University Press, 1998)。*

17. John L. Heilbron and Thomas S. Kuhn, "The genesis of the Bohr atom"(*Historical Studies in the Physical Sciences*, vol. 1, 1969), pp. 211—290. 有关玻尔对原子方面的工作,参阅佩斯的传记 *Niels Bohr's Times: in Physics, Philosophy and Polity* (Clarendon Press, 1991), pp. 132—159。

18. Gerald Holton, "R. A. Millikan's struggle with the meaning of Planck's constant"(*Physics in Perspective*, vol. 1, 1999), pp. 231—237.

19. Roger Stuewer, *The Compton Effect*(New York: Science History Publications, 1975). 关于康普顿的工作,以及其他一些出现在 $E = hf$ 故事中的美国实验家的工作,参阅 Daniel J. Kevles, *The Physicists: The History of the Scientific Community in Modern America*(Harvard University Press, 1997)。该书读起来很有趣味。

20. $E = hf$ 故事的这一部分全面的阐述,参阅 Max Jammer, *The Conceptual Development of Quantum Mechanics*(McGraw-Hill, 1966)。

21. 德布罗意的公式说明,一个(不管是辐射的还是自由物质的)量子的波长是

---

* 中译本:《爱因斯坦奇迹年——改变物理学面貌的五篇论文》,约翰·施塔赫尔主编,范岱年等译,上海科技教育出版社,2001年。——译者

由普朗克常量除以这个量子的动量大小给出的。

22. K. K. Darrow, "The scientific work of C. J. Davisson" (*The Bell System Technical Journal*, vol. 30, 1951), pp. 786—797.

23. George P. Thomson, "Early work on electron diffraction" (*American Journal of Physics*, vol. 29, 1961), pp. 821—825.

24. 对场论概念的解释, 参阅 Steven Weinberg, *Dreams of a Final Theory* (London; Hutchinson, 1993), pp. 18—19。

第 2 章

六分仪方程：

$$E = mc^2$$

彼得·加利森（Peter Galison）

美国著名科学哲学家，哈佛大学科学史和物理学史教授。1999年获马克斯·普朗克和洪堡基金会奖，2017年获美国物理学会亚伯拉罕·佩斯奖，是因成功拍摄第一张黑洞照片荣获2020年科学突破奖基础物理奖的"事件视界望远镜"合作组成员。

• • ◆ • •

"$E = mc^2$已经变成大大扩展了的技术知识的转喻了：它既是哲学和欢快的想象，又是实用物理和可怕的武器。"

1945年11月17日,普林斯顿的物理学家,曼哈顿计划的老战士,新时代物理的先驱者惠勒(John Wheeler)*在对报告会的听众概述自己的科学观点。他一开场就回忆起核时代最初阶段的故事。那是在战争早期的芝加哥大学。战事中的一个关键人物致电华盛顿,向哈佛校长兼国家科学研究委员会负责人科南特(James Conant)汇报流亡物理学家费米(Enrico Fermi)**指导的项目情况:"那个意大利航海家发现了美洲大陆。""太棒了,"科南特回答说,"进入这个新的国度安全吗?"他得到的回答:"是的,哥伦布(Columbus)发现当地人很友好。"那是1942年12月2日发生的事。这些暗语告诉科南特和负责美国战事科学的那些人,世界上第一个核反应堆已经安全地开始了自我延续的链式反应。物理学家登上了应用核裂变的大陆,在那里他们能设想用隐藏在铀原子中的能量产生可用的能量或制造爆炸物。在接下来的32个月中,从事原子弹计划的科学家们为研制核武器不懈工作,这项工作最后在1945年8月广岛和长崎灾难性的爆炸声中结束了,或者说得更确切一些,是暂时停下来了。

惠勒讲演时,离战争结束才3个月,物理学在不久以前相对来说还是一座隐晦难懂的学术堡垒,而现在已成为全体国民关注的焦点和中心。审视了物理学和它周围的社会后,惠勒对核物理学所预示的"新世界的形成"有了一个展望:"这是一块大陆,位于彼岸[核裂变],代表了物理学最后尚未跨越的那部分知识。"惠勒又评论道,哥伦布在环球航海的征战中,究竟走得有多远,他那个时代的数学家能够哄骗自己。与之相反,20世纪40年代中期的物理学家对尚待发现的东西就不能欺瞒

---

* 惠勒(1911—2008),美国物理学家。——译者
** 费米(1901—1954),美国物理学家。因研究中子人工引发原子嬗变而获1938年诺贝尔物理学奖。——译者

自己己了。因为现在科学家手中有了一架简易的"六分仪"*而无法自欺欺人了。这样的一种理论工具，对科学进步这样的一种测量，在任何时候都能告诉人类：在物质全湮灭转换成能量的研究中，人类已经取得了多大的进展。尽管铀裂变的能量是巨大的，但是铀裂变只是人们在实现全部能量转换的征途中走了千分之一的路程而已，这是因为铀原子核分裂时，铀原子只有千分之一的质量被转换成了纯能量。相形之下，物质完全转化为能量则是能量生产的最终极限。这是最终有效的能量生产，它能用来建立一个新型的工业化世界，或者用于制造一种威力无比的武器。现代科学的六分仪提供了一种成功的测量工具，它展示了人类在能量完全转换标尺上所达到的精确位置，这就是爱因斯坦的方程 $E = mc^2$，它是科学史上最著名的方程。

这个方程的含义是：如果铀原子在核裂变时丢失的质量为 m 克（裂变后各部分的质量之和小于原先的总质量），那么在裂变过程中所释放出来的能量就是 E（单位：尔格），其中 E 等于该质量乘以光在真空中速率的平方（光速为每秒300亿厘米）。令人惊奇的是，在爱因斯坦有关该方程的第一篇论文中，他没有用 E 来代表能量，E 分别是德语"能量"（Energie）或者希腊语"能量"（Energia）的首字母，也没有用 c 代表光速（拉丁语 celeritas 是迅速的意思），而是用 L 代表能量（肯定取自于德语 lebendige Kraft，即"活动"能量或动能），用 V 代表光速。虽然现在我们认为方程 $E = mc^2$ 中的符号是理所当然的，并已经对它们习以为常了，但是直到1912年爱因斯坦才把方程中的符号改成 E 和 c。能量可以通过不同的形式释放：在可能的最简单的核裂变情况中，铀原子分裂成两个较小的核后，彼此以极高的速度相互分离。单个铀原子裂变所释放的能量，足以明显地把一粒沙子推下桌子；1000克铀内数以亿计的原子所蕴

---

* 六分仪是一种用以测量星球间角度的仪器，人们在船上或飞机上用它来算出自己的位置。——译者

藏的裂变能量会——也确实已经——破坏数平方英里的大城市。

到1945年末,在核裂变,即核反应堆与原子弹的物理学中还有许多问题有待解决,但总的来说,它已是一门被认识的科学了。人类掌握了裂变链式反应中中子的级联反应(中子使原子核分裂从而释放更多的中子,它们进而使其他原子核分裂,这样又产生更多的中子),然而,在此以外还有许多问题完全是物理学家不能驾驭的。中子和质子是如何在碰撞中产生新粒子的?关于这些新过程,实验家在对宇宙线观测后每个月都会送来许多惊人的信息。宇宙线中多半是质子,它们从深层空间像雨点一样洒落到地球的大气层上空。惠勒又说:"来自地球的大气层上空的质子能产生较小质量的粒子,关于这一点目前我们得到的信息还不完全,但是却显示出物质有可能被完全转化为能量。"惠勒梦想找到这样一个过程,它会将一块物质**全部**转换成能量。

惠勒和他的同仁们着迷于搞清楚这些粒子转变的性质。很快他组建了物理学家队伍,使用刚从前线返回的轰炸机来探索高层的大气层;惠勒和被捕的德国科学家在白沙试验场发射了一枚满载仪器的无人V-2飞弹,飞弹飞行了100多英里后直逼太空。从深层空间来的高能粒子一闪而过,提示那里将会有新的物理学。但是粒子数太少了,不足以构成开展大规模物理研究的基础。科学家们所要的是一个持续的、大量的高能粒子源,从这个角度讲,利用深层空间就无法与要去建立更大、更强有力的粒子加速器相竞争了。另外,还需要通过观察来记录高能粒子撞击小块物质时所引起的种种变化。最后,物理学家还要建立一个新的一致的理论来解释基本粒子以及支配其相互作用的力之间的关系。

惠勒认为,六分仪方程 $E = mc^2$ 能指导物理学家们去驾驭加速器、宇宙线以及一些能创造出新科学领域——基本粒子物理——的理论。事实也确实是这样:在接下来的几十年里,粒子加速器最初用越来越高速的抛射体撞击静止的目标,然后改成用迅速运动的粒子去猛轰它们的反粒子。电子猛撞正电子,质子猛撞反质子。每一台最尖端的加速器都提高了产生的能量值,这样就把物理学更进一步地推向了对微观物理世界的研究。20世纪40年代末到21世纪的头10年,建立在加速器基础上的物理学的前沿领域使用能量-质量转换方法使人们能观察到物质基本组元的存在。当物理学家用碰撞产生的能量产生新的不同种类的粒子时,始自质子、中子、电子和正电子的粒子家族的成员队伍就大量激增了。1932年,正电子(电子的反粒子)已出现在实验家的器械里,明显地显示出物质和反物质相互湮灭时能生成纯粹的能量,而且反过来单纯的能量也可以产生粒子及其反粒子这对双生子。

二战后的几十年里,人们已有可能制造并驾驭像 π 介子那样的粒子了。这些粒子的质量介于质子和电子的质量之间。质子和介子对核的撞击,能产生出更重、更活跃的质子和中子的变体——粒子家庭增大了。当人们能善于使电子和反电子,π 介子和 π 反介子或质子和反质子彼此相互撞击时,它们完全湮灭,其结合在一起的全部能量都可生成新的亚原子物质。20世纪60年代到70年代,这些粒子对,加上以各种不同形式构成的亚核夸克-反夸克对,以及电子较重的一些变种和一些传递力的新粒子,构成了粒子物理的"标准模型"。而正是方程 $E = mc^2$,说明了30多年来,巨大的加速器使粒子猛轰它们的反粒子的原因。从这些对撞束设备直接产生出了20世纪70年代对粒子物理学的标准表述。由此至今,它基本上是无懈可击的。

在二战将结束的那些岁月里,能量和物质的相互转换性在给人们无限的希望的同时也给人们无限的威胁。1945年6月,惠勒在沉思,"如何在合理的程度下释放尚未开发的能量,这个问题可能会完全改变我们的经济和军事安全的基础。由此我们对超核子学(ultranucleonics)的各分支应给予特殊的关注[超核子学指的是比当时已经掌握得很好的核子(即中子和质子)物理学更深入的物理学]。"这个更深远的领域包括了战时实验室所未见到的新的物理学:宇宙线现象,介子物理场论,超新星内能量的产生,以及粒子转化物理学。根据惠勒的理解,对深入到核的尺度以下的物理的抽象研究将明显与"国家的军事力量"联系起来。因为惠勒清楚地知道在"超核子学"的研究中,存在这样的可能性:人们能更充分地利用由方程 $E = mc^2$ 所表明的核裂变的能量释放,而不是只使用核裂变中小到只有千分之一的能量释放。

核裂变能量仅仅部分的释放就意味着广岛是被比铅笔橡皮头还轻的物质转换成的能量摧毁的。这样的想法使惠勒——和其他许多物理学家——想知道六分仪方程是否能引向一条更为完全释放能量的道路。

在洛斯阿拉莫斯的武器试验室所在地还是一所乡村男童的学校之时,另一些核精英小组成员聚集在伯克利研讨核武器,其中奥本海默(J. Robert Oppenheimer)*是美国最有威望的量子理论家。还有物理学家贝特(Hans Bethe)**,他在20世纪30年代逃离德国之前,就已搞清了用以解释太阳为何发光的核物理学问题。他们和一个杰出的团队一起工作,其中包括后来称为"氢弹之父"的匈牙利流亡物理学家爱德华·特勒(Edward Teller)。在研究早期那炎热得使人急躁不安的环境里,核裂变武器对他们来说是小菜一碟:只要把足够的可裂变的铀塞在一起,它就会发生爆炸。他们把这个任务交给了年轻的伯克利物理学家塞珀(Robert Serber),而把非常难以琢磨的、极具挑战的问题留给了自己。这就是研制氢弹。氢弹的爆炸是通过把氢核这样的轻质量核聚合在一

---

* 奥本海默(1904—1967),美国理论物理学家。——译者

** 贝特(1906—2005),美国理论物理学家。因1938年发表的关于太阳和其他恒星的能源可能来自它们内部氢核聚变成氦核的热核反应,以及"碳循环"机制,获1967年诺贝尔物理学奖。——译者

起而引起的，而不像通过把铀那样的重核分裂开来实现。但是当那建在高阶地上的洛斯阿拉莫斯实验室初具雏形的时候，那些物理学家已经很清楚：制造原子弹绝非易事。奥本海默和从德国流亡来的贝特这些项目的领头人为了在战争结束前研制出一种能用的武器，他们把氢弹的研究搁置在一边。然而特勒却固执己见，在整个战争中他决意不去做作为主流的核裂变研究，转而捍卫和研制那吸引住他想象力的武器。

1945年8月12日惠勒在太平洋中的提尼安岛上——这是核攻击的一个预备区域——写信给特勒："亲爱的爱德华，随着今天战争的结束，我在这里的工作不久也将了结……我想我现在所能做的最有用的是基础研究，但在今后的5年里我觉得还不能完全自在地如此去做。"他回想起特勒曾邀请他研究核聚变武器，而他却深信氢弹注定是在下一次大战中使用的，而在目前反对轴心国的战争中用不到。随着日本投降，仔细考察下一次冲突在惠勒看来是避免不了的——他预测，在不久的将来会与苏联人发生战争。而在这次冲突中，根据 $E = mc^2$ 把物质以更高比例转变为能量的核聚变是生死攸关的。出于安全考虑，惠勒用了隐喻的说法：

在一个岛上，有一群人过着与世隔绝的生活。他们之间发生了争斗。有两伙怀有截然不同处事方法的人联合在一起，试图平息这些闹事者。我们这一伙已经学会了使用弓箭，以此结束了这场打斗。我们的盟友是机警的。既然打斗结束，他们就回去了，在他们自己的墙后消磨时光。我们知道他们中间的一些人如果能自己制造弓箭，那他们会很高兴。要是有一天我们在分配果实累累的梨树上的梨子时有分歧的话，估计他们中的一些人会毫不迟疑地用弓箭对付我们。为了这样或那样的原因,这两个原先的同盟者似乎不可能达成协议把弓箭交给双方都信任的人看管……我们一伙中的一些人会说"那又怎么样呢",接着就去准备钓鱼了。也有人认为如果我们打算陷入军备竞赛(armament race)的话,倒是最好现在就开始准备,而且我们最好努力去制造我们已经掌握如何制造的最好的武器——机枪(machine gun),它将超越弓箭。我是这些人中的一个。

最后惠勒说,他认为如果冲突可能在今后的 5—10 年里发生的话,他最好要考虑制造"机枪"。他做了,他开始努力,主要以普林斯顿为基地去设计氢弹,称为"马特霍恩 B 计划",同时又对质量转换为能量做了一些较倾向于和平目的的深入研究。事实上,在惠勒的马特霍恩计划部门的隔壁,正在进行另一个项目的研究——这个项目旨在通过核聚变来创造民用能源。不过,核聚变中的每次核碰撞所释放的能量是核裂变中释放能量的 1000 倍以上。突然间,人们能设想出这样一个炸弹,其物理尺寸与在广岛和长崎投放的原子弹大小相同,但它所释放的爆炸当量为 1000 万—2000 万吨 TNT 炸药的当量,而不只是二战时原子弹仅只有的 1 万—2 万吨 TNT 当量。原则上我们可以设想制造出有无限破坏力的炸弹——不多几年里人们开始讨论去制造相当于 10 亿吨 TNT 的氢弹,这种炸弹能把整个大气层炸个洞。总之,惠勒自始至终把六分仪方程视为一枚指南针,它会在实现物质完全转化为能量,无论是对武器而言,还是对学术而言的地图上给出坐标。氢弹虽有巨大的破坏力,但其中还有很大一部分物质并未转换成能量。

一次和平的探究使惠勒想象出了一种新的原子:一个电子和一个正电子互绕着旋转。仅在一百亿分之一秒后,当两者相撞,相互湮灭时,这个新的"电子偶素"原子就会衰变,并以释放 2 个光子的形式释放出它们的能量。这是 $E = mc^2$ 方程完美无缺的例子：如果电子和正电子的质量都是 m，那么释放的能量就是 $2mc^2$，而这2个光子的频率都为 f，其中 f 由方程 $hf = mc^2$ 给出（因为爱因斯坦早在1905年就指出的光子的能量为 $E = hf$）。人们可以去寻找这两个向相反方向飞离的带能量的光子。不久，麻省理工学院的物理学家就在实验中发现了它们，它们的频率与惠勒根据爱因斯坦方程所得出的完全一致。

由此开始，还有大量其他的变化似乎在向科学家发出召唤。核子在云室（其中的水汽使粒子的轨道变得可见）中相互撞击，然后产生一大群新的实体。这些"核爆炸"的概率是如何随着入射粒子的能量的增加而增加的？是什么表征了爆炸产物的种类和数量？对惠勒和他的同事们来说，回答诸如此类的问题会使得物理学界更深入地理解他们伟大的六分仪方程 $E = mc^2$。

裂变，聚变，电子偶素，加速器，宇宙线，黑洞动力学——在20世纪后期的物理中的这么多难题都回过去和这个表述简单的方程联系着。但该方程的由来却与芝加哥近郊的费米实验室，或瑞士、法国边境处的欧洲核子研究中心这种大物理学实验室牵涉甚少，也与洛斯阿拉莫斯、利弗莫尔或阿尔扎马斯–16等武器实验室毫无瓜葛*。当年轻的爱因斯坦第一次写下这个方程时，他不会预见到这些发展。

我们必须回到爱因斯坦生活的时代，那是在1905年，他还是一个专利局职员的那个时代。当时电气化是现代化建设的顶梁柱。建设者挖开路面来建起电车轨道，电工从天花板和墙上除下煤气灯换上电灯。工业电力公司在美国、欧洲、俄国纵横交叉地构建了由电线、发电机和测量设备组成的一张巨大的电力网，使他们能把电送到工厂、城市和千家万户。爱因斯坦自己的家——他的父亲和叔叔——也经营一个

---

* 洛斯阿拉莫斯实验室和利弗莫尔实验室均是美国著名国家实验室，阿尔扎马斯–16是苏联的一个武器实验室。——译者

相当典型的小型电工技术厂,制造时钟般的仪器来测量功率和其他的电学量。在现在所有基础物理课上都会讲到的麦克斯韦方程组,在19世纪70年代仍然是很新的,就连在一些高级中学里也只会不完全地被讲到。爱因斯坦明显发现新理论和器械如同科学中的种种知识,令人着迷。伯尔尼专利局雇用了23岁的爱因斯坦,让他来评估电工技术方向的革新——他的工作就是评估它们的创新程度,列出并阐明它们的工作原理。

正是在伯尔尼专利局里,在1905年,他的**奇迹年**,爱因斯坦发表了5篇杰出的论文。他的第一篇论文在3月18日寄到了《物理学年刊》(*Annalen der Physik*),提出了有关光量子的理论;正是这篇文章,在许多方面,开创了量子物理学。6个星期之后,这个年轻的物理学家递交了自己的博士论文。他在文章中提到了如何估计分子的大小:他通过像糖那样的大分子对糖水黏度的贡献来估计分子的大小。5月11日,爱因斯坦发表了他对布朗运动的观点,阐述了原子和分子对小的悬浮粒子撞击的效应——想一想弥漫在空气中的烟灰吧。这是对原子真实性的一次强有力的干涉——原子,在爱因斯坦的计算中,不仅是对于计算化学过程有用的一些虚构之物,它们还是有形的物质。按统计规律撞击着悬浮粒子,它们一点一点推动粒子在液体中运动。

我们这里要关注的是爱因斯坦的第四和第五篇论文,它们分别提交于6月末和9月末。这两篇文章毫无疑问是爱因斯坦最著名的论文。正是在这两篇文章中,爱因斯坦提出了狭义相对论并由此推出了赫赫有名的质能方程。关于相对论的那篇《论动体的电动力学》,是建立在两条表述简洁的原理基础之上的,由此出发进而推出了一些预测性结论。对于特定物体是如何构造的或者相互作用的,爱因斯坦的理论没有作出这种或那种特点的详细假设,这几乎不像当时那些资深的物理学家的论文。相反,它有一种局外人的文体——或者说也许回复到了那种较古老的清晰形式。

如同在他的理想物理学理论——热力学——中，爱因斯坦首先想要从**原理**开始讨论。在热力学中，一切都建立在能量守恒和世界上的熵不断增大这两大支柱之上。在相对论中，爱因斯坦想到了另外两个基本原理。第一，他断言，经典物理学的古老出发点对于电学和磁学也是有效的。这也就是说，自伽利略以来，物理学家早已接受了下述观点：如果一个人处在一个做恒定运动的封闭的箱子里，他就不能通过力学方法来证实自己是否处在"真实的"运动之中。(伽利略想象观察者是正在大海中平稳航行的船的甲板下；毫不奇怪，爱因斯坦选择了在光滑的钢轨上滑动的火车作为其思想实验的场所。)爱因斯坦传递出的坚定信息是：伽利略告诫我们的话仍然是正确的。在一艘匀速运动的船的没有窗的底舱里，你不可能通过观察鱼缸里游动的鱼，或是扔一个球、做任何机械实验来显示你是处在"真正的"运动之中。因此，爱因斯坦补充说，在平滑前进的火车上，用电、磁或光做任何实验都不可能揭示出有"绝对静止"。这就是相对性原理。

爱因斯坦第二个理论的出发点，他也承认，初看起来是很令人惊讶的：在一个惯性参考系(没有加速运动的参照系)中，光以同样的速度传播，这与光源的速度无关。坐在火车站测量从静止的火车车头灯发出的光的光速——它的速度是186 000英里每秒。现在想象这列火车以1/2的光速，即93 000英里每秒的速度，疾驰出车站。在通常的经典物理学中，在运动的火车上扔出一个球，其方向与火车运动方向相同，那么该球就以火车的速度**加上**投掷者投出此球的速度离开火车站。但令人惊讶的是，爱因斯坦说，光不是这样。坐在车站，你会发现从高速运行的火车车灯发出的灯光，其速度仍为186 000英里每秒———点也没有加快。另外，运用第一个原理(相对性原理)，如果你追逐照向远处的光束，那么你永远也追赶不上它。与惯性参考系无关，与光源的速度无关,测到的光总是以同样的速度在运动着,于是我们就简洁地用c来表示这个速度。这就是第二个原理:光速的绝对性。

从这两个表述简单的原理——惯性参考系在物理上的等价性以及光速的绝对性——出发,爱因斯坦彻底改变了物理学。其间他颠覆了自牛顿时代以来作为物理学基础的那些空间和时间的概念。1905年5月,他完成这些工作后,开始反思这一新物理学的一些结果。在伯尔尼1905年夏天的一个星期五,他写信给他的朋友哈比克特(Conrad Habicht)*:

> 我真希望你在这里。你会很快又变为淘气鬼。——这些天我的时间不那么重要;不总是有适宜深思熟虑的课题。至少没什么是真正令人激动的……研究电动力学得出了一个结果,确实涌上了心头。这也就是说,相对性原理和麦克斯韦的基本方程联系在一起,要求质量应该是物体中所包含的能量的直接量度;光也有质量。在镭的衰变中,必会发生质量的显著减少。这些想法是有趣的、迷人的,但万能的上帝可能会笑话这一切并牵着我鼻子走,谁知道呢?

爱因斯坦被说服了,他没有引起上帝笑话。1905年9月,他写下了共3页的$E = mc^2$的论文《物体的惯性是否依赖于它所包含的能量?》。那月的27日,《物理学年刊》收到了这篇文章。

在爱因斯坦时代之前,已经有大量关于电磁能可能怎样与质量相关的讨论。事实上,那时的一些顶尖物理学家致力于如下解释所有惯性质量(即物质在运动中保持运动状态的能力)的存在:它只不过是像

---

* 哈比克特,爱因斯坦的密友之一。参阅《恋爱中的爱因斯坦》(丹尼斯·奥弗比著,冯承天等译,上海科技教育出版社,2005年4月)一书中的叙述。——译者

带电粒子一样，对它们自己的电场和磁场有作用，它们很难加速。爱因斯坦从不赞成这种还原论式的方案，即试图把所有的现象（包括惯性）都植根于电荷和电磁场。被确证的还有：带有电磁能的容器（例如一个装有反射镜的盒子充满了光）会有质量，其质量正比于它所持有的电磁能。

但爱因斯坦有更远大的目标——他不满足于对光的分析，他认为**任何**形式的能量都有与之相关的惯性质量。毫不奇怪，他关于 $E = mc^2$ 的论文引发了争论。爱因斯坦的一个同盟普朗克（他是德国理论物理学的领袖之一）立刻指出热的传递也会增加质量。这样一来，同样的平底锅，似乎热的比冷的重。这是全新的理论：牛顿物理学不会使人料想到质量会仅仅随着能量的改变而改变。

后来成了狂热的纳粹分子的资深物理学家施塔克（Johannes Stark）*，看到普朗克和爱因斯坦的结论后，把质能等效这一发现归功于普朗克。这使年轻的爱因斯坦受不了了（他当时还没形成他那特尔斐**式的风格）："我有点奇怪您没搞清楚是我首先发现惯性质量和能量的联系的。"施塔克立即让步了，说："如果您觉得我对您的论文评价不公正，我尊敬的同事，那您就大错特错了。无论在什么情况下，我都拥护您，而且我希望能尽快有机会提议授予您德国的理论教授称号。"爱因斯坦看了后怒火平息了，并抱歉地说："是一小股冲动使我说出了关于发现优先权的那一番话……对科学进步作出贡献的那些人，不应该让他们在分享共同研究硕果的乐趣时，遭到这种事情的烦扰。"

在1905年随后的几年中，爱因斯坦努力推广他的成果——就是证

---

* 施塔克（1874—1957），德国物理学家。1919 年诺贝尔物理学奖获得者。——译者

** 特尔斐，即英语中的 Delphi，源于 Delpic，古希腊城，因有阿波罗神庙而有名。该庙的神喻对问题常作模棱两可的回答，故 Delplic 一词作意义不明的、态度暧昧的解释。——译者

明能量和质量千真万确是等价的。他总是受到敦促要回到他的方程中来，于是他提出三种方法推导出他著名的结果。第一个方法写在1905年的一篇文章上，爱因斯坦设想有一个物体向相反的方向射出同样的光，然后他提出如何根据狭义相对性理论，从一个不同的未加速的参考系中来观察这一相同的情况。结合所得到的两个结果，他能演绎出方程 $E = mc^2$。但是要正确推导出这一点，必须确切地看出能量是如何从一个参考系转换到另一个参考系中去的。29年以后，爱因斯坦在匹兹堡的一次演讲中提出了论证 $E = mc^2$ 的另一个方法。这回他利用了能量和动量在所有惯性参考系中应该守恒这一事实。不过他的第三个方法最简单，只有一页纸篇幅：1946年，他在《以色列技术院学报》(Technion Journal)上发表了论证 $E = mc^2$ 的这个方法。此时并不需要相对性理论，而只要几个基本的假设就足够了。让我们来看看那最后一个方法并暂时停下来，思考一下爱因斯坦的推理。

爱因斯坦表明，假如你能接受以下4条原理：

1）狭义相对性原理成立：也即所有不是加速运动的参考系是等价的。没有一个参考系是"真正"静止的，例如，只有相对运动可以用物理上有意义的方式讨论。

2）动量是守恒的：毕竟，这在经典物理学中也是正确的一条基本原理。对普通物质来说，动量等于质量乘以速度。动量守恒原理是这样表述的：把所有的动量加起来，例如说把台球桌上所有的台球的动量加起来，那么在它们相互碰撞前的总动量就与相互碰撞后的总动量是一样的。

3）辐射有动量——这是早就被实验证实了的结果。(例如太阳光把彗星的彗尾推向远离太阳的方向。)

4）运动中的观察者见到的光源其真正方向与视方向是

不同的（恒星的星光的真正方向与视方向之差称为"恒星光行差"）。换句话说，人们早就知道，地球上观察者看到星光出现的位置要从它在天上的实际位置偏离一个小的α角才行。这个角取决于地球的速度v。对于比光速c小得多的地球速度v来说，普遍接受的近似值是$\alpha = v/c$。这个效应是很容易理解的。如果雨垂直落到地面，而你在雨中行走，你的感觉是雨点以某个角度落到你身上。你跑得越快，雨点和垂直落下的"光行差"就越大；这个角度取决于你跑的速度和雨点速度的比值。如果在你跑的时候，你有一根由长的硬纸板管子做成的"望远镜"，那么你要把它从垂直方向转一定的角度才能让雨点正好从管子里穿过。同理，由于地球的运动，光学望远镜要从恒星的"真正"位置转过一定的角度，才能见到星光。

爱因斯坦又加了一句，说，假设我们有一个参考系——"静止系"，我们可以把它看成是一架航天飞机（如果当时这么说，就犯时代错误了）的参考系，它关闭了引擎，在远离会对它施加巨大的引力作用的恒星或行星的深层空间漂浮着（图2.1）。在这个参考系中一本书静止地悬停在航天飞机的中部，然后在两边距离相同的地方分别有两个手电筒，它们同时发出两束光，以能量$E/2$直射向书。两者的能量都被书吸

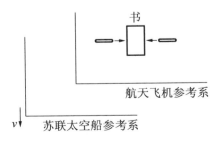

图 2.1

收了，因此书的能量增加了 E。在航天飞机这一"静止"的参考系中，书没有移动位置，因为它受到的是来自相反方向的相同能量的光的作用。

现在，爱因斯坦继续说道，让我们在一个不同的，以恒定速度 v 向下运动的"运动"参考系（比如说苏联的太空船）中来看这同一个过程。从这个参考系来看，情况稍有一点不同。从苏联太空船上观察，我们研究的书在受到两束闪光照射之前，以速度 v **向上**运动（图 2.2）。这就是说在太空船参考系里闪光照到书上以前，质量为 M 的书的动量正是 Mv。光的经典理论告诉我们，发出 $E/2$ 能量的光的动量为 $E/2c$。现在在苏联太空船这一参考系里，光线看上去不是水平的了（因为光行差效应），而到达时与水平面之间有一个小的夹角 $\alpha = v/c$。

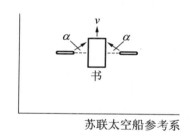

苏联太空船参考系

图 2.2

在苏联太空船参考系中，该书在光束照射**后**的动量等于书原来向上的动量 (Mv) 与书从这两束光中获得的动量之和。不过在苏联太空船这一参考系中，光是以这种"光行差"角[1]照到书上去的。因此光束给书的动量为 Ev/c^2，而书原来的动量是 Mv，那么在苏联太空船参考系中，书在吸收了光束能量以后，它的总动量就是 $Mv + Ev/c^2$ 了。

虽然书的动量增加了，它最终的向上速度还是 v，与苏联太空船的速度方向相反。（在苏联太空船参考系中，书的速度一定还是 v：在航天飞机参考系里光是以相反的方向照到书上去的，所以书保持不动；因此，即使吸收了动量后，该书在苏联太空船参考系里还是以速度 v 在运动。)所以如爱因斯坦所领悟到的那样,书吸收的能量一定增加了书的质量——因为书的速度没变,这是解释其动量增加的**唯**一途径。如果用M'表示书最后的质量,那么在苏联太空船参考系中:

$$书的最后动量 = Mv + Ev/c^2 = M'v。$$

方程两边同时除以v,然后,在方程两边都减去M就得出:$M' - M = E/c^2$。用另一种方式写出来就是$E = (M' - M)c^2$,现在$M' - M$,即是书在光冲击前后的质量差。如果用符号m来表示所得的质量$M' - M$,那么这就有了我们所要求证的方程:

$$E = mc^2。$$

然而,因为能量总可以由一种形式转化为另一种形式,这个结论就不仅仅适用于光束了。这意味着任何形式的能量都会增加惯性质量:一个热的台球的质量大于冷的台球,旋转的行星的质量比静止的行星大。事实上,如果质量被允许转换为能量的话,它会转换。会是什么在其中起阻碍作用呢? 守恒定律可能会——守恒定律表明了某些量在一个封闭的系统里是保持不变的。例如,你不可能凭空创造出电荷。或者说,动量——一个物体一旦运动了,它有保存其直线运动状态的趋势——其值是保持不变的,除非你给它施加作用力。正是由于这些守恒定律,单独的一个电子在相对性理论中就不能这样简单地消失而转变为单纯的能量——否则的话宇宙中的电荷就会消失了。现在如果电子撞击**反**电子(这是一种带有与电子相反电荷的粒子),情况就完全不同了。此时它们的总电荷是零(正1加到负1上去),于是电子和正电子的质量就**有**可能完全转换为能量。反过来,如果守恒定律得以满足,那么纯粹的能量也能转换为质量——例如一个正电子和一个电子。

1905年后的几十年里,方程$E = mc^2$进入了实验室。1932年,英国剑桥大学著名的卡文迪什(Cavendish)*实验室的两位物理学家,即实验

---

* 卡文迪什(1731—1810),英国物理学家、化学家。——译者

物理学家科克罗夫特（John Cockroft）和沃尔顿（Ernest Walton）*证明了他们能用加速质子来炸裂锂核。实验证明，得到的锂核各碎片的总质量要比原来的锂核小。起先看起来，质量似乎就这样消失了。但如果测量一下飞散碎片的总能量的话，这两位剑桥的科学家用 $E = mc^2$ 就能证明锂核破裂后质量变化中所"丢失"的能量正好等于核破裂后高速飞溅的各碎片所包含的能量。爱因斯坦的公式再一次闪耀了光芒。

　　不过随着人们发现了中子可以引起铀原子核的裂变，方程 $E = mc^2$ 就被用来改变世界了。多年以来，物理学家莉泽·迈特纳（Lise Meitner）**一直和化学家哈恩（Otto Hahn）***一起在德国威廉皇帝化学研究所从事研究。[2]那是在树叶茂盛的柏林郊区达勒姆，这位物理学家和那位化学家用中子轰击原子核，再用化学方法分拣出反应产物。好多年来，他们和其他人（其中有在罗马做研究的费米小组）已经证实：在轰击之后，他们所看到的反应产物事实上是在元素周期表上铀后的一些新的元素。这些元素被称为"铀后元素"，它们引起了巨大的轰动。这也许是新放射炼金术（radioalchemy）的最伟大的发现。在柏林的这次合作中，他们带到实验室的两种技术相互补充：迈特纳是负责整套设备的物理学家，而哈恩是化学家。但当纳粹迫近，而迈特纳因为是犹太人，她发现自己危在旦夕，两人的密切合作也就毫无意义了。迈特纳最终在1938年7月13日坐火车偷偷逃离了德国。她在瑞典过着十分艰苦的科研生活，焦急地等待着从合作者那里来的消息，而此时整个世界正处在战争的边缘。

***

　　* 科克罗夫特（1897—1967）和沃尔顿（1903—1995），两人都是英国物理学家。因实现了人工加速粒子进行原子核嬗变，开创了用人工加速粒子实现核反应的新时代，共获1951年诺贝尔物理学奖。——译者

　　** 迈特纳（1878—1968），瑞典物理学家。——译者

　　*** 哈恩（1879—1968），德国放射化学家。1944年诺贝尔化学奖获得者。——译者

在柏林,哈恩继续着试验,实验结果只给他带来更多的疑惑。他和迈特纳早就习惯于见到在一些反应中,由碰撞产生的产物,其性质很像一些比铀要轻得多的元素。不过对于这种现象,哈恩和其他人都认为仅仅是一个化学假象,是不可能发生的——这元素一定在周期表上铀的位置附近。把原子核"撞"成更小的部件是不可能的。可以撞去一个质子或一个α粒子(两个中子将两个质子束缚在一起),但要把原子核正好撞成两份,正像一位物理学家后来所说的那样,就像从窗口扔进一个弹丸来爆破房屋一样。例如,一个反应产物看上去像钡,它很可能就是在化学上同族的镭。接下来情况变得确实古怪离奇了。1938年12月的一个深夜,哈恩写信给迈特纳:

> 1938年12月19日,周一晚,实验室。亲爱的莉泽！……现在正好是晚上11点;在11点45分施特拉斯曼(Strassmann)*[他们的另一位合作者]将会回来,我终于能回家了。实际上关于"镭同位素"有一些很奇特的情况,现在我们只告诉你一个人……我们镭的一些同位素,它们的性质像钡。

哈恩恳求道:"所以请你想想是否有任何可能"存在一种不同的钡,它比通常的钡要重得多。

在给迈特纳写信3天后,哈恩把文章寄到了出版社。他以一种苦恼的情况结束了文章:他和施特拉斯曼的化学和物理灵魂正激烈地发生着冲突。他们发现一些看上去像是熟悉的轻元素,但又简直不可能:"作为化学家……我们应该用这种[轻元素]符号来代替[我们一直在讨论着的重元素]。而作为相当接近物理学的'核化学家',我们却不能使

---

* 施特拉斯曼(1902—1980),德国物理化学家、核物理学家。——译者

自己跨出这一步,这是与核物理学中此前所有的经验相矛盾的。"

迈特纳收到了这封12月19日的信后,和她的侄子、物理学家弗里施(Otto Robert Frisch,他也是逃亡到那里的)*在一次去雪中散步时开始揭开信中的谜团。会发生什么呢?他们开始思考,当铀核受中子撞击时,它是否会像一滴大水滴那样开始振动?把原子核看作这样的滴状已经流行了好几年了。他们继续设想整个微滴通常处于一种相当微妙的平衡之中:它的92个质子相互强烈地排斥着,而其整体却由大约238个质子和中子彼此强烈地吸引的短程核力束缚在一起。所以当它振动时,它可能膨胀,也许会使它变得像一个有黏性的杠铃,在两端各有一个球体,而中间有一个细弱的核柄把它们连接起来。到了这样的膨胀点,位于两个球体中的质子的相互排斥力可能大于能抵消它们的短程核结合力的作用。突然,受到两个球体的电的排斥作用,原子核可能分为两部分,在两头各粗略地有着46个质子的排斥力作用下,两个球体相互飞离。迈特纳计算了一下。两个轻核要比它们在一起时轻。而这一质量差是巨大的,它将按公式 $E = mc^2$ 转变成能量。她和她的侄子知道了世界上此外无人猜测到的结果:在达勒姆发现了核裂变。

情况发展迅速。被许多同事称为量子理论之父的丹麦物理学家玻尔听说了迈特纳和弗里施的解释后,立即明白此前他的所有推理错在哪里。1939年惠勒和玻尔同船去美国,他也和玻尔一起参加了大西洋两岸物理学家对核裂变所作的综合理论分析。随着原子分裂这一物理重大事件从实验室跃为报纸上头条新闻,一个问题引出了另一个问题。而下一个即将面对的问题对这不稳定的世界是至关重要的:当核分裂时,各种中子到处飞溅着,是否会导致另外的裂变?铀裂变是否会引起链式反应?如果会的话,由裂变释放的巨大能量将以几何级数增

---

* 弗里施(1904—1979),英国实验物理学家。——译者

长。不出几个月，就有好几个物理学家开始推测这种裂变过程在不太久的将来会导致制造核弹。爱因斯坦在一些人的请求下，于1939年8月2日给罗斯福总统写了下面这封重要的信：

> 在过去的4个月里，由于在美国的费米、西拉德（Leo Szilard）*和在法国的约里奥（Joliot）**的工作，已经有了这种可能性——那就是用大量铀实现核的链式反应，由此可以产生大量能量和许多新的类似镭的元素。现在几乎可以肯定的是这在不久之后就能实现。然而要命的是，它不仅是理论上说能产生能量。这一新现象可以指导我们制造炸弹，这是可信的——即使还不是很确定——可以用这种方法制造出一种新型的威力巨大的炸弹。这种类型的一颗炸弹，用船只携带或在港口里引爆，就完全可以摧毁整个港口及其周围的地区。

爱因斯坦坚持认为在政府和物理学家之间应保持联系。像给人预兆似的，德国停止了铀的出售。一个代表了科学家立场的中间人在1939年10月1日见到了罗斯福总统，而原子武器的鼓吹者以从匈牙利流亡来的、核链式反应的发现者西拉德所撰写的更专业的备忘录来继续进行他们所关心的事。那时纳粹已入侵波兰，这一雪球已经开始其毁灭性的坠落了。大规模的入侵开始了。人们对于德国核弹的恐惧与日俱增；珍珠港遭到袭击；在此事发端后不久，英国筹划了核武器的一个小型规模的工程。美国的一些委员会演变成了实验室，而实验室变成了最大的工厂——在世上曾经见到过的最大的工厂。若干年后，当

---

　　* 西拉德（1898—1964），美国物理学家。——译者
　　** 约里奥（1900—1958），法国核物理学家。因发现人工放射性，与其夫人共获1935年诺贝尔化学奖。——译者

爱因斯坦回想起那些岁月时,他对在他帮助下才得以开始的一切,从道义上进行了深思。这种帮助,不仅有他作为一个年轻专利局职员时的猜测性涂鸦,还延续到后来他成为世界上最著名的科学家之时:

> 我在一生中犯了一个错误——这就在我写信给罗斯福总统倡议说应该制造原子弹的时候。但我或许可以被原谅,因为我们当时都感到很有可能德国人也在研究这一项目,并可能会成功且用原子弹称霸于世。

事实上,当爱因斯坦被追问起人们为何能发现原子却不能控制它们时,他回答说:"这很简单,朋友:因为政治远比物理深奥。"

战争结束时,当惠勒发表我在本文开始时提到的那番话时,$E = mc^2$ 对物理学家来说是原子时代到来的标志——这个时代以结束了强加在他们身上的一次战争而闻名,同时又因促成了一场军备竞赛而遗憾。它同时既是新时代的标志也是所犯错误的一座纪念碑。

二战以后,$E = mc^2$ 处处可见:它早已不在物理学家的掌握之中了。一家小型销售公司以这个方程命名:"你必须聪明地干而不是苦干,"他们在自我说明中又加了一句。"办公室挂满了爱因斯坦的像作为生意的'保护神',很难不动脑子干活。"[3] $E = mc^2$ 也是一种软饮料的名字。得克萨斯州少年科学野营和新泽西州学校校区旨在改善科学教学的联合组织的旗帜也以它来命名。它也是科万(Patrick Cauvin)撰写的法国畅销书《$E = mc^2$,我的所爱》($E = mc^2$, mon amour)的书名,这本书讲述了两个11岁的天才逃到威尼斯的爱情故事。你能定购到爱因斯坦本人的长3英尺*宽2英尺的肖像,上面饰有这一方程,这当然也是不足为奇的事。

---

* 1英尺约为0.3米。——译者

　　你可能想象不到还能用这个方程来谱写一首特别优美的曲子，不过视听炸药合唱团做到了。我可以尽力说出，还有约十几个其他的摇滚乐队用此方程作为歌的名字。一部在电视上播放的影片也以此为标题："一个牛津的物理学教授要努力超越爱因斯坦，而他又得在妻子和女友的需求之间作出平衡——这些都是核裂变所必备的！"还有叫 $E = mc^2$ 的日本绘画公司、法国因特网、亚利桑那研究团体以及来自好多国家的艺术品。它无所不在；它是天才的标志，力量的象征，毁灭的先兆。

　　也许我们不该惊讶。与其他物理方程不同，$E = mc^2$ 在 4 个方面与宽泛文化有关联。第一，这个方程很紧凑，很容易写，而且对于实验室和对于世界都有着激动人心的含义。在另一方面，支配引力场的爱因斯坦方程，对普通人来说多少有点难读：《$R_{ab} - \dfrac{1}{2} R g_{ab} = -8\pi G T_{ab}$，我的所爱》就不完全有那种商业活力了。并且，我敢打赌，很难把它谱成一首成功的摇滚乐歌曲，尽管物理学家可能要鸣不平地说，支配广义相对论的方程比质量-能量等价方程更应该大歌而特歌。

　　其次，$E = mc^2$ 获得了（至少部分地获得了）艺术和人文学科所具有的那种不寻常的魅力——这是这种宽泛文化随着相对论时空概念的修正而产生的。即使在相对论之前，画家莫奈（Claude Monet）*已经对同时性、速度、时间和空间的交替这些问题着迷了。当物理学家提出了一个非欧几里得时空的世界以及时间性和空间性融合的观点后，上面的那些观念或与之相类似的比喻说法就有了肥沃的土壤。

　　第三，1919 年英国天文学家爱丁顿（Arthur Eddington）在观测日食的远征以后宣布爱因斯坦正确地预见了星光的弯曲。爱因斯坦成为一个崇拜的对象（至少对他的仰慕者来说），他一下子巍然屹立，是一个独特的天才，战前的和平主义者，战后的调停者，以及道德上的典范。他

------

　　* 莫奈（1840—1926），法国画家，印象画派创始人之一。——译者

遭到误解、受到诽谤然后又被过度地捧上天。对于任何做着任何格格不入之事的人来说，爱因斯坦就成了一个希望的象征。对他的敌人来说，他当然是一个反英雄：世界主义者、反民族主义者、犹太人、抽象理论家、民主主义者，一个和所谓的尘世、血缘以及国家脱离的人。甚至在二战以前，爱因斯坦以及他的最著名的方程（通过他）代表了哲学、物理学和现代性的混合，它们交替地吸引和震惊着他周围的世界。

从1939年到1989年，在长期的热战以及后来的冷战岁月，该方程还逐渐代表了另外一样在其简短的符号中囊括了力量和知识的东西——核武器。在这里，这个"六分仪方程"有了其第四重意义，因为这些武器似乎把最深奥的知识和最可怕的破坏力结合在了一起。这个方程终究标志着一种近乎神秘的力量，把突如其来的和预示世界末日恐怖的死亡具体化了。

正是在这些不同的文化潮流的交会之处，我们发现了群集在此方程周围的种种感情关联。$E = mc^2$已经变成大大扩展了的技术知识的转喻了：它既是哲学和欢快的想象，又是实用物理和可怕的武器。在笔墨草草写成的不多的几个字母之中，挤满着我们对科学的抱负，我们对理解的梦想，以及我们对毁灭的噩梦。

注释：

1. 具体是，在苏联太空船这一参考系中，闪光看上去不是沿着水平方向的，而是因为光行差效应，相对于水平有一个小的偏角 $\alpha = v/c$。想象光的动量同时有一个水平分量和竖直分量是有用的。因为来自左面光源的水平动量的分量与来自右面光源的水平动量的分量是相等的，所以这两部分水平分量就对消掉了。但是这两次闪光在向上的方向上都有一个小分量$(E/2c)\sin\alpha$。这（根据光行差效应）意味着竖直的动量是：

$$一束光动量的竖直分量 = (E/2c)(v/c) = Ev/2c^2。$$

2. 关于迈特纳最好的单独资料见一本很好的传记：Ruth Lewin Sime, *Lise*

Meitner: A Life in Physics（University of California Press, 1996），尤请参阅 pp. 233—237。

3. 参见 www.bizjournals.com/stlouis/stories/1998/11/09/smallb1.html。

延伸阅读：

爱因斯坦著作迄今最全面、最权威的论著无疑是 *Einstein's Collected Papers*（Princeton University Press）；关于 1905 年左右的情况参见卷 2 以及该卷由贝克（Anna Beck）翻译的英译文。

爱因斯坦最好的科学传记是 A. Pais, *"Subtle is the Lord...": Science and the Life of Albert Einstein*（Oxford University Press, 1982）。

论述爱因斯坦工作的文化和智识历史的优秀论著是：Gerald Holton, *Thematic Origins of Scientific Thought*（Harvard University Press, 1973）。

关于爱因斯坦的一本很有用的一般传记是：Albrecht Fölsing, *Albert Einstein: A Biography*（New York: Viking, 1997）。

从不同的历史视角论爱因斯坦的一些优秀论文集，参阅 Peter Galison, Michael Gordin and David Kaiser, *Einstein's Relativities*（待出版，Routledge）。

关于狭义相对论的历史可参见 A. I. Miller, *Albert Einstein's Special Theory of Relativity: Emergence（1905）and Early Interpretation（1905—1911）*（Reading, MA: Addison-Wesley, 1981）。这是一本很有用且专业性很强的书。

关于惠勒和氢弹，参阅 Peter Galison, *Image and Logic: A Material Culture of Microphysics*（University of Chicago Press, 1997）。

在电动力学传统的范围中来论述爱因斯坦，参阅 Olivier Darrigol, *Electrodynamics from Ampère to Einstein*（待发表）。

含有爱因斯坦在 1905 年的 5 篇论文英译文的一本精炼又很有用的书是：John Stachel, *Einstein's Miraculous Year: Five Papers that Changed the Face of Physics*（Princeton University Press, 1998）。

显然同样很有价值的是爱因斯坦对自己理论的通俗描述：Albert Einstein, *Relativity: The Special and the General Theory*（New York: Crown Publishers, 1961）。

爱因斯坦从政治到物理学哲学各方面的评论集：Einstein, *Ideas and Opinions*（New York: Bonanza Books, 1954）。

这么多年以来，就论述狭义相对论的初等教科书而言，我最喜欢的仍是：A. P. French, *Special Relativity*, the M.I.T. Introductory Physics Series（New York: W. W. Norton, 1968）。

引力的重新发现：
爱因斯坦的广义相对论方程

罗杰·彭罗斯（Roger Penrose）

英国著名物理学家、数学家和科学哲学家，在广义相对论的数学化及宇宙学尤其是黑洞等研究领域有诸多杰出贡献，1988年和斯蒂芬·霍金共同获得沃尔夫物理学奖。还曾荣获英国皇家学会科普利奖章、英国物理学会狄拉克奖章等诸多荣誉。

● ● ◆ ● ●

"对于这些陨落的物质来说，这个奇点代表了'世界的尽头'，而它所起的作用就好像一次大爆炸在时间中的反演。"

引 言

爱因斯坦的广义相对论在我们对物理世界的理解中产生了一场非同寻常的革命。然而,它并不是通过实验家们在实验室里的那些发现而产生的。它纯粹是一位特殊理论家的洞察力和想象力的产物。因此,与一场科学革命应当如何发生的那种传统图景相比,这就是一场截然不同的革命。传统图景认为,一种以前被接受的科学观点,只有当与之矛盾的观察数据积累到一个令人印象足够深刻的程度时,它才会被推翻。在20世纪,在基础物理领域确实发生了一些异乎寻常的革命,其中每一场革命都导致了基本原理的一次彻底大检修,并粉碎了我们以前对物理实在本性的看法。总的来说,它们都与这样的一种传统图景相一致。但是我们将会看到,广义相对论却是非常不同的。

从宽泛的意义上来说,在20世纪的物理学中发生了两场性质截然不同的根本性的革命。第一场是相对论,它是关于空间和时间的本性的;第二场是量子理论,它是关于物质的本性的。不过,相对论本身也可以说是包含了**两场**革命,它们分别被称为"狭义相对论"和"广义相对论"。

狭义相对论涉及的是,当物体以接近于光的速度运动时,我们就必须对牛顿物理学作出一些奇异的修正,据此空间坐标和时间坐标会神秘地相互转换,从而导致了**时空**(space-time)这个组合概念。这种理论在根本上是由于跟一种无所不在的"以太"观念在观察上发生了矛盾而产生的。这种观念会产生一种绝对的静止状态。在跟这种以太概念相抵触的实验中,迈克耳孙–莫雷实验(1887年)是最著名的。这个实验试图测量地球通过以太时的速度;然而实验得出了零结果。这个实验同其他的一些实验一起,使得要坚持牛顿的时空观念变得越来越困难。这场称之为狭义相对论的革命,是在下面这几位科学家的颇为坚忍不拔的研究下掀起的。他们是:菲茨杰拉德(George Fitzgerald)、拉莫尔(Joseph Larmor)、洛伦兹(Hendrik Lorentz)、庞加莱(Henri Poincaré)、爱因斯坦和闵可夫斯基(Hermann Minkowski)。因此,我认为它应该被看作是"传统"类型革命的一个典范。在其中,从大体上来说,它是由实验驱使理论家们偏离了牛顿式的框架(尽管爱因斯坦自己得到狭义相对论的路线并不是特别基于实验的)。

量子理论在很大程度上也是由实验驱动的。事实上,比起狭义相对论的例子而言,其程度要高得多。当物理学家们在对付非常小尺度物质的行为时,他们面临着与通常的牛顿观念有着严重抵触的大量的观察数据,这时他们不得不提出了量子理论这一新的理论。

然而,在另一方面,把引力描述为"时空曲率"的效应,而不像牛顿那样把它看成是力的广义相对论,似乎突然间由爱因斯坦提了出来。从表面上看来好像根本不需要这样一种革命性的新观点。在刚进入20世纪时,牛顿关于万有引力(质点之间的力按平方反比律作用)的美丽图景和观测数据达到了令人惊奇的一致,其精度达到了千万分之一。虽然最初还存在着一些不太重要的异常情况,但是最后发现,这些反常都是由于观测误差或者计算错误所导致的,或者是由于某些干扰因素没有被考虑在内之故。嗯,也不完全如此——因为在水星的运动的某些细节中还有一些东西没能得到完全的说明。然而在那时,这并没有使天文学家们过分地忧虑,而且大家相信通过更仔细地分析这一情况,就能在牛顿式的框架中解决这个显然不太重要的问题。因此,就观察到的数据而言,似乎并没有人会真正预期到牛顿的理论将会应付不了问题。

但是,在对引力的看法上,爱因斯坦发现自己被引导到了一种和牛顿非常不同的理解上。影响爱因斯坦的并不是观测数据。也许这样说并不是十分公平的。**有**一项观测数据是他所依靠的,但是这一数据既不是20世纪的,也不是19世纪的,甚至也不是18世纪或17世纪的。令爱因斯坦感到困扰的东西在16世纪末就已由伽利略很好地建立起来了(甚至有人在更早的时期就已经注意到了),并且它也是已经被接受的重力物理学中的一个广为人知的部分。在4个多世纪中,伽利略的观察的真正意义一直处于休眠状态之中。爱因斯坦却以新的眼光去看待它,也只有他察觉到了它潜在的意义。这导致他得出了一种非同寻常的看法,即引力是**弯曲时空几何**的一个特征,而且他还提出了一个具有前所未有的优雅性和几何简洁性的方程——现在被称为爱因斯坦方程。然而,要计算出它的含义却出现了无数技术上的困难,尽管这些结果跟牛顿的那些几乎总是难以区分。但是,偶尔两者也会不同,并且在爱因斯坦的理论中会得出值得注意的新效应。在一个例子中,爱因斯坦理论的精度比牛顿的理论又改进了大约一千万倍!

支配着广义相对论的是**爱因斯坦方程**。那么这一优美方程的样式是怎样的呢? 通常它被写成以下的形式:

$$R_{ab} - \frac{1}{2} R g_{ab} = -8\pi G T_{ab},$$

但是这又是什么意思呢? 把这些符号这样堆积起来,为什么能看成是优美的呢? 显然,如果没有这些符号背后的含义,就没有美,也没有物理意义了。我们很快就会讲到对于这个方程的意思的某些真正理解,但是眼下,我们必须先满足于一个简要的解释。在方程左边的这些量指的是对这种神秘的"时空曲率"的某些度量;右边的这些量是指物质的能量密度。爱因斯坦的质能关系 $E = mc^2$ 告诉我们,能量在本质上等价于质量,因此右边的这些项相当于是指**质量**密度。我们还能回忆起,质量是引力之源。因此,爱因斯坦的场方程[1]就告诉我们,时空曲率(左边)是怎样跟质量在宇宙中的分布(右边)直接关联在一起的。

在我们开始以前,说一些关于如何去看数学方程的话可能会有所助益,因为接下来确实会出现一些方程。如果你发现这些东西会使你感到害怕,那么我就给你推荐我的一种方法。当我自己遇到这样令人不快的一些公式时我是这样做的:那就是,或多或少地忽略这种障碍,跳到原文中的下一行上去。喔,对这个方程你也许连看都不该看一下,就继续勇敢地向前进。过了一会儿,当你重整信心,就可以再回到这个被忽略的方程去,并努力地找出它的那些显著的特征。文章本身应该有助于告诉我们其中什么是重要的,什么又是确实可以被忽略的。如果不是这样,那么就不必害怕,把这个方程放在脑后吧。

等 效 原 理

让我们来看看,我们是否能够搞懂爱因斯坦在提出他的广义相对论时所努力要达到的东西。对于牛顿的非常成功的理论,他为什么还会觉得有一种物理上的需求,要超越它?爱因斯坦为什么提出时空弯曲的概念?究竟什么**是**时空弯曲?

爱因斯坦相信有一条中心原理,它必须以一种基本的方式被纳入引力理论中去。这就是他所谓的**等效原理**。事实上,这条原理的本质内容在16世纪末就已经为伽利略所知[以及比他更早的1586年的斯蒂文(Simon Stevin)*,还有其他人,一直可以回溯到5—6世纪的菲利波诺斯(Ioannes Philiponos)]。想象有一块大石头和一块小石头(都可以选择由任何物质所组成),它们被同时从(比如说)比萨斜塔的顶端扔下来。如果我们可以忽略空气阻力的影响,那么这两块石头将以同样的速度下落,并且一起到达地面。让我们想象在大石头上放置了一个摄影机,它对准了小石头。由于这两块石头几乎是同时下落的,这架摄像机所记录下的图像将是一块小石头仅仅在盘旋,看来它似乎是静止的,

---

* 斯蒂文(1548—1620),是文艺复兴时期荷兰一位个性突出的力学家、数学家和工程学家。——译者

因此显然没有受到重力的影响。这两块石头在到达地面以前，对于它们来说，地球的重力似乎完全消失了！

这项观察包括了等效原理的精髓。在重力的作用下做自由下落运动时，我们可以消除重力的局部效应，因而重力就好像消失了一样。反过来，通过在一个加速的参考系中来看物体，就可能制造出跟重力无法区分的一些效应。这种由于加速度产生的表观重力，在当今有高速交通工具的社会中是一种常见的现象。当一辆汽车向前加速时，里面的乘客们会被挤压向他们的座位靠背，就好像突然出现了一个新的重力，将乘客们拉向车尾。同理，如果驾驶员突然踩下刹车，那么乘客们就仿佛被往前拉了，就好像有一个重力将他们拉向车头方向。如果汽车向右拐弯，那么就似乎有一个重力将乘客们拉向左方，等等。这些效应在飞机上特别明显，由于飞机加速的效果和地球真正的重力的效应之间混淆难辨，因此常常很难分辨哪个方向是真正"向下"的——也就是说，向着地球的中心。等效原理告诉我们，这种混淆是重力的一个基本性质。如果一种情况是在一个加速的参考系中进行测量，另一种情况是参考系被认为**没有**加速，但是其中除了已经存在的那些力以外，还引入了一个适当的重力场，那么这两种情况下，其中似乎在起作用的那些物理定律应是完全相同的。

应该引起注意的是，这种"等效"性质只是对**重力场**才成立，而对于任何其他形式的力都不成立。如果我们用一个电场来代替重力场，那么它当然就**不**成立。例如，考虑一个和上面的概述相对应的情况，即石头从比萨斜塔上被扔下，但用电力来代替重力。一个在背景电场中"下落"的物体，它的加速度大小决不会和它的成分性质无关。这个加速度取决于该物质的所谓的荷质比。举一个极端的例子来说，我们可以想象这两个物体具有相等的质量，但是它们的电荷值是相反的（因此其中一个带正电而另一个带负电）。那么这两个物体就会在这个背景电场中朝着相反的方向加速！放置在其中一个物体上的一架摄像机当然就不会把另一个物体拍摄成不加速的。

同有质量的物体在背景引力场中的情况相反,这个关于带电物体在背景电场中的关键问题是,作用在带电物体上的力与它的**电荷**是成正比的,但是它抗拒运动的能力——也就是它的**惯性**——则与它的**质量**成正比。而引力的情况的特殊性就在于,作用在物体上的力和它对运动的抗拒**两者都**同它的质量成正比。用牛顿理论的观点看来,这个事实似乎完全是偶然的。虽然**引力质量**(控制着引力作用在一个物体上的强度)和**惯性质量**(控制着对于运动状态改变的抵抗)之间的等价关系决不会是牛顿类型的动力学理论的一个本质要求,但是这种在引力的情况中等价的性质却使事情变得简单了一点,因为你不用担心有两种类型的质量了。

虽然这些情况早就已经知道了——基本上是从伽利略的早期思考开始,当然又得到了牛顿的欣赏——但是直到爱因斯坦才首次意识到等效原理在**物理学**上的深刻意义。这一点有什么重要性呢？让我们首先来回顾一下爱因斯坦建立**狭义**相对论的过程。当时他把"狭义相对性原理"作为一条基本原理。根据这条原理,物理学的定律对于任何做匀速运动(没有加速)的观察者来说都是相同的。虽然在他以前的拉莫尔、洛伦兹和庞加莱都曾经得到过狭义相对论的那些基本转换定律,但是他们中没有一个人采用了爱因斯坦的观点,即**相对性原理**应该是基本的,并且因此自然界中所有的力都应该遵循。爱因斯坦对于这个问题有着一个根本上的"相对论性"态度,这就导致他陷入了沉思:把相对性原理的陈述只限于**匀速**运动是否真的存在着某些特殊的背景？一个在**加速**的观察者所感知物理学定律的方式又是如何的呢？

乍一看,似乎加速的观察者所感知到的那些定律,一定跟那些匀速运动的观察者所感知到的是**不同**的。用牛顿式的语言来说,你需要引入一些"假想的"力(也就是"不真实的"力),来应付加速效应。就在这个节骨眼上,等效原理介入了。根据爱因斯坦的观点,这种假想的力比起我们似乎都感觉到的、将我们拉向地球中心的那个重力来,既不会更不真实,也不会更加真实。因为如果我们在地球的拉力下自由下落,那么这种力看来是能被消除的。回忆一下我们想象过的,将摄像机安置在伽利略的一块下落的石头上的那一情况。在摄像机的这个加速参考系中,地球的场好像已经消失了。看来只要把一个相对于摄像机静止的体系作为参考系,地球的场似乎已经变成"假想的"了。

以爱因斯坦的观点来看,假如除了所有已包括的其他力以外,再引入一个由于加速度而产生的、适当的新的**重力场**,那么一个加速的观察者所感知到的定律就应该跟那些不加速的观察者所感知到的是一样的。在下落的摄像机这个例子中,这个额外的场将是一个方向向上的引力场,它正好抵消了地球向下的场。因此,在这个摄像机的参考系中,重力场已被减小到零。

1922年,爱因斯坦在日本所作的一次演讲中,他回忆起了偶然产生这个念头的那一刻。那是在1907年末:

> 我当时正坐在专利局的椅子上,突然间我有了一个想法:"如果一个人自由地下落,他就不会感觉到自身的重量了。"我被震惊了。这个简单的想法给我留下了一个深刻的印象。它推动我去研究引力的理论。

在别的地方,爱因斯坦把这次顿悟称为是"我一生中最幸运的思考"。因为其中包括了他奇妙的广义相对论的萌芽。

然而,如果读者担心爱因斯坦似乎用这种观点完全消去了重力,那么他的担心可以被原谅。**的确**存在着一种我们称之为引力的效应! 行星们**确实**按照牛顿理论给出的优美解释的那种方式运行着。似乎也**确实**有某种东西把我们控制在我们的椅子上！爱因斯坦的观点似乎是要告诉我们，并不存在重力这样的东西，因为只要选择一个在自由下落的参考系，我们总是可以消去重力。在爱因斯坦的观点中，重力去了哪里呢？事实上它并没有离开，而是隐藏在某些被我掩饰了的精微之处中。在下一节中，我们将看到重力场究竟隐藏在何处。

潮　汐　力

前一节中所考虑的情况本质上都是局部的。我忽略了牛顿重力场可能因地而异。"向下"这个方向在牛津和在伦敦并不完全相同，这是因为这两处位于地球上的不同位置。如果我在牛津用一个向地面自由下落的刚性参考系来表达我的描述，试图以此来消去我所坐的桌子边的重力场，那么对于伦敦的某个人来说，这个参考系就不大能做到这件事了。因此，通过采用一个自由下落参考系来"消去"重力场，并不真正是一件简单易行的事。

为了使情况更加具有特殊性一些，让我们想象有一个名叫阿尔伯特(Albert)的宇航员——但是我们将只把他简称为"A"——他在地球的附近自由下落。我们可以想象 A 只是向地面落去，虽然这也许会被认为有一点儿不人道。我们关心的只是加速度，而不直接关心速度，因此实际上也不妨假设阿尔伯特是在地球周围的一个安全的自由轨道之中。让我们假设有一个由许多微粒组成的小球体围绕着 A，这些微粒一开始相对于 A 都是静止的。每一个微粒都具有一个相对于地球中心 C 的加速度，而这是与牛顿的平方反比定律一致的。在直线 CA 上的两个微粒 P_1 和 P_2 具有向着 C 方向的加速度，但是下面的这个点 P_1 所具有的加速度比 A 点要稍大一些，而上面的这个点 P_2 所具有的加速度比 A 点要稍小一些。因此，**相对于**阿尔伯特而言，P_1 将缓慢地向着地球中心 C 向下加速,而P_2将逆着C方向向上加速。在A看来,P_1和P_2都好像在加速离开A。另一方面,位于中心为A的水平粒子圈上的任一粒子P_3,在被拉向地球中心C的同时,将轻微地向内加速,这是因为C和A之间具有确定的有限距离,所以P_3也就具有略微不同的"向下"方向。相对于A,这样的一个点P_3看来将朝着A向内。整个粒子球将变形成一个扁长的(雪茄烟状的)椭球形,在相对于A的水平方向上朝着A向内运动,同时在沿着从A到中心C的直线上向外运动(见图3.1)。

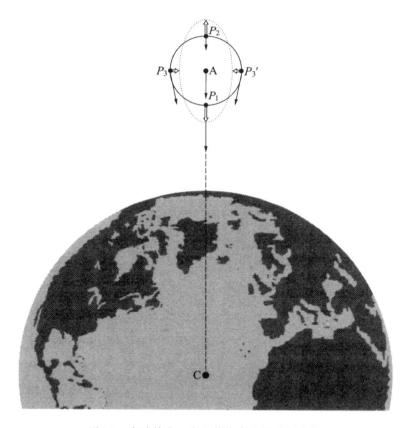

图3.1　潮汐效应。空心箭头表示相对加速度。

这种变形效果被称为重力的**潮汐效应**。将它形容为"潮汐"的原因是,这种效应恰好就是地球上由月亮的位置支配的海洋中潮汐的成因。为了弄清这一点,现在让我们想象用 A 来表示地球的中心,而粒子球则表示地球的海洋表面。C 就表示了月亮的位置。现在在海洋表面的各点上,同样存在着向着月亮中心 C 的、稍微有些不同的各种加速度。于是相对于地球的中心 A 来说,这样所引起的效果将导致海洋表面有一个扁长椭球状的变形,它在向着月亮(C)以及相反的方向突出。这恰好就是引起潮汐的主要效果。(辅助的影响是由太阳产生的相似的效应,但比较小一些,此外还受到水在海洋中真实运动时的摩擦力和惯性影响。)

这个粒子球的**体积**在它顷刻形变为一个椭球体的过程中,最初是保持不变的,这是牛顿的**平方反比定律**的一个特别(起决定性作用)的性质。(这就相当于说,P_1 和 P_2 向外的加速度是 P_3 这样的水平点向内的加速度的两倍。)这个事实取决于在这个球本身的内部没有质量密度。如果在这个球的**内部**有着大量的有质量的物质,那么就会有一个额外的、向内的加速度,而其作用是在它一开始运动的时候**减小球**的体积。相当通常的情况是,这种(最初的)体积减小量是与这个球所包围的总质量成正比的。事实上,牛顿伟大的引力理论就有效地包含在我刚才所描述的这些简单事实中。

如果我们认为我们的粒子球在地球表面的附近[在这里现在我们只关心地球的引力场**本身**,而不考虑引起潮汐的(主要)起因的月亮所产生的微小修正]完全包围了地球,那么这种体积缩减的一个特例就会发生。现在我们的球体变形就是一种纯粹的体积缩减。这是整个地球周围的一个向内的加速度,它提供了我们所熟悉的、真正将我们控制在椅子上的重力场。

时 空 弯 曲

虽然在上述的这些考虑中,时空的概念还没有唱主角,而且我们还要到下一节中才会更充分地谈到它,但是感受一下下述这一点还是很有用的:为什么以上面的视角来看待牛顿的引力实际上是在告诉我们,爱因斯坦对引力理论的观点(其中等效原理被认为是基本的)会自然地引出了引力是以**时空弯曲**的形式呈现出来的这一观念。让我们尝试着来想象一下,宇宙的历史是以一个**四维连续统**的形式展现在我们面前。眼下,我们并没有试图脱离牛顿物理学;我们只是以一种不寻常的方式来看待牛顿宇宙,把它看成一个四维几何体!除了具有三个空间坐标轴(例如说x、y和z)以外,我们还将引入时间坐标t来描述第四维。当然,要把整个四维直观地表达出来会有困难,不过这样一个完整的直观化也实在并不必要。让我们先暂时"忘记"空间坐标y,这样我们现在就有了一个由x、z和t为坐标的三维时空。图3.2使我们对所涉及的情况有了一些了解。现在一个单独的点粒子是用时空中的一条**曲线**来表示的;这条曲线描述了这个粒子的历史,它被称为这个粒子的**世界线**。

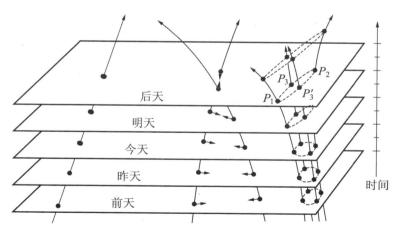

图3.2　时空(牛顿的情况)。右边说明了测地线偏离(潮汐效应)。

我们将试图理解围绕在阿尔伯特周围的那个粒子球(图3.1)的历史,并了解这和时空弯曲的概念有什么关系。在图3.2的右边,我试图在抑制一个空间维(也就是抑制坐标为y的那一水平维度)的情况下,来描述这个球的演化历史。这个球现在(在这个简化了的维度中)看上去像一个圆,随着时间的推移,它变形成了一个椭圆。请注意对于在竖直方向上有位移的粒子P_1和P_2(椭圆的主轴),它们的世界线向外弯曲,这是远离阿尔伯特的中心世界线的向外弯曲。另一方面,对于在水平方向上有位移的粒子P_3和P_3'(椭圆的副轴)来说,它们的世界线则向内弯曲。

我们将把这种"弯曲效应"与一个弯曲表面上的测地线的行为作比较。测地线指的是这样的一个弯曲表面上的一条长度最短的曲线。我们可以想象有一条线在这个表面上被拉紧。它将在这个表面上描绘出一条测地线。如果这个表面具有所谓的**正曲率**(就像一个普通的球面的曲率),那么开始时彼此平行的、稍微有一点错开的那些测地线将逐渐弯曲,彼此靠近。如果这个表面具有所谓的**负曲率**(就像一个马鞍的表面),那么开始时平行的、稍微有一点错开的那些测地线将逐渐彼此远离。(见图3.3。)曲率的这种表现被称为**测地线偏离**。

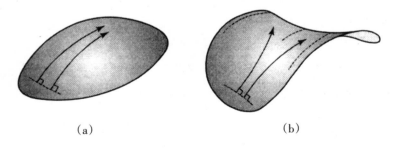

　　　　　(a)　　　　　　　　　　　(b)

图3.3　(a)正曲率导致测地线的收敛——就像一个橘子的表面。
　　　　(b)负曲率导致测地线的发散——就像一个马鞍。

在图3.2右边所示的潮汐扭曲的时空图中,我们看到了这两种曲率的组合。对于在水平方向上有位移的P_3和P_3',它们的世界线具有正曲率(向内弯曲),然而对于在竖直方向上有位移的P_1和P_2,它们的世界线具有负曲率（向外弯曲）。当我们能够把这些在重力作用下自由移动的粒子的世界线看作是时空中的测地线时，这种把发生在**潮汐效应**中的世界线扭曲解释为某种测地线偏离就变得合情合理了。对此，我们对于时空中的"距离"将需要有一个恰当的定义。我们将在接下来的那两节中谈到这一点。我们将会看到，潮汐效应其实是测地线偏离的一个例子，因此这就是时空弯曲的一种直接测量。

我们说，和二维的情况相比较，在更高维度的情况中，曲率概念要复杂得多了。在二维的情况中，我们发现在任意点的曲率单单只由一**个数**给出，[2]在正曲率球状的情况中这个数将是一个**正数**，而在负曲率马鞍状的情况中这个数则是一个负数。在多于二维的情况中，此时曲率要由**几个**数来描述。它们称为该曲率的**分量**，它们基本上在各个不同的方向度量了二维形式的曲率。在刚才考虑的例子中我们看到，一个正曲率分量实际上涉及的是从 A 到 P_3 和 P_3' 的水平方向，而一个负曲率分量涉及的是从 A 到 P_1 和 P_2 的竖直方向。事实上，在四维的时空中，曲率有**20个**独立的分量，这些分量可以集中在一起，用来描述一个被称为"黎曼曲率张量"的数学实体。虽然我要在稍后的一节中才会去讨论张量的概念，但是在这里值得指出的是，爱因斯坦方程本身是一个张量方程，而这些小的下标（比如 R_{ab} 中的 a 和 b）只是对不同方向上的这样一些分量提供了一种标记。

到现在为止，我们还没有真正说到广义相对论，而只是从爱因斯坦的观点研究了牛顿的引力理论。[3]为了进一步深入到完全的广义相对论，我们必须要对**狭义**相对论理解得更多一点：为什么它实际上是一个四维时空理论，以及在这种时空几何中，"距离"的恰当概念是什么？接下来让我们开始研究所有这些问题。

闵可夫斯基的时空几何概念

爱因斯坦把他在1905年提出的狭义相对论建立在两条基本原理的基础之上。第一条,我们早先已经提到过,即对于所有做匀速运动的观察者来说,自然界的定律都是相同的。第二条说的是,光的速度是一个基本的确定量,它并不依赖于光源的速度。在此几年以前,伟大的法国数学家庞加莱也具有类似的想法(还有其他人,他们也曾以某种方式接近这一图景,比如说荷兰物理学家洛伦兹)。但是爱因斯坦具有更清晰的洞察力,他认为作为基础的相对性原理必须适用于自然界的**所有力**。

在爱因斯坦登场以前,庞加莱是否已经完全领会了狭义相对论,关于这一点历史学家们仍然在争论着。我个人的观点是(然而这可能是对的):在闵可夫斯基于1908年提出了四维时空的图景以前,没有人(**包括**庞加莱和爱因斯坦)**完全**领会狭义相对论。闵可夫斯基在格丁根大学作了一个现在非常有名的演讲,在其中他声称:"从今以后,空间本身和时间本身注定将逐渐消失,成为一些不过是虚表之物,只有这两者的一种联合才能够保持独立的实在。"

爱因斯坦一开始似乎并没有理解闵可夫斯基所作出的贡献的重要性,并且在大约两年的时间里,没有认真地对待它。但是随后他开始意识到闵可夫斯基观点的全部力量。它形成了爱因斯坦后来非凡地开创**广义**相对论的本质背景。在广义相对论中,闵可夫斯基的四维时空几何变得**弯曲**了。

对于这种弯曲的物理学解释,我们在上面基本上讲过了,但是仍然缺少一个基本的要素,那就是把粒子在重力的作用下自由运动时画出的世界线解释为时空几何中的**测地线**。我们的宇航员*A*和环绕粒子球的世界线,就是这样的测地线的一些例子。为了理解这种解释,重要的是首先要理解闵可夫斯基为了描述狭义相对论而实际引进的那个**平直的**四维数学结构。

为此,我们先从考虑熟知的三维欧几里得几何开始,这将会很有帮助。在欧几里得的三维空间中,引入笛卡儿坐标x, y和z来标记点是很方便的。那么,从原点(坐标是$x = y = z = 0$)到点(X, Y, Z)(也就是坐标是$x = X$, $y = Y$, $z = Z$)的**距离**l,可以由毕达哥拉斯(Pythagoras)*关系式给出

$$l^2 = X^2 + Y^2 + Z^2。$$

(读者可以回忆一下毕达哥拉斯定理,它断言,一个直角三角形的斜边长度的平方等于另两边长度的平方之和。这就是二维的公式$l^2 = X^2 + Y^2$,因为平面上两点间的距离是一个三角形的斜边l,而这个三角形的另外两边长度是X和Y。把这个公式应用两次,就能把它推广到三维。)我们也可以应用上面的公式来表述**任意**两点之间的欧几里得距离,此时X代表这两点之间的x坐标的**差值**,而Y和Z也同样。

很容易把这个公式推广到四维的情况,从而得到在欧几里得**四维空间**中,从原点到点$w = W$, $x = X$, $y = Y$, $z = Z$之间的距离平方值

$$l^2 = W^2 + X^2 + Y^2 + Z^2。$$

然而,闵可夫斯基的时空几何与欧几里得四维空间有着微妙但又重要的区别。虽然在相对论中,空间坐标和时间坐标是切实按照一种旋转("洛伦兹变换")彼此混合在一起的,但是把坐标(w, x, y, z)混合起来的、普通的欧几里得旋转方法却并没有给我们真正正确的解答。在闵可夫斯基的描述中,空间坐标和时间坐标之间有一个质的区别,这在上面的距离公式中表示为有一个**符号**上的差别。

代替第四维空间坐标w,我们引入了一个时间坐标t。我们怎样来

---

* 毕达哥拉斯(约公元前580—约前500),古希腊数学家、哲学家。毕达哥拉斯关系式(或定理)就是勾股定理。——译者

修改上面的这个公式，从而得到对"距离"τ正确的闵可夫斯基度量呢？事实上，为了得到最直接有物理意义的这种度量，可以将**所有**空间分量的符号都颠倒，只留下一个时间坐标$t = T$以正号出现：

$$\tau^2 = T^2 - X^2 - Y^2 - Z^2。$$

在这里我使用的距离和时间的那些单位，使得光速的数值以**一个单位**出现。这样，如果我们要用年来作为时间单位，那么我们就应该要用光年来作为空间测量的单位；如果我们用秒来作为时间单位，那么我们就必须使用光秒来作为空间测量的单位（大约是186 000英里）。

那么由量τ来定义的是哪一种"距离"呢？我们最好把τ认为是一种对**时间**的度量。这就是所谓的**固有时**（proper time）。如果有具有坐标$t = T$, $x = X$, $y = Y$, $z = Z$的时空点P，使得上面的表达式右边的量是**正的**，那么我们就把P称为与原点O之间具有**类时间隔**。在物理上来说，其意义就是，一个粒子的世界线，在理论上有可能从O点到P点（如果T是正的），或者从P点到O点（如果T是负的）。如果这个粒子匀速直线地从O移动到P，那么此时这个量τ（用正号表示）就是用安置在这个粒子上的一个理想时钟所测量得到的粒子在O和P之间实际经历的**时间**（固有时）。（这个时间并不仅仅是牛顿的t，而且也包含了空间坐标差值，这个事实就是随着狭义相对论出现的"时间的相对性"的一种表达。）与上面的欧几里得几何情况一样，当原点O用某个任意点P'代替时，这些考虑也同样适用，只不过现在这些量T, X, Y, Z分别指的是两个时空点P和P'的坐标t, x, y, z之间的**差值**，而其中t是指粒子在惯性作用下从P运动到P'所经历的时间。

闵可夫斯基几何具有一个稀奇古怪的性质，那就是即使P和P'并不重合，这两个点P和P'之间的"距离"有时候也可能为零。当一束光线能同时包含P和P'时，这就会发生（我们把这种情况看作是一个"光粒子"或者光子在以光速前进）。这样，注意到上面把"闵可夫斯基距离"解释为固有时,我们就发现,一个光子根本不会经历任何时间的流逝。(如果光子确实能经历什么的话!)对于固定的 P 点,这样的点 P' 的轨迹组成了点 P(未来的)**光锥**。这些光锥是很重要的,因为它们决定了闵可夫斯基空间中的**因果关系性质**,不过我在这里不会太多地涉及它们。我们将需要的一个要点是,有质量粒子的世界线都必须在其每一点处的光锥**内部**。这不过表述了粒子在任何地点都不会超越光速的事实。这样的世界线,被称为是**类时**曲线。任何有质量粒子的世界线都必须是类时曲线。

现在,任何类时曲线(也就是容许粒子世界线),不管这条曲线是不是直的,都有了一个闵可夫斯基"长度"。一条弯曲的世界线描述了一个**在加速**的粒子。从物理上来讲,这个"长度"不过是这个粒子所经历的(固有)时间。为了在数学上得到这个长度,我们要做的事情仅仅和我们在普通欧几里得几何中所做的一样,只是我们必须把上述从欧几里得几何过渡到闵可夫斯基几何所涉及的符号差异考虑在内。为了明晰地做到这一点,我们需要对于长度的**无穷小**表达,它是用来度量两个相距无穷小的点之间的"距离"。然后我们把沿着这条曲线的所有这些无穷小的间隔"加起来"(用专业术语来说,是**求积分**)以便得到总长度。在欧几里得三维几何中,这个无穷小的间隔"$\mathrm{d}l$"是由下面的公式与标准的笛卡儿坐标 x, y, z 联系在一起的

$$\mathrm{d}l^2 = \mathrm{d}x^2 + \mathrm{d}y^2 + \mathrm{d}z^2。$$

在闵可夫斯基的情形中,我们必须把它修改为

$$\mathrm{d}\tau^2 = \mathrm{d}t^2 - \mathrm{d}x^2 - \mathrm{d}y^2 - \mathrm{d}z^2,$$

不过其解释是完全类似的。(有些读者不熟悉和微积分有关的符号,可以把 $\mathrm{d}t$ 想象成代表 $t' - t$,$\mathrm{d}x$ 是代表 $x' - x$,等等,在这里 P' 位于 P 光锥中无穷靠近 P 的地方。)由理想时钟测得的、在世界线上的这两个点之间所流逝的总时间(固有时),就是这两个点之间的世界线的总"长度"。

在欧几里得几何中，长度的一个重要特征是，在连接两点的所有曲线中，当曲线为直线时其长度**最短**。（"两点之间的最短距离是一根直线段。"）在闵可夫斯基几何中也有一个非常相近的性质，但是情况却以相反的方式出现。如果我们选择一对有类时间隔的点，那么在连接它们的所有类时曲线中，直线的固有时**最长**。在物理上，这为我们给出了有时所谓的"时钟佯谬"（或者叫做"双生子佯谬"）。这说的是一个去往遥远恒星的旅行者，当他回来时，他要比他留在地球上的孪生妹妹要年轻（因为他具有较短的"闵可夫斯基距离"）。留在地球上的孪生妹妹具有一根直的世界线，因此她比她在空间旅行的哥哥（他的世界线由于加速度而弯曲了）经历了更长的时间。然而，把这件事看作一个佯谬是非常具有误导性的。虽然无可否认，要习惯它是相当困难的，但是它事实上并不是自相矛盾的。现在已有许多实验在很高的精度上证实了这个效应。闵可夫斯基几何使得两个孪生子之间的时间差别看来几乎是"平淡无奇的"。

是什么导致了爱因斯坦去修改闵可夫斯基那优美的时空几何并引进了弯曲时空？我们在狭义相对论中已经看到，在没有力的情况下自由运动的粒子——即**惯性**运动粒子——在闵可夫斯基空间中具有直的世界线。爱因斯坦希望把等效原理纳入到物理学理论中去，这就引导着他产生了需要一种**新的**"惯性运动"概念的想法。由于重力可以通过使用一个自由下落的参考系而局部地被抵消，所以根据爱因斯坦的观点，我们将不把重力看成是"真实的"。因此爱因斯坦发现，他需要引入一个不同的惯性运动概念，那就是在**重力作用下的自由下落**，而没有任何其他力的作用。由于我们前面所讨论过的潮汐效应，我们不能认为这些（在爱因斯坦看来）"惯性"粒子在闵可夫斯基几何中具有直的（也就是测地线的）世界线。由于这个原因，我们需要把这种几何进行推广，从而使它变得**弯曲**。爱因斯坦发现，他的惯性粒子的世界线现在确实可以是这一弯曲几何中的**测地线**——在局部上将"长度"最大化而不是最小化了,这是与上面所述一致的——而潮汐扭曲其实是测地线偏离的一个例子,它对时空弯曲提供了一种直接测量的方法。让我们努力来把这种弯曲理解得更完整一些。

弯曲的时空几何

在19世纪,德国的两位大数学家高斯(Carl Friedrich Gauss)和黎曼(Bernhard Riemann)引入了"弯曲几何"的一般概念。为了初步了解这种几何,让我们来考虑一个被分成两半的网球的表面。它可以以各种方式被扭曲,但是在这样的变形下,它所谓的**内禀**几何保持不变。内禀几何关注的是**沿着**表面所测量的距离。它并不关注我们可能在描述该表面时把它嵌入的那个空间(在这里是我们通常的欧几里得三维空间)。内禀几何关注的,不是点直接到点的在曲面**外部**测得的距离。然而,画在这半个网球上的一条曲线的长度不会随着它的扭曲而发生变化,这样的长度是内禀几何本质上所关注的。

高斯于1827年在二维的情形下(就好像我们刚刚所考虑的那种网球表面)引入了这种内禀几何的概念。他证明了在这种几何中存在着一种完全内禀的曲率概念,它完全不受这样一个表面可能被嵌入的方式改变的影响。这个曲率可以通过沿表面测量所得到的长度来计算,如前所述,在这里,我们把这个曲面上的曲线长度看作是对沿着曲线的**无穷小测量长度 dl** 作积分而得到的。在实际的做法中,你可以在这个曲面上引入某个方便的坐标系,比如说 u、v,就可以发现 dl 的表达式形式如下

$$dl^2 = Adu^2 + 2Bdudv + Cdv^2。$$

其中 A、B 和 C 是 u 和 v 的函数(这个表达式在局部上和我们以前得到的无穷小的"毕达哥拉斯"距离表达式 $dl^2 = dx^2 + dy^2$ 是一样的,不过我们现

在用更一般的坐标 u、v 来表达）。

1854年，黎曼表明了怎样把高斯的关于曲面的内禀几何推广到更高的维度上。读者也许会对其中的动机感到迷惑不解。为什么数学家们会对更高维度的内禀几何感兴趣呢？普通的空间只有三维，而在高维空间中，很难搞清楚"扭曲"一个三维"曲面"的意思——更不用说一个更高维度的曲面了。首先要指出的是，这一图景只对我们最初开始理解"内禀几何"的概念有所帮助。我们实在应该把我们的曲面的内禀几何看作是某种能立足于它本身的东西，根本不需要一个嵌入的空间。事实上，黎曼的最初动机之一是，我们实际上发现自己身处其中的、实在的三维空间也许会具有一个弯曲的内禀几何，它并不需要"居住"在某个更高维度的空间之中。

不过黎曼也考虑了 n 维的内禀几何，你也许会质疑这样做的动机是什么。这里有两项考虑与之有关。发展起来用以处理弯曲的三维空间的数学形式体系，原来与用来处理一般弯曲的 n 维空间的数学体系基本上是相同的，因此把注意力局限于 $n = 3$ 这种情况就没有什么裨益了。另一项考虑是，在许多情况下 n 并不是指普通空间的维数，而是指某个系统的自由度数。这时弯曲的（内禀）n 维几何是很重要的。存在着一些抽象的数学空间，即所谓的"位形空间"，其一个单独的点就表示了某个物理结构各部分的全部安排。当这个系统具有许多部分时，这样一个空间的维度 n 确实可以非常大，而黎曼的更高维度的几何可能跟这些空间有着非常大的关联。

在 n 维情形中的"度规"和"曲率"的概念，是高斯对于普通的二维曲面引入的那些概念的自然推广。但是由于此时涉及大量的分量，因此为了处理所有这些分量，我们就需要一个适当的符号。在上面二维情形的 dl^2 表达式中，出现三个"度规分量" A、B 和 C。要代替它们，在三维情形我们就需要**六个**这样的量。它们是**度规张量**的分量，通常记为

g_{ab}。这个量的作用在于定义了两个相邻点之间的距离这一恰当的概念,我们通常用 ds 来表示这个距离。[4]

在黎曼几何中,完全就像我们在早已讨论过的平直空间情形所做的那样,通过将 ds 沿着曲线**积分**来求得**曲线的长度**。在黎曼流形中,测地线是一根(在局部上)将长度最小化的曲线(因此在一种适当的意义上来说,它描述了"点之间的最短距离")。黎曼空间的**曲率**是描述在空间中所有各种可能方向上的测地线偏离的量(如前所述)。由于在许多可能的方向上可能测到这种测地线偏离,因此这个曲率具有许多分量,这是在意料之中的。事实上,所有这些信息都可以用一个称为**黎曼张量**的量把它们集合在一起。黎曼张量(或者说它的分量的集合)通常写成 R_{abcd},其中的那些小的下标指的是可能测得测地线偏离的所有不同的可能方式。[5]

爱因斯坦的广义相对论是以一种弯曲的四维时空的概念形式来阐述的,这个时空与闵可夫斯基的平直时空的关系,正如黎曼的弯曲几何概念与平直的欧几里得几何之间的关系。度规 g_{ab} 可以用来定义弯曲的长度,但是如同在闵可夫斯基的平直时空几何中一样,我们最好把这个"长度"认为是用来定义**时间**的,它由一个沿着它的世界线的粒子测得。这些在局部上将这种时间测量取得最大值的世界线,是时空中的测地线,并被认为是那些在惯性作用下运动的粒子的世界线(正如在前面已经说到过的,其中"惯性"两字应按爱因斯坦的"在重力作用下自由下落"这一意义来理解)。

现在让我们回忆一下,(在牛顿的理论中)在时空中由于引力所引起的测地线偏离具有一个性质,即在真空中最初没有体积变化,但是当在偏离的测地线附近有物质出现时,则这时出现的**体积收缩**将与测地线所围绕的总质量成正比。这个体积收缩是在围绕着中心测地线(这条中心线是宇航员 A 的世界线)的所有方向上的测地线偏离的一个**平**

均值。这样,我们就需要一个适当的数学实体来度量这样的一个曲率平均值。事实上,确实存在着这样一个实体,被称为**里奇张量**。它是由 R_{abcd} 构造得到的。通常把它的分量集合写成 R_{ab}。还有一个**全局单个平均量** R,称为**标量曲率**。[6] 我们回想一下,R_{ab} 和 R,还有 g_{ab},正好都是出现在爱因斯坦方程左边的量。

g_{ab}、R_{abcd} 和 R_{ab} 都是被称为张量的那种数学对象(的分量的一些集合),而张量在黎曼几何的研究中具有根本的重要性。其原因跟下面的事实有关:在这门学科中,我们并不真正对碰巧用于描述流形的特别选出的坐标感兴趣。(这隐含着严格坚持等效原理。)也许可以使用这一组坐标,或者另一组也可能同样适用。这完全依个人方便使用。**张量分析**是一种了不起的技术成就。它是在 19 世纪晚期由几位数学家作为一种从流形及其度规、曲率中抽取**不变信息**的手段而发展起来的,其中"不变"二字的本质意思就是"不依赖于任何特殊的坐标选择"。

爱因斯坦仔细考虑了如何将等效原理完全纳入到重力的物理学理论之中。他最终意识到,他需要一个在上述意义上所指的"不变"的表述。他把这个要求称为**广义协变性原理**。关于两个不同加速度的参考系的时空坐标,可以以某种(常常是复杂的)方式彼此联系起来,哪一个也不会"优于"另一个。爱因斯坦不得不依靠他的同行格罗斯曼(Marcel Grossmann)的帮助,教会他所需要了解的"里奇分析"(这是张量分析在当时的名称)的内容。他所需要的弯曲时空几何与(在四维情形中)里奇分析为之而设计的黎曼几何之间唯一的本质区别,是从黎曼空间的局部欧几里得结构过渡到相对论时空所需要的局部闵可夫斯基结构时所要求的"署名"变化。

完整的广义相对论

让我们回到阿尔伯特,也就是我们那位被一个粒子球所包围的宇航员A。所有这些粒子，还有A，都在爱因斯坦的意义下惯性地运动（也就是在重力作用下自由运动）。他假设在惯性作用下运动的粒子应该具有在时空中为测地线的世界线。[7]我们回忆起，在牛顿理论中，这个球最初的体积收缩是和它所包围的质量成正比的，而度量这种体积改变的正是那个里奇张量。因此，我们可以预期到，将牛顿理论恰当地推广成相对论，其中会有一个方程把关于时空的里奇张量和一个适当地度量物质质量密度的张量联系起来。后面这个量就是所谓的**能动张量**（energy-momentum tensor），而我们通常用T_{ab}来标记它的所有分量的集合。这些分量中的一个度量质能密度；其他的则度量物质中的动量密度、应力和压强。在牛顿的理论中，向内的加速度和质量密度之间有一个比例因子，那就是牛顿的引力常量G。这就引导爱因斯坦预见到有某个如同下面的方程

$$R_{ab} = -4\pi G T_{ab}。$$

这里4π出现的原因是，我们处理的是密度，而不是单个的粒子，负号出现的原因是，加速度是向内的，而我自己对于里奇张量的符号所使用的规定是，把向外的加速度认为是正的——但是在这一学科中，关于符号等诸如此类的东西有着无数的不同的规定。

事实上，这就是爱因斯坦最初提出的方程，但是他随后就开始意识到，它与T_{ab}必须满足的某一个方程并不真正相容，[8]这个方程表达了关于物质源应满足的一条基本的**能量守恒**定律。在几年的踌躇不决以后，这迫使他把左边的量R_{ab}用一个略微不同的量$R_{ab} - \dfrac{1}{2} R g_{ab}$来代替。这个量因为纯数学上的原因，竟然奇迹般地**也**满足T_{ab}所满足的同一个方程！通过这个替代，爱因斯坦使所得到的方程有了必要的相容。这就是现在名不虚传且非同寻常的**爱因斯坦方程**[9]：

$$R_{ab} - \frac{1}{2} R g_{ab} = -8\pi G T_{ab}。$$

由这个方程所产生的、在测地线偏离中的这种"体积收缩",跟我们在牛顿理论中所预期到的只是略有不同,其原因是现在出现在上面这个方程左边的附加项"$-\frac{1}{2}Rg_{ab}$"。此时"重力源"(也就是体积收缩之源)不再是$4\pi G$与**质量**密度(在T_{ab}中的质能项的意义上)的简单乘积,它现在的结果是$4\pi G$乘以质量密度**加上**物质中在三个相互垂直方向上的**压强和**(来自T_{ab}的其他分量)。对于普通的物质(就像组成普通的恒星和行星的那些物质)来说,这些压强同质量密度相比较是非常小的(这是因为组成这些物体的粒子的运动速度比光速小得多),因此此时跟牛顿理论有很精确的一致性。然而,在某些情况下(比如说特大质量恒星在坍缩成为黑洞时呈现的不稳定性),这种差异确实具有重要的效应。

广义相对论的经典检验

从前面的讨论中来看,爱因斯坦的广义相对论也许好像只是对于牛顿理论的一种技术修改,即对后者经过重新措辞以便使它同相对论及等效原理相一致。确实,情况可以说是如此,虽然我提出来跟牛顿理论作比较的方式并不是它最初所表现的那种方式。把我们的注意力集中在将牛顿引力的潮汐力当作某种在自由下落过程中不能被抵消的东西,我们已经能够更加直接地看到它与时空弯曲以及进而与爱因斯坦的广义相对论框架之间的关系。

事实上,要发现这两种理论在观察上的明晰差别是非常困难的。最初,对于广义相对论存在着所谓的"三种检验"。这三者中最令人印象深刻的,是对水星绕太阳运行轨道中的近日点进动的解释。它在19世纪已闻名于世了,因为当时的研究表明,用牛顿理论去解释的水星运行,有一个难以理解的不符之处。当把所有其他已知行星的扰动效应都考虑在内之后,水星运行中仍然存在着一个微小的额外成分,这个量等于它的轨道椭圆的轴每个世纪单向移动43角秒。这个量是如此微小，以至于如果单靠这个效应，水星的椭圆轨道大约要花300万年才能完整地转一圈。天文学家们尝试了各种解释，包括预言在水星的轨道内存在着另一颗行星（他们把这颗行星命名为祝融星）。这些想法没有一个能奏效，但是爱因斯坦的理论却能正确地解释这一矛盾，同时也为这种理论提供了一种相当令人叹服的检验方法。[10]另两种检验关注的是理想钟在引力场中的减慢，以及太阳的场引起的光线弯曲。1960年，庞德（Pound）和雷布卡（Rebka）做了一个实验，虽然人们认为这个实验是对广义相对论的一个相当薄弱的检验，是能量守恒和光子能量方程 $E = hf$ 的一个直接结果，但它令人信服地证明了时钟减慢效应。

　　光线弯曲效应有一段更为有趣的历史。在爱因斯坦发现完整的广义相对论以前，出自等效原理的考虑，他曾在1911年预言太阳使光线弯曲的量只有完整理论实际上所预言的量的一半。这种效应在一次顺利的日食过程中应该是可以观察到的。于是有人建议在1914年去克里米亚作一次远征，以验证爱因斯坦在1911年提出的那种理论模式。第一次世界大战使这场远征未能成行。这从爱因斯坦的立场来说，倒是非常幸运的。在1919年的日食期间，当爱丁顿带领着一个探险队去普林西比岛观察光线弯曲的时候，爱因斯坦幸好已经在1915年创造了正确的理论。远征队的观察资料作为支持新理论的一场胜利而大受欢呼。这在当时被认为是证明了爱因斯坦理论的极大成功，但这些观察数据按照现代的分析来看，也许并没有那时候所认为的那么具有说服力。不过，近代对这种效应的观察以及夏皮罗（Shapiro）所提出的一种相关的时间延迟效应的观察，都为爱因斯坦的预言提供了令人信服的支持。

　　现在爱因斯坦的光线弯曲理论已经如此完善地确立，以至于被用来作为观测天文学和宇宙学的一种令人激动的工具。遥远的星系对更加遥远的光源产生复杂的透镜化影响。这可以给出宇宙中的质量分布的重要信息，而这是任何其他方式都无法可靠获得的。爱因斯坦的预言转而又为探索遥远宇宙中的物质提供了一种极好的探针。

引 力 波

爱因斯坦理论中最引人注目的预言之一是**引力波**的存在。[1]麦克斯韦电磁场理论预言了振荡的电场和磁场的波应该能够以光速在空间中传播。麦克斯韦还在1865年假定，光本身是这种性质的结果。现在，麦克斯韦的预言在许多实验场所得到了彻底的证实。爱因斯坦的引力理论和麦克斯韦的电磁理论有着许多相似之处，其中之一是相对应的引力波的存在，它们是以光速传播的时空扭曲。这样的波将由受引力作用的各物体在彼此的轨道运行中辐射出来，但是这种效应一般是非常小的。在我们的太阳系中，由引力波形式放出的最大能量来自于木星绕太阳的运动。这种能量损失的大小，大约只相当于一个40瓦灯泡的光！

事实上，爱因斯坦可能部分是由于受他的同行、受人尊敬的波兰物理学家因菲尔德（Leopold Infeld）的影响，他似乎已经对他所认为的一个自由的受引力作用的系统也许的确会以引力波的形式损失能量这一信念有所动摇。20世纪60年代早期，在我刚刚开始对爱因斯坦的理论产生极大兴趣之时，关于这个问题正盛行着一场论战。大约就在这个时候，广义相对论中开始出现了一些重要的进展。在此多年以前，甚至回溯到这个理论的初创阶段，持重的物理学家们对它几乎都毫无兴趣，而这个学科被认为有点儿像纯数学家们的一个游乐场。但是在20世纪60年代初，对广义相对论的兴趣有些复兴了。尤其是几位理论家的工作，对我来说，它们提供了一个令人信服的实证——说明引力波的存在和产生是一种**真实的**物理现象：由于这些波而导致的能量损失与爱因斯坦在很久以前的1918年所提出的一个公式相吻合。

更近些时候,爱因斯坦的理论得到了泰勒(Joseph Taylor)和赫尔斯(Russell Hulse)的观察(和理论分析)的非凡推动。1974年,他们首先从双中子星系统PSR 1913 + 16中发现了脉冲星信号。这些信号的变化给出了关于这些恒星的质量及其轨道的详细信息,而人们可以用广义相对论的那些预言对这些信息从不同的角度反复核对。在理论和观察之间有着一种非同寻常的、全面的一致。在观察这个系统的25年多时间中,这些信号的计时精度大约是$1/10^{14}$,也就是一百万亿分之一。在一级近似时,这核实了牛顿的恒星轨道。到二级近似时,对于这些轨道的广义相对论修正(具有出现在水星近日点进动中的那些性质)有了一个精细的确证。最后,由爱因斯坦的理论所预言的、系统中以引力波形式损失的能量看来跟理论达到了精确的一致。1993年,赫尔斯和泰勒由于发现和分析这个不寻常的系统而荣获诺贝尔物理学奖。广义相对论一开始时是靠不住的,它看来似乎是一种怪异的、相当缺乏支持的理论,而现在它却同观察获得了非凡的统一。至少在这一个例子上,一种物理学理论似乎与自然界达到了细微的一致,其精度更甚于任何其他单独的物理学系统被确定的程度。

引力波的存在似乎在PSR 1913 + 16系统中得到了非常完满的确立。但是这样的波在我们的地球上还没有被令人信服地**直接**观察到。人们现在正在建造好几台探测器,它们现在离竣工的时间各不相同。它们在将来应该能够观察到这样的波。*此外,所有这些位于地球上不同地方的探测器,在几年以后将会为我们提供一台非凡的全球规模的引力波望远镜,从而能够获得关于发生在那些非常遥远的星系中的激变事件(例如黑洞之间的碰撞之类)的信息。这会使我们对获得宇宙中

---

　* 科学家于2016年宣布已首次探测到引力波信号。——译者

的信息有了一种全新的渠道,其中引力波将取代通常的电磁波。正如光线弯曲效应一样,爱因斯坦对引力波的预言也许将因此转而提供一种极好的新观察工具,来告诉我们关于遥远宇宙的一些重要的情况。

广义相对论的某些困难

现在我们已经看到了广义相对论的某些非凡的成功之处。那么什么是它的局限性？关于这个话题,传统的观点认为,它的那些方程极难求解。实际上,尽管爱因斯坦的方程具有一个相对而言非常简单的外表,但是当表达式 $R_{ab} - \frac{1}{2} R g_{ab}$ 按照分量 g_{ab} 以及它们关于坐标的一阶和二阶偏导数显式写出来时,我们就会看清楚这个方程隐藏着大量复杂的困难因素。许多年以来,人们仅仅求得了这些方程的很少几个显式解,但是最近以来,我们使用了大量的数学设备,从而找到了一群群的不同解。其中有许多主要是出于数学上的兴趣,而与特别的物理相关情况并无直接的联系。不过,现在从这些精确解的性质之中,我们还是能知道(特别是)关于旋转天体、黑洞、引力波和宇宙学的很多情况。

尽管这样,对于你可能感兴趣的那些情况,要找到描述它们的特殊精确解还是很困难的。这些问题中最出名的是所谓的"二体问题":例如,对于彼此围绕着另一颗恒星作轨道运动的两颗恒星来说,要求出描述它们的爱因斯坦方程精确解。这里的困难是,由于引力波的发射,这两颗恒星将朝着对方,向内盘旋,因此这种情况就不具有对称性。(通常,对称性的出现对解方程大有益处。)事实上,在物理学中求方程的精确解的困难,现在已不再被看成是物理学理论的一个特殊的局限性了。随着现代高速电子计算机的出现,物理学家们可以经常从数值模拟中得到方程演化的图像,这比他们在一个显式精确解中可能获得的会好得多。人们花了相当可观的努力去发展广义相对论中的计算机技术,而且也取得了一些非常良好的进展。

然而,在求解爱因斯坦方程中所涉及的一些主要问题全然不光是源于其复杂性,而是出自于广义相对论所特有的一个要素:广义协变性原理。因此,当我们通过计算法或者通过解析方法求得一个解时,我们也许还不能弄清这个解的**意义**是什么。这个解的许多特征也许只是反映出我们选择的特殊坐标,而不是表现出关于这个问题的、在物理学上的某些有意义的东西。求解这样的一些问题的技巧虽已发展了,但是在这个领域中还有更多工作需要去做。

最后,在求解爱因斯坦方程中,有**奇点**这么一个意义深远的问题。这些奇点是解产生"发散"的地方,从而给出了无穷大的解答,而不是某些切合物理实际的东西。许多年以来,由于这样的奇点可能会是"虚假的",因此在这个课题上存在着巨大的混乱;所谓"虚假的"指的是,它们也许只是因为采用了某种不恰当的坐标而产生的,而不是由于时空本身的某种真正的奇异特征之故。这种混淆中最著名的例子是出现在有名的**施瓦氏解**之中——这是爱因斯坦方程的所有解中最为重要的一个。它描述了围绕着一个球状对称恒星的静态引力场,是由施瓦茨席德(Karl Schwarzschild)在1916年(就在那一年,爱因斯坦发表了他关于广义相对论的第一次完整说明)得到的,当时他由于在第一次世界大战的东部战线上感染了一种罕见的疾病而奄奄一息。在某一个特定的半径,也就是现在所谓的**施瓦氏半径**中,有一个奇点出现在度规分量中,而时空中的这个区域习惯上被称为"施瓦氏奇点"。然而,人们过去往往并不会太多地担心这个奇点,因为这个区域通常会处于恒星表面以下很深的地方,而在那里,由于物质密度(爱因斯坦方程中的 T_{ab})的存在,施瓦氏解将不再成立。但是在20世纪60年代,由于类星体的发现,天文学家们感到疑惑,是否真的会存在某些被高度压缩的天体物理天体(小到其施瓦氏半径的尺度)。

事实上,早在1933年,勒梅特(Georges Lemaître)主教就说明了,只要进行一个恰当的坐标变换,就会看到施瓦氏半径处的奇点是虚假的。因此,这个没有异常的区域现在就**不**再被称为一个奇点,而是被称为——一个黑洞的——施瓦氏**视界**。实际上,任何天体如果被压缩到小于它的施瓦氏半径,就一定会向内坍缩到其中心处,而其结果就是一个黑洞。没有任何信息能够从施瓦氏半径中逃逸出去,这就是为什么它现在被称为"视界"。

时 空 奇 点

在这一点上,也许适合讲一下我自己是如何变成专业地研究广义相对论的。在20世纪50年代后期,我是剑桥大学圣约翰学院的一个年轻的研究员。虽然我当时职务上的研究领域是在纯数学方面,但是我的一个朋友兼同事丹尼斯·夏玛(Dennis Sciama)毅然地承担起了一项任务——使我熟悉在物理学和天文学中许多正在发生的激动人心的事情。我过去对广义相对论曾经有过一种巨大但又是业余的兴趣,因为像我这样的一个人,仅仅出于对几何的热爱和对相关的物理思想的欣赏,就可以理解这一课题,也能够欣赏它的优美。虽然丹尼斯点燃了我对于物理学的兴趣,但是我并没有认为广义相对论是我将会以一种认真的方式去进行研究的一个课题,这主要是因为我认为它与研究小尺度宇宙的基本量子物理学所主要关注的问题是多少有点无关紧要的。

不过,可能是在1958年的什么时候,丹尼斯说服了我陪他去参加由芬克尔斯坦(David Finkelstein)在伦敦召集的一次研讨会。研讨会的内容是关于通过施瓦氏半径来扩充施瓦氏解。我记得这次演讲给了我特别深刻的印象,但是令我感到困惑的事情是,虽然在施瓦氏半径处的"奇点"已经用坐标变换消去了,但是在**中心**(半径为零)处的奇点仍然存在,而且不能以这种方法消除。我暗自思忖,是否会存在某条根本的原理,阻止这些奇点从爱因斯坦方程的一大类解中被消除,其中也包括施瓦氏解?

一回到剑桥,我就试图思考这个问题,虽然我当时还完全没有足够的知识去解决它。在那个时候,我自己正在关注的是一个叫做2旋量分析的形式体系,它现在在研究有自旋的量子粒子中有用。我的纯数学研究导致我以一种相当一般的方法来研究张量的代数,而且我被2旋量迷住了,因为在某种意义上来说,它们似乎是向量和张量的平方根。在某种明确的意义上来说,在描述时空结构时2旋量体系构成的体系要比张量体系更加本原和普适。*因此我就试图搞清楚,使用旋量是否可能会对广义相对论提供一种新颖的洞见,从而看看它们对解决奇点问题是否会有用。

虽然我并没有发现旋量能够告诉我很多关于奇点的情况,但我确实发现它们和爱因斯坦方程本身之间相合得天衣无缝,为我们提供了由其他方法不易取得的意料之外的洞见。由此得到的那些表达式,其优雅精美是震撼人心的,我沉迷其中了! 在接下来的42年中,广义相对论成了我最深情的所在之一,尤其是关于它与某些不同凡响的数学技巧之间的密切关系。

1964年,我开始再次对奇点问题产生了兴趣,这在很大程度上是受惠勒的影响,他指出,对于现在称为类星体的那些天体的新近观察表明,一些实际的天体即将达到施瓦氏半径。由一个天体坍缩到这个半径**以内**而产生的奇点(即在芬克尔斯坦的演讲中我曾经担心过的、处于中心的那个点)是否真的有可能避免? 由奥本海默和斯奈德(Snyder)在1939年求得了这样一次坍缩(即现在所谓的黑洞)的精确解,它在中心

---

* 这里的2旋量指的是负载洛伦兹群基础表示的2分量旋量。洛伦兹群的其他既约表示(包括既约张量表示),都可以由基础表示的克罗内克(Kronecker)乘积的约化而得到。——译者

处确实具有一个真正的奇点。但是,他们的模型有一个关键性的假设,那就是精确的球对称性。有理由这样想象:在出现不规则情况之时,陨落的物质也许**不是**简单地集中到中心处的一个密度无穷大的奇点上,而是可能经过一个复杂的中心结构,然后再次向外疾冲出来,也许结果就是没有任何真正的奇点了。

我早先曾担心过这样的奇点可能会无法避免,这使得我怀疑上述的这种可能性。我开始想搞清楚,我最近正在考虑的一些想法,其中包括定性的拓扑方法——而不是那么直接尝试去精确求解爱因斯坦方程的通常方法——是否有可能用来解决这个问题。不久以后,这一非正统的思路将我引导到了与广义相对论物理有关的第一"奇点定理"。这条定理断言,在某种非常合理的一般假设下,**任何**引力坍缩,当它进入到定性上类似于施瓦氏半径的一个区域以内时(但是对对称性却没有特别的假定),其结果都将导致一个真正的时空奇点。

后来霍金(Stephen Hawking)的工作,以及由我们二人共同进行的工作推广了这个结论,说明除了黑洞的情况以外,不需要任何对称性假设,这样的一些奇点在宇宙大爆炸起源中也是不可避免的。1922年,苏联人弗里德曼(Alexander Alexandrovich Friedmann)求得了爱因斯坦方程的一些宇宙学解,而从这些原始解中,我们得出了一些标准宇宙学模型。在这里人们假设了空间的均匀性和各向同性,而其解随着对初始的大爆炸奇点的偏离而膨胀着。奇点定理表明的是,只通过放弃均匀性和各向同性的这些对称性假设,我们是不可能消去大爆炸奇点的。

所有这些都取决于爱因斯坦方程的正确性(以及取决于关于T_{ab}的某些在物理上合理的假设)。有些人认为这些奇点定理揭示了爱因斯坦广义相对论中的一个深刻缺陷,我本人的态度则有些不同。我们知道,无论如何,爱因斯坦的理论都不可能是关于时空和引力本性的最后定论。因为在某个阶段,爱因斯坦理论和量子力学之间需要实现一种恰当的联姻。奇点定理所揭示的是爱因斯坦经典理论中蕴含的一股力量,因为它明显地指向其**本身**的局限性。这股力量告诉我们必须如何把它扩展到量子世界中去,同时也告诉我们在最终的量子/引力联合中可以期待些什么。在下一节中,我们将约略地讨论一下这些内容。

时间的开始和结束

在上面的讨论中,我们瞥见了在爱因斯坦的理论中出现时空奇点的两种情况:在引力作用下坍缩成一个黑洞时,以及在宇宙的大爆炸起源时。很显然,爱因斯坦对于他的理论中的这两个表面上的瑕疵都感到非常不高兴。他似乎曾持有这样的观点:对于求得标准精确解时所假设的高度对称性,作一些符合实际的偏离,就应该导致非奇的解答。不幸的是,我们将永远不会知道他对于奇点定理的态度会是怎样的,不过很显然,他晚年努力尝试把广义相对论推广成为某种"统一场论"的原因之一是,他企图得到一种没有奇点的理论。

最初,他钟爱的是一种**静态的**空间闭合的宇宙——因此它可以一直都保持不变。他发现只要在他的方程中引入一个**宇宙学常量 Λ**(1917年)就可能达到这个目的。这时方程变成了

$$R_{ab} - \frac{1}{2} R g_{ab} + \Lambda g_{ab} = -8\pi G T_{ab} \text{。}$$

后来,他把这次修改看成是他"最大的错误"。如果他当时不坚持一个静态的模型,而只是坚持他原来的方程继续向前进,从而得到宇宙从一次"大爆炸"后膨胀开来的弗里德曼绘景,那么他很可能早已预言了宇宙的膨胀。宇宙的膨胀是哈勃(Edwin Hubble)于1929年在观测中实际发现的。

关于观测证据现在是否的确支持存在着一个(非常小的)宇宙学常量,目前有着许多讨论。有些宇宙学家[尤其是那些支持所谓的"膨胀

演景"(inflationary scenario)的]声称,为了拟合近期的观测,这样一个宇宙学常量是有必要存在的。然而按现状看来,还存在着一些表面上的矛盾之处,因此在对此得出任何明确的结论以前,最好还是等到尘埃落定。

按照我本人对于这些问题的看法,在我们必须对关于大尺度宇宙的观测状况的断言保持警惕的同时,也必须接受大爆炸和黑洞奇点确实是自然的一部分。我们不应该在它们面前退缩,而是必须努力从它们那里学到一些终将取代它们的"量子几何"的内容。我们能学到些什么?虽然关于奇点性质的详细内容我们还知之甚少,但还是可以对此作出一些大体的评论。

第一点是,虽然无法停止的引力坍缩一定不时地在发生(例如在一个星系中心处一颗特大质量的恒星或者一个恒星集团),即使奇点定理告诉我们会预期到时空奇点,但是我们并不确切知道最终是否会是一个黑洞。还有一条未经证实的假设,即所谓的"宇宙监督"(这是我在1969年指出的),这条假设声称,结果产生的奇点不可能是"裸的"(事实上它的意思是说"从外面来看是可见的")。如果裸奇点不会出现,那么结果确实就一定是一个黑洞。(无论如何,在某种明确的意义上,裸奇点比黑洞要"更糟"!)一个黑洞会吞噬紧靠着它的物质,并(假设有宇宙监督原理)把它全部毁灭在中心处的奇点中。对于这些陨落的物质来说,这个奇点代表了"宇宙的尽头",而它所起的作用就好像一次大爆炸在时间中的反演。

尽管具有这个特殊的、令人不快的特征,一个黑洞的**外部**时空还是具有大量非常优美的性质。此外,大的黑洞似乎在所有星系的中心都有,而有时发生在它们近邻处的一些非同寻常的物理过程似乎能解释类星体有大得惊人的能量输出的原因。这种能量可以轻易地使整个星系黯然失色。它们也代表了宇宙中已知的具有最大熵的区域。由贝肯斯坦(Bekenstein)和霍金提出的一个著名的公式能确切地告诉我们，根据黑洞视界的表面积，该熵应当是多少。

实际上，宇宙监督原理也许可以解释成是在告诉我们，在宇宙中只存在着两种类型的时空奇点，即**过去**型(在大爆炸中)和**未来**型(在黑洞中)。物质在过去型奇点处被创造出来，又在未来型奇点处被毁灭。乍一看，这两类奇点似乎仅仅是彼此在时间上的倒转。然而，当我们更仔细地来考察这一点时，我们发现在这两类奇点之间存在着一个显著的区别。这和黑洞具有非常巨大的熵有关。用通常的用词来说，"熵"可以说成是"无序"，而著名的热力学第二定律告诉我们，宇宙的熵随着时间而增大。结果发现，这条第二定律的物理学本源可以归结到过去奇点和未来奇点结构之间的这种总体不对称：过去型奇点尤其特殊和简单，而未来型奇点则普遍而非同寻常地复杂。通过使用关于黑洞熵(black-hole entropy)的贝肯斯坦-霍金公式，你可以得出结论，即大爆炸的"特殊性"是极其令人吃惊的，至少是 $1/10^{10^{123}}$。

量 子 引 力？

时空奇点结构中的这种总体时间不对称性是从哪里来的？这个问题还在继续激起大量争论，但我个人的观点是，有清晰的暗示表明，被认为能用来解释时空奇点的详细性质的"量子引力"必须是在时间上不对称的。我不断地因下列事实而感到吃惊：在量子引力这一领域中，只有极少数的人在做研究，而且他们似乎得出了一个表面上显而易见的结论，那就是不管这种仍然或缺的"量子引力"理论的性质是什么，它**必定**有一种根本上时间不对称的结构。爱因斯坦方程在时间反演下确实是对称的，而支配着量子态演化的薛定谔方程也是如此。因此，将量子力学的规则以任何"传统的"方式应用到爱因斯坦理论中，应该会导致时间**对称的**结论。在我看来，这一点明确地表明了对"量子引力"的研究必定产生一种**非传统的**量子理论。由此,量子力学的规则本身也必须期待作出**改变**。爱因斯坦广义相对论中的经典规则无论如何都是必须改变的,而量子力学还得附加作出改变。因此,我同意爱因斯坦的信念:量子力学是不完善的。

然而,绝大多数试图将量子理论和广义相对论结合起来的人都不持有这一立场。虽然已经有大量不寻常的和迷人的想法被提出来作为"量子引力"理论的候选者——诸如十维、十一维或者二十六维"时空",以及包括超对称性、弦等等在内的这些想法——但是这些候选者中却没有一种考虑了正是量子力学的那些规则也必须改一改的可能性。我的看法是(这也是研究量子力学基础的、具有相当数量的少数派研究者的看法),由于所谓的"测量问题",因此改变量子理论中的规则无论如何都是意料之中的。

什么是测量问题?对于这一点,我们需要理解一点量子理论的实际规则。有一个称为**量子态**(或波函数)的数学量,通常用 Ψ 来表示,它应该包括界定所考虑的量子系统的所有必要信息。在对这个系统做出一次测量以前,状态 Ψ 的时间演化是由薛定谔方程支配的。在测量以后,这个状态(随机地)**跃迁**到由该特定测量所定义的一系列容许的可能性中的一个上去。鉴于状态实际上是应按决定论的薛定谔方程来进行演化的,然而这种"跃迁"却不是依照薛定谔方程而发生的,于是测量问题就是要理解这种随机跃迁是如何产生的。

我认为,可以提出一个强有力的理由来说明,纯粹的薛定谔方程并**不**严格地在所有尺度下都适用,并且在引力效应开始变得显著时,它就需要修改。因此,这样的一种修改一定是正确的"量子引力"理论的一部分。此外,测量问题将在这个"正确的量子引力"理论中找到它的解答。相信这一点的主要原因之一来自一些强烈的争论,它们指出了在广义协变性原理和标准薛定谔波函数演变的基本原理之间有一个根本的抵触。依照这一推理，量子跃迁（我把它看作是一种物理上**真实的**现象，而不是通常所假定的"假象"）作为解决这种抵触的一个特征而开始起作用。[12]现在，对薛定谔方程的这种修改无论采取什么形式，根据我在上面已给出的论点，它将必须是**时间不对称**的，而且在过去型奇点和未来型奇点之间理应得到一种总体不对称。

　　按目前的情况，对薛定谔方程的这种似乎有理的修改尚未问世。因此根据这些思路进行的量子理论和广义相对论的统一，仍然与根据迄今已提出的任何一种更加传统的思路进行的统一同样难以捉摸。找到正确的统一方法给21世纪提出了最为重大的挑战之一。如果能赢得这场挑战的话，那么它所具有的深远意义将远远超过我们目前所能直接感觉到的。然而，我们对那些作为优美的爱因斯坦方程基础的、奇异又绝妙的原理不加以充分尊重的话，就不会赢得这场挑战。

注释：

　　1. 现代通常的惯例在提到这个方程时用单数，而不是最初常用的复数，因为认为它是关于涉及的全部张量的单个方程（见下面关于弯曲时空几何的那一节），而不是关于这些张量的分量族的一些方程更好。

　　2. 技术上，这个数字被称为该表面的**内禀**曲率，或者**高斯**曲率。稍后我们将更加全面一些地讲到"内禀"这个概念。

　　3. 牛顿理论所需要的那种类型的四维几何，其完整的数学理论首先是由杰出的法国数学家嘉当（Élie Cartan）在1923—1924年间作出的。

　　4. 以前的 dl^2 的欧几里得表达式现在推广为著名的形式 $ds^2 = g_{ab}dx^a dx^b$（我们的"dl"在大多数文献中写成"ds"）。对于一个 n 维的空间，我们需要 n 个独立的坐标，这里将它们表示为 $x^1, x^2, \cdots, x^n$。这可能会引起一点混淆，因为"x^2"这个符号现在**不是**表示"x 的平方"，"x^3"也不是表示"x 的立方"，以此类推。"x^a"（或者"x^b"，等等）这个符号是通有的符号，它表示这些坐标中的任意一个。同理，"g_{ab}"是 g_{11}, g_{12}, $\cdots$, g_{nm}，这些量中的任意一个的通有符号。由于 $g_{ab} = g_{ba}$，因此它们总共是 $n(n+1)/2$ 个独立的函数。这里采用了**爱因斯坦求和约定**，根据这条约定，要对重复的下标遍取求和。因此表达式"$g_{ab}dx^a dx^b$"表示"$g_{11}dx^1 dx^1 + g_{12}dx^1 dx^2 + \cdots + g_{nm}dx^n dx^m$"。在我们二维的情况中，$g_{11} = A$，$g_{12} = g_{21} = B$ 和 $g_{22} = C$，它们是两个坐标 u 和 v 的函数，其中

$x^1 = u$, $x^2 = v$。

5. 有一些显式但又复杂的表达式告诉我们如何从g_{ab}以及它们对于坐标x^a的一阶和二阶偏导数来计算R_{abcd}。

6. 应用爱因斯坦求和约定,我们可以用$R_{ab} = R_{acbd}g^{cd}$和$R = R_{ab}g^{ab}$这些关系来定义R_{ab}和R,其中g^{ab}是g_{ab}在矩阵代数的意义上的**逆**。

7. 事实上,爱因斯坦后来证明了,从他的场方程出发,加上一些其他的合理的假设,就可以**演绎**出这个假定。

8. T_{ab}的"协变散度"为零。

9. 数学家希尔伯特(David Hilbert)与爱因斯坦几乎同时(在1915年秋天)得出了这个方程,但是采用的是另一条途经。这导致了一场令人不快的优先权争论。但是希尔伯特的贡献尽管在技术上很重要,却没有真正危及爱因斯坦在这个问题上的基本优先权。请特别参阅 J. Stachel (1999), *New Light on the Einstein-Hilbert Priority Question* in Journal of Astrophysics and Astronomy, Volume 20, Numbers 3 and 4, December 1999, 91—101。

10. 1966年出现过一次奇特的"恐慌",当时迪克(Robert Dicke)声称,由他自己和戈登堡(Goldenberg)对太阳扁率的仔细观测表明,太阳具有这样一个大小的四极矩,它将彻底地破坏水星近日点进动和广义相对论之间的一致性。幸运的是,后来的观测和理论上的考察表明,迪克的结论是错误的。

11. 有趣的是,虽然庞加莱对于广义相对论就连基本的概念也没有,但是他对麦克斯韦电磁理论进行类比,早在1905年就预言了引力波的存在。

12. 我提出过一个实验,虽然它在技术上有困难,但是显然切实可行,为了检验这个提议是否正确,该实验的一种做法必须在外层空间中进行。

延伸阅读:

W. Rindler, *Relativity: Special, General and Cosmological* (Oxford University Press, 2001)。

W. Rindler, *Essential Relativity* (New York: Springer-Verlag, 1997)。

L. A. Steen (ed.) *The Geometry of the Universe*, in Mathematics Today: Twelve Informal Essays (New York: Springer-Verlag, 1978)。

K. Thorne and C. W. W. Norton, *Black Holes and Time Warps: Einstein's Outrageous Legacy* (New York, 1994)。

A. Einstein, *Relativity: The Special and the General Theory* (Reprinted by Three Rivers Press, California, 1995)。

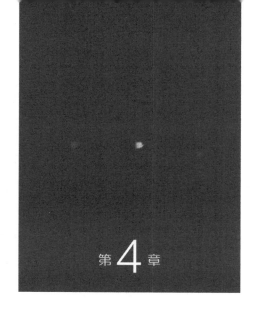

情欲、审美观
和薛定谔的波动方程

阿瑟·I. 米勒(Arthur I. Miller)

被誉为当今艺术与科学融合领域极富洞察力的著名思想家。美国麻省理工学院物理学博士,曾任美国物理学会物理学史分会主任,后移居英国,1991年至2005年任伦敦大学学院科学史和科学哲学教授。著有《爱因斯坦·毕加索——空间、时间和动人心魄之美》等。

$\bullet \bullet \blacklozenge \bullet \bullet$

"每一个物理学家几乎每天都在使用着量子理论,然而他们之中几乎没有人曾暂停下来考虑其解释上的种种微妙之处。量子理论就如同一部伟大的文学作品,它容易产生许多不同的解释。"

　　埃尔温·薛定谔（Erwin Schrödinger）的一位好朋友回忆道，"他在生命中的一次姗姗来迟的情欲大爆发中完成了他的伟大工作。"这次顿悟发生在1925年的圣诞节，当时这位38岁的维也纳物理学家正与一位从前的女友一起，在瑞士达沃斯附近的滑雪胜地阿罗萨度假。他们的激情是长达一年的创造性活动爆发的催化剂。虽然薛定谔的妻子很可能对她丈夫最近一次不忠并非一无所知，但是就像那位激发了莎士比亚写那些十四行诗的黑女士一样，这位女友的名字仍然是一个谜。也许我们应该把一些了不起的事实归功于这位身份不明的女子，那就是使一些相互之间显然没有联系的研究线索结合了起来，而薛定谔就此发明了以他的名字命名的那一个方程。

　　薛定谔方程，至少就其形式而言，是许多科学家所熟悉的，而且从一些比较年轻的量子物理学家对其他那些熟悉的概念的攻讦来看，它在外观上也几乎是令人欣慰的。自从量子理论在1900年由它的那位不太情愿的发明者普朗克首先明确地提出，然后又由爱因斯坦和玻尔等人精炼推敲以后，它似乎是量子理论求索已久的表达式。就本质而言，它对亚原子世界所做的事，就是大约两个世纪以前牛顿定律对大尺度世界所做的——薛定谔方程使科学家们能够就物质如何运动作出详细的预言，同时使人们能想象出被研究的原子系统。有了薛定谔方程这一武器，人们就首次有可能去理解原子结构，而牛顿的方程在微观世界中则完全没有意义。

　　在薛定谔的创造性爆发前大约6个月，关于原子的一种不同的量子物理被人发现了。这是由海森伯（Werner Heisenberg）完成的，他是德国一位卓越的年轻理论家，在格丁根大学工作。24岁的海森伯发现了研究原子物理的一种截然不同的方法，它是用一种不熟悉而且很艰深的数学来表达的，没有提供想象原子过程的空间，也没有和牛顿处理经典系统的那些方程相类似的方程式。事实上，薛定谔提出他对原子物理不同阐述的一个动机,是基于他不喜欢海森伯的表述,而且已经到达了厌恶的程度。薛定谔甚至证明了这两种表述在数学上是等价的——那么哪一个更好呢?薛定谔更喜欢他自己的,并且在这一点上坚定不移。海森伯则持有相反的想法,并且立即激烈地坚持其主张。

但是这里说起来有点矛盾。薛定谔方程虽然表面上看来容易应用,但是它有一个称为波函数的量,这个量极难解释,而且不可能直接观察到。海森伯强烈反对薛定谔把这个波函数解释为代表了一个原子的电子在其核子周围产生的电的斑迹。这就激起了一场激烈的大论战,甚至时至今日还没有得到完全的解决。对于波函数意义的最为普遍的解释,薛定谔自己从未感到满意过。

在这篇短文中,我想要探究的是,海森伯的**诠释**是如何压倒薛定谔的诠释的,尽管薛定谔的**方法**在经过适当的重新解释后,在物理学理论的几乎所有领域中都取代了海森伯的方法。这个在当时被激烈争论的问题——我们如何来想象原子的行为,以及借助于概率的概念是否可以完全理解它——至今仍然在物理学领域中不断地回响着。然而,以一种实际的观点看来,量子理论已经证明获得了巨大的成功。它形成了我们对微观世界的理解的基础,使技术家们能够日益发展起高效的晶体管、微处理器、激光和光纤电缆。这种理论主要是通过薛定谔方程得以实现的。这个方程现在已成为全世界的科学家们所使用的一种常规的研究工具。

薛定谔1887年生于奥匈帝国的文化和政治首都维也纳。他就读于一所大学预科,或者也可以说是高中,而这所学校强调古希腊及拉丁语言和文学的学习。薛定谔还自学了英语和法语。'他在学校里表现出色,被公认为具有天才的禀赋。这种广泛而深入的教育所起的作用,使他对于经典的传统有着一种根深蒂固的尊重。他在1948年出版了《大自然与希腊人》一书,其字里行间优美地阐述了古代物理理论及其相关内容。薛定谔对于哲学显示出毕生的兴趣,这种兴趣导致的不仅仅是偶尔阅读吠檀多*之类的东方经文。他在1925年撰写的一份对于他的信仰的强烈个人表白《寻道》中写到了这种哲学。此文受到了印度教的影响,是对于人类意识本质上的同一性和人类与自然的统一性的一次辩论。该文直到1961年,也就是他去世的前一年,才作为《我的世界观》一书的一部分得以发表。

虽然海森伯也进入了一所大学预科,并且具有音乐和哲学方面的天赋,但是他的思想倾向跟比他年长15岁、较为守旧的薛定谔相比,是截然不同的。[2]海森伯酷爱变化不定的情形。这与他在德国历史上最为动荡的时期之一中成长起来不无关系,当时正值德国在第一次世界大战失败之际,君主政体崩溃,革命遍及整个帝国。像薛定谔一样,海森伯来自一个有教养的家庭;他弹的钢琴已经接近能在音乐会上演奏的水平。音乐在他的生活中是不可或缺的,而薛定谔则对此毫无感觉。然而,这两个人却因为他们的活力和年轻结合在一起,他们都将这种朝气和活力维持到了老年。

1906年,薛定谔进入了维也纳大学,在那里他有了一些极好的老师。他在这种氛围中学业有成,对于物理学的理解更为深入,除此之外还增加了他对生物学的兴趣。对此,大约在40年以后,他在他的一本小册子《生命是什么?》中提出了一些深刻的想法。[DNA结构的合作发现者之一沃森(James Watson)把此书看成是他的灵感源泉。]

到这时,薛定谔高度发达的情欲本能开始显示出来了。在他的头脑中,这和传统的女性被控制的男性至上论的目标是不同的。相反,薛定谔认为他是在探究女性纵欲的本质。他保存着一本日志,其中记录着他每次艳遇(他的"露水情伴")的日期、名字以及评论。同当时的先

---

* Vedanta,古代印度哲学中一直发展至今的唯心主义理论。——译者

锋派艺术家克里姆特(Gustav Klimt)一样,薛定谔始终追求"俘获女性的感受"。我们可以想象,薛定谔服装和外貌上那种刻意表现出的随意,加上他高高的前额、仔细梳理过的头发和深情的凝视,伴随着他有着似乎取之不竭的知识源泉,这对女人们来说是非常具有吸引力的。尽管薛定谔有着中产阶级的举止和礼仪,但他身上还是具有一些拜伦风格的(Byronic)东西的。

像维特根斯坦(Ludwig Wittgenstein)那样的维也纳同胞一样,他在第一次世界大战中起着积极的作用,服役于意大利前线奥匈军队的一支炮兵部队,表现突出。1915年10月,薛定谔参加了一场血战,这次战斗因海明威(Ernest Hemingway)的《永别了,武器》而闻名。在这场战斗中,薛定谔由于面临激烈的反炮兵战时表现出的领导才能而受到褒扬。此后不久,他晋升为中尉,战争结束时他在维也纳,职位轻松,为军队的官员们讲授初步的气象学,同时也发表了一些关于气体理论和广义相对论的论文。

到1925年,薛定谔与那些突然冲进量子物理学舞台的莽撞年轻人在各方面都不同。甚至他衣冠楚楚的装束也与海森伯形成了对照。有人记得海森伯看上去"好像一个朴素的农家男孩,有着金黄的短发、清澈明亮的双眼,还有一副迷人的表情"。[3]与海森伯以及他的同行和知己——吹毛求疵、尖酸刻薄的泡利(Wolfgang Pauli)相比,薛定谔早已是一个老资格的人物了。他在苏黎世大学拥有教授的职位。

海森伯的大学本科教育非同寻常。当他在1920—1921年的冬季学期进入慕尼黑大学时,十分幸运,著名的物理学家索末菲(Arnold Sommerfeld)正要开始讲授理论物理学这一轮的原子物理部分。这样,海森伯正好被扔到了研究的刀刃上。他常常回忆说,他是反过来学习物理学的,先学原子物理再学牛顿物理,而牛顿物理应该是通往高深课题的踏脚石才对。

　　当时流行的原子理论是在1913年由一位27岁的丹麦物理学家玻尔表述的。玻尔的理论寻求极度强烈的清晰性,在他长达一生的研究旅程中,他和他的同事及学生们分享深奥的、批判性的讨论。由于这个原因,玻尔的许多科学论文几乎是晦涩难懂的。这些论文被多次地写了又重写,以至于只要遗漏一个词或者一个句子,就可能完全歪曲了它的意思。在交谈过程中,当有某个同他针锋相对的人和他切磋一些想法时,他的思维会处于最佳状态。但是在1913年,他还是一个匆忙的年轻人,行动时带着以很高的足球水平培养出来的优雅姿势。10年以后,他将开始呈现出沉重、阴郁的外表,这正反映了他所承担的问题的分量。他在寻求一种新的物理学的意义,这种物理学公然蔑视作为一种理论所应该具备的一切先入之见。[4]

　　玻尔1913年的原子理论最为人们所记得的,是它把原子想象成为一个微型太阳系这个特点。这是在牛顿的天体力学中灵巧地插入普朗克的辐射理论而得到的一个绝妙的混合物。玻尔对牛顿理论的应用使其形象化的描绘能够进入到原子的王国中去。这使得他能够将电子束缚在原子中,也就是说把原子中的电子束缚在它们中心的太阳(也就是核)周围的某些轨道上。这些容许的轨道称为定态或者能级。让我们来考虑氢原子的情况,由于它只包含一个被束缚在带正电的核周围的电子,因此是最简单的原子。根据玻尔的理论,这个电子只能存在于某些特定的轨道上。最低容许的轨道——最接近核的轨道——被称为这个原子的基态。玻尔理论的一个令人惊骇的结果是,当处于一个容许态时,电子正好是栖息在那里的,就像一只鸟栖息在树上一样,除了等待外,无所事事。对比而言,根据当时已被接受的电磁理论,再结合牛顿力学,电子应该在核周围沿轨道运行,就像行星绕着太阳运行。按照传统的那些物理学定律,这个沿轨道运行的电子将会不断地放出辐射能量。因此,这个原子中的电子将会失去能量,并最终螺旋形地进入核中。其结果是,物质将是完全不稳定的。而我们知道,实际情况并非如此,因为举例来说,你现在正坐在这里读这篇文章,而不是在爆炸。解释原子的稳定性在当时被认为是一个关键的问题。然而,玻尔具有非凡的创造性洞察力,他意识到这在当时是无法解决的,因此只能把它作为生活中的一个事实来接受。这就是他假定存在一个最低定态(或轨道)的原因,在这个定态上电子既不会下落,也不会辐射出任何光——此外就不要再有任何其他问题了,谢谢。

例如,通过用光来照射原子,就有可能把电子激发到一个较高的容许轨道上去。这个电子一旦到了那里,它就又一次像一只在栖息着的鸟儿,只不过现在是在等着降回到基态去。最后它将会下来,也许是直接地,也许是通过在基态以上的能级之间进行过渡。这些过渡并不是光滑的,而是不连续的,因此被称为量子跃迁。正是在定态之间进行这样的过渡时,电子一阵阵地——也就是不连续地——迸发辐射。玻尔理论的一个巨大的成功之处,在于它能够在实验家们所观察到的数值的1%的精度内解释氢所放出的辐射波长。此外,它还在一个同样高的精度上成功地预言了以前没有观察到的一些波长。

玻尔的理论在物理学界激起了巨浪。我们在稍后还会更多提到的玻恩(Max Born)是一位杰出的、非常持重的物理学家,他是这样评论玻尔理论的:它"对人类的理智实行了一次伟大的魔法;它的形式其实是来源于一种迷信行为(它和思想具有同样古老的历史),即人的命运可以从星星中解读出来"。爱因斯坦立即将这种理论赞扬为"一个巨大的成就"。

然而,到1925年初,原子物理中的情形变得混乱得可怕。物理学家的一致看法是,玻尔的原子理论已走进了死胡同。除了氢原子这一简单例子以外,它不能以任何精度去处理任何情况。到1923年,人们从原子和光之间相互作用的实验数据开始积累了一些数据,其结果大致表明原子对光的反应终究不像微型太阳系。

物理学家们很快对玻尔理论草草地拼凑了一个混合型的版本,作为一种权宜之计。在这个临时凑合的理论之中,没有对在亚原子水平上所发生的事做任何形象化的尝试,而是假设原子通过在一个能级和另一个相对较低的能级之间的跃迁——通过一次"量子跃迁",可以以某种方式失去能量。同样,原子也可以通过从一个能级跃迁到一个较高的能级而获得能量。在这两个过程中,失去或得到的能量是由相应于一个特定波长辐射的光的一次迸发负载的。这就解释了为什么原子会放出和吸收具有特定波长的称之为谱线的辐射。这种不能令人满意的理论的另一项至关重要的特征是其创新的想法,即原子何时发生量子跃迁是不可能被准确预言的——只可能从中引出这样的事件在一个特定时刻所发生的概率。根据爱因斯坦在1916年提出的一种成功的理论,玻尔在他的理论中引入了关于辐射和原子间的相互作用这种"概率论"(probabilism)。这种"概率论"以后就成为量子思维的一个首要特征。改良后的原子的量子理论的这三个特征——概率论、量子跃迁和不可形象化——足以使这种理论耐用了。然而到了1925年初,它又一次彻底失败了。

物理学家们将概率性看成是对个别过程的机制没有真正了解的一个标志。他们相信,原子中发生电子跃迁的机制最终能够逐渐被理解,某种尚未知晓的牛顿力学表述也将被阐明。最终,它又会一切如常,而概率性将变得不必要。然而,结果却表明这并不是事实。虽然经过修改的玻尔理论版本最终也失败了,但是它却成了海森伯的踏脚石,导致他提出了引人注目的新原子理论。这种理论是基于不可形象化的电子和根本的不连续性。它的基础是一种在实际应用时会造成极度困难的数学。就连海森伯本人,在他的第一篇关于量子力学的论文中也不知道如何使用它。

他偶然发现了一些称为矩阵的数学量。这是因为海森伯对于发现一种能记录原子在定态之间的所有可能跃迁的记录方法感兴趣。此外,矩阵是做到这一点的一种自然的方法,用它还能计算出谱线的特征。说得再精确一点:矩阵是数字的方阵排列,而在量子力学中,每一元素代表了一种可能的原子跃迁,其能量或增加或减少。通过一种众所周知的数学方法,就能把原子的能量计算出来。这些能量被称为矩阵本征值,不过计算它们通常是很费劲的。泡利是当时最强的计算者之一,他用了40多页纸从海森伯的理论中推出了简单的氢原子能级。到1925年底,玻尔理论不能解决的、长期存在的某些问题被海森伯及其合作者解决了。量子力学的海森伯"矩阵"表述似乎前景非常好。

海森伯受到的混合式教育无疑是他用大胆、拼命的方法对原子物理进行研究的源泉之一。在进入大学后不到一年,他就写出了第一篇论文,文中他不是选择那些把牛顿物理学的结果转化到量子物理的特定规则作为工作的出发点(这是当时一般公认的方法),而是从某一个早已和量子的一些观念取得了几分一致的模型出发。正如海森伯的一个同事后来所说的:"把深奥的直觉和形式上的精湛技巧结合起来,激励了海森伯,从而得出了那些惊人卓越的概念。"

在这个时候,薛定谔和往常一样,正投身于他的各种广泛的兴趣之中。除了研究广义相对论以外,从1917年以来他一直在研究对颜色的感知。接下来他对声音和弹性介质的兴趣,导致他去研究波动理论,这很快就派上用场了。

在个人方面,薛定谔同结婚5年的妻子安玛丽(Annemarie)[昵称为安妮(Anny)]住在苏黎世。他们生活在稍为弱化的瑞士北部模式的波希米亚魏玛文化中,这种文化冒犯了德国保守派和民族主义者们的道德观念。这是一个我们将其同黛德丽(Marlene Dietrich)*、表现主义艺术和电影联系在一起的在两性关系上不正当的、暧昧的世界。对于这一纵欲环境的狂暴反应,希特勒及其纳粹党羽的所作所为是最为典型了。这些恶棍们的暴行,使薛定谔在1927年经仔细考虑后离开苏黎世,去柏林接替普朗克的教席。与此同时,一方面由于安妮一直没怀上孩子,而埃尔温又如此极度地想要,另一方面也由于他忍不住要去猎艳,因此他们的婚姻乌云密布。他们是一对奇特的夫妻。安妮智力上的兴趣有限,并且崇拜埃尔温的外貌和才华。在他们的激情消退以后——这大约是他们婚后一年之际——他们都到别处去寻找性爱,但是又保持着婚姻关系,并且像朋友般地关心对方。正如安妮在数年后评论的那样:"你知道,跟一只金丝雀住在一起要比跟一匹赛马住在一起容易,但是我宁愿选择赛马。"薛定谔在他的整个一生中从来没有过一个亲密的男性朋友。他嗜好矫揉造作的东西,这就使他对服饰别具慧眼,也使他对于女性的浪漫热情火上加油。

从基于相对性理论的考虑出发,1923年德布罗意提出,电子也可能是波,而在此以前人人都只认为它们是粒子。爱因斯坦立即意识到了德布罗意这一评述的重要性,并在气体理论的研究中对此进行了详尽的发挥。爱因斯坦很热情,他写信给一位同事,说德布罗意"揭开了一幅大幕的一角"。但是按照薛定谔在1926年春天发表的第三篇论文中所作的解释,德布罗意和爱因斯坦只是推动他创造力迸发背后的一部分动力:

我的理论受到了 L. De Broglie, *Ann. de Physique* (10) 3,

---

* 黛德丽(1901—1992),好莱坞知名女演员,生于德国。——译者

p. 22, 1925（Thèses, Paris, 1924）和 A. Einstein, *Berl. Ber.*（1925）pp. 9 ff 简短而不完全的评论的启发。我并不知道与海森伯在类属关系上有任何的联系。我当然知道他的理论，但是对于他的超越代数的方法（这在我看来非常困难）以及他的理论缺乏可形象化性，虽然不能说是厌恶，也算感到相当气馁了。[5]

薛定谔在这里隐涵的审美观，是指他偏爱比较熟悉的数学，这种数学也不能像海森伯的"超越代数"（或者叫矩阵）那么丑陋，它还要允许有一个形象化的原子过程。这在接下去的内容中将变得更加清晰。

用一种比较客观的语气来说，薛定谔对海森伯的量子力学的主要批判之一是，用一种我们要"压抑直觉并且只用诸如跃迁概率、能级之类的抽象概念来进行操作"的那种"知识理论"观点来处理像碰撞现象这样的一些过程，这在他看来是非常困难的。事实上，在薛定谔1925—1926年的表述中，只可能计算出原子的能级；也就是说，只能处理束缚在原子中的那些电子。另一方面，关于什么是抽象的这个概念是相对而言的：玻尔、海森伯和泡利认为能级"之类"是完全具体的。薛定谔在1926年承认，虽然也许是存在着用我们的"思维形式"无法理解的"东西"，因此就不能用熟悉的牛顿空间和时间来描述它们，但是"从哲学的观点"，他确信"原子的结构"不属于这类东西。[6]

但是与海森伯及当时的其他物理学家一样，薛定谔确实意识到，从感知的世界中不分青红皂白地获得的形象化描述是不够的。为了完全避免这一点，海森伯将他的量子力学建筑在不可形象化的粒子基础上。薛定谔寻找一种想象电子的方法，这与科学家们已经习惯于想象它们的方式（也就是说作为粒子）是不同的。他意识到，德布罗意和他自己的工作使得用这样一种方法来处理电子已经变得可行了，于是他开始利用这种方法。这也许是一个审美上的偏爱,但这是一个可以建立一些理论的方法。薛定谔在德布罗意提出的电子可以是粒子也可以是波这个令人震惊的观念的基础上,将这种假设应用于束缚在原子中的电子。

薛定谔的基本观点是要对束缚在原子中的电子建立起一套理论,其中这些电子类似于两端都固定的一根振动的弦。这根弦如何振动表明了电子的能量。这种波动理论也避免了量子跃迁,其原因是此时原子的跃迁被理解为以波动的方式发生,这些波代表了电子的电荷密度,它们围绕着核运动,并且为了在容许态之间变化而减小它们的半径。

让我来描述一下薛定谔是如何把他的想法应用到所有原子中最为简单的原子上去的。在这个原子中只有一个电子绕着核运动,它就是氢原子。作为一个思想实验,把这个电子认为是一根两端都固定的弦;也就是说,被束缚在氢原子中。当这根弦以它的最低能量作驻波振动时,在两个端点之间恰好有1个半波长。在下一个最高能量,两端之间有2个半波长;然后,再下一个最高能量,有3个半波长,以此类推。关键一点是这根振动的弦的每一种形态对应于这根弦的一种特定的能量(本征值)。

当把薛定谔的方程应用于氢原子时,会在能级和容许波函数之间产生非常相似的关系。这个方程预言了电子可能具有的能量值(即它的各个能级,其中每一个都用 E 来表示),以及用来描述它行为的所谓的波函数(其中每一个在数学上都用希腊字母 Ψ 表示,读作 psi)。此时方程写成

$$\hat{H}\Psi = E\Psi。$$

$\hat{H}$ 这个字母是原子总能量的数学表达式(用行话来说,是一个算符)。在做完了运算以后,你最后将得到一组能级,其中每一个都至少有一个相应的波函数。[7,8]

　　令人惊异的事情是,这个简单的数学运算却恰好能精确地预言氢原子能级,重现了玻尔行星模型的成功。但是在薛定谔的绘景中,我们应该怎样来描绘原子中沿轨道运行的电子呢? 这正是困难所在。薛定谔把这些原子中的电子想象成电子电荷的分布,而它们在空间中的分布和电子的波函数相联系。

　　尽管薛定谔写下他的方程,有了这个如此巨大的成就,但是它却与狭义相对论不一致。从根本上说,这个方程和爱因斯坦的相对论原理所定下的指导方针有矛盾。根据这些指导方针,一个方程应该具有适当的数学形式,从而使得它能够包含对以接近光速的高速运动的系统进行的测量。但是薛定谔是故意这样做的,因为他最初尝试了一种相对论的处理方法,结果失败了。他曾做过的是把德布罗意的那些结果插入到联系能量、动量及质量的那个相对论方程中。然后他专门研究了氢原子这个所有量子理论的基准,目的是计算它的能量谱。薛定谔失败了,这是因为他的相对论方程没有把电子的自旋包含在内。当时自旋这一性质刚刚开始为人们所了解。另一方面,薛定谔发现,一个非相对论的方程能给出与观察相一致的那些结果。这个问题在 1928 年被解决了,当时英国理论家狄拉克才智出众地提出了一个描述电子行为的、和狭义相对论相一致的量子方程。这个方程自然地解释了为什么电子具有自旋。[9]狄拉克在回顾这段往事时写道,薛定谔本应该继续研究这个相对论方程,因为以他的观点看来,“在方程中具有美要比让它们与实验符合重要得多。”[10]

　　薛定谔是如何得出他的方程的? 薛定谔在他发表的关于薛定谔方程的论文中所提出的那些推导过程其实根本不是推导,而仅是一个似乎可以接受的论证:他事先就知道他想要什么。事实上薛定谔方程应该被看成是公理性的,也就是说,是无法推导的:它的正确性来源于它为某些问题给出的那些正确解答,例如说氢原子光谱问题。同泡利应用海森伯的量子力学时的数学绝技相比,薛定谔用了区区几页纸就处理完了这个问题。

薛定谔进一步证明了波动力学和量子力学在数学上的等价关系,并将这个结果用来支持他对于量子力学的蔑视态度:在讨论原子理论时,他"完全可以只用一种"。[11]对于薛定谔来说,量子力学就此消失了。但是薛定谔提供了一种什么样的绘景呢?他主张,对于这个微型太阳系的原子来说,根本没有什么绘景是更可取的,并且在这种意义上,量子力学之所以更可取就是因为"它完全缺乏直观性";然而,这是与薛定谔的哲学观点相矛盾的。薛定谔认为,(例如氢原子中的电子的)波函数是与电子在核周围的电荷分布有关的。但是,结果证明薛定谔对于表示这个电子的波的定域化的证明是错误的,海森伯在1927年证明了这一点:表示电子的那些波一般来说不会保持定域化,也就是说,不会呆在一起。[12]但是薛定谔在知性上是诚实的,因为他强调,对于包含了多于一个电子的那些系统来说,他所声称的直观表象是不合适的。其原因是,表示单个电子的波函数可以想象成三维中的波,因为它取决于这个电子在三维空间中的位置。而对于由两个电子组成的系统而言,其波函数同时取决于它们俩的空间位置,因此是三加三或者说是六维的,而我们视觉上的感知只能局限于三维。

在1926年的上半年,量子力学的情况可以总结如下。到1925年6月中旬为止,并不存在适当的原子理论,但是到1926年中期,已经有了两种看来不同的理论。虽然海森伯的理论是基于粒子的,但是他放弃对束缚粒子本身作出任何形象化的说明,物理学家们并不熟悉它的数学工具,也很难应用,并且它是明确地基于不连续性的。但是对于牛顿物理学以及电磁学在量子理论以前的表述(其中所有的过程都是连续发生的,并且被想象成波)来说,不连续性都是该诅咒的。另一方面,薛定谔的波动力学则把注意力集中在把**物质**看成波,对原子现象提供了一种直观表象(虽然只局限于单个电子),并且在不需要量子跃迁的情况下解释了离散的谱线。薛定谔证明了两种理论在数学上有等价关系,这使得薛定谔理论中用到的较为熟悉的数学工具,即微分方程,为计算上的突破创造了条件。[13]波动力学使物理学界中的一部分人感到喜悦,他们反对把不连续性作为物理学的一个组成部分,而更喜欢一个基于一种类似于牛顿理论对原子物理的表述。虽然电子波粒二象性的决定性证据要到1927年才出现,但是早在1923年就进行过的一些实验,已经与德布罗意的假设一致了。因此,许多物理学家都趋向于接受它了。正如爱因斯坦在1926年4月26日写给薛定谔的信中所说的,"我确信,你已经取得了一次决定性的进展……正如我也同样确信,海森伯……路线已偏离正轨了。"

海森伯对于薛定谔的波动力学所作的第一次有记录的评论,出现在他于1926年6月8日写给朋友兼同行泡利的一封信中,他被激怒了:"我对薛定谔理论中的物理部分思考得越多,就越感到它令人厌恶。薛定谔所写的关于他的理论的可形象化性很可能不是十分正确的。换言之,全是一堆垃圾。"

在海森伯职业生涯中的这段麻烦时期中,他对当时在汉堡大学的泡利最为真诚坦率。泡利的兴趣总是很广泛,其中还包括数字命理学*和犹太教神秘哲学这样的一些秘传。他也不反对涉猎汉堡下层社会的毒品和色情。在20世纪30年代初,泡利成了苏黎世心理分析学家荣格(Carl Jung)的一名信徒。他们俩进而合著了一本书,泡利在其中写下了对于伟大的天文学家开普勒(Johannes Kepler)的一段令人难忘的荣格式分析。除了对科学有兴趣这一点以外,开普勒是一个与泡利不同的人。

_____

* 根据出生日期等数字来解释人的性格或占卜祸福。——译者

除了在写给泡利的那些信中的尖刻评论以外,海森伯在发表的论著中也很快作出了反应,虽然其语气要轻柔得多了。在1926年6月的一篇论文中他写道,虽然这两种理论的物理学解释不同,但它们在数学上的等价性就允许将这种不同撇在一边;为了计算的"方便",他将使用薛定谔的波函数,同时又警告一定不能将薛定谔的"直觉绘景"强加于量子理论之上。[14]

薛定谔与海森伯于1926年7月在慕尼黑第一次相遇,索末菲邀请薛定谔在那里作两次关于他的新理论的演讲。现场座无虚席。在第二次演讲之后,海森伯几乎无法控制自己了,他站起来发表了讲话,这本质上是一次即兴的长篇大论,攻击薛定谔的波动力学,因为它显然不能解释辐射是如何通过量子跃迁与物质相互作用的。在听众们发出的不同意见的叫嚷声中,愤怒的主席(一位有名的慕尼黑物理学家)做手势示意海森伯坐下并保持安静。稍后,他告诉海森伯,他的物理学"以及与之有关的所有像量子跃迁之类的废话都结束了"。海森伯感到很沮丧,因为看来他似乎不能说服任何人相信他的观点。但是他继续坚持己见,而到1926年8月,同行们开始焦虑地写信给薛定谔,询问他究竟怎样能在没有不连续性的情况下解释某些量子效应。薛定谔自己也拿不准了。

量子力学和波动力学之间的紧张状态随着海森伯在格丁根大学的导师玻恩于1926年7月公布了他所得到的一些结果而升级了。[玻恩后来作为牛顿-约翰(Olivia Newton-John)*的外祖父而出现在流行音乐的脚注中。]这位45岁的老玻恩是一个相当羞涩、沉默寡言的人物,他主管着当时的三大研究所之一,海森伯在那里进行研究。(另外两个研究所,一个在慕尼黑大学内,由索末菲主管,另一个在哥本哈根,由玻尔主

---

* 牛顿-约翰,1948年出生于英国剑桥,曾从事通俗歌曲演唱,并于20世纪70年代开始从影。——译者

管。)海森伯在离开慕尼黑去格丁根度过的一段时间里,发现了他的量子力学。在玻恩的研究所中,物理学家们感兴趣的是,通过安排电子去撞击和散射原子,从而探究电子作为粒子的性质。这和处理束缚在原子中的那些电子的问题相比,是一类性质非常不同的物理学问题。玻恩感兴趣的是"自由"电子,也就是说作用在它们上面的合力为零的那些电子。不过,在这个时候,不管是量子力学还是波动力学都不能处理在空间中穿行的自由粒子。

由于玻恩最初受的是数学专业的教育,因此他不但掌握了海森伯和薛定谔表述中的物理内容,还很快就掌握了它们的微妙之处。因此当玻恩写下两人解释散射实验的理论的不足之处时,人人都在倾听。玻恩决定,需要一些"新的概念",而波动力学将成为他的工具,因为至少它提供了某种视觉想象的可能性。

玻恩提出了一个绝好的建议,即薛定谔的波函数既不把可直观化的电子的电荷分布表示为围绕在原子核周围的波,也不表示在空间中运动的一群电荷波。更确切地说,波函数是一个完全抽象的量,这是因为它根本无法被形象化。你不能从中计算出电荷的密度,而是可以计算出某个作用类似于密度的东西——电子出现在空间中某个区域的概率密度。这个戏剧性的假设把薛定谔的方程转换成了一种全新的形式,一种以前从未深思过的形式。牛顿的运动方程给出了一个系统在任何时候的空间位置,而薛定谔的方程则产生了一个波函数,从中可以很容易地算出概率。因此,薛定谔的方程告诉我们的不是粒子的路径,而是发现粒子的概率是如何随时间变化的。很明显,玻恩的目标无非是把薛定谔的波函数与物质的存在联系起来。

到1926年秋天,海森伯对薛定谔的憎恨已经不仅是由于他的方程得到如此广泛的应用——富有创造性的人们在专业上的嫉妒是永远不应该打折扣的——而且还有另外一个同样重要的原因,这个原因对海森伯自己的研究过程产生了直接的影响。他回忆道："薛定谔企图要把我们推回到一种我们必须用'直觉方法'来描述自然的语言中去。这是我不能相信的。这就是尽管薛定谔的理论取得了巨大的成功，我为何仍对于它的发展感到如此不安的原因。[15]毕竟，薛定谔的方程与海森伯的量子力学中的数学相比，应用起来简单到了难以置信的程度。"然后就出现了玻恩的论文，文中"他倒向了薛定谔的理论"。海森伯把这些发展描述成对他"当时实际的心理状态"造成了巨大的干扰。

1926年11月，海森伯发表了一篇论文，几乎没有引起什么注意，但是他回忆道："对我自己来说，这是一篇非常重要的论文。"[16]这是一个愤怒的人写下的，其中没有一处引用到玻恩的散射理论，而薛定谔则受到了尖刻的批评。海森伯说明，只有在存在量子跃迁，也就是在不连续性的情况下，概率解释才可能被理解。海森伯的论文的要点是要证明，概率的出现暗示了不连续现象，而不连续现象又转而需要粒子的存在，它们毕竟是自然构造中的不连续性。因此他宣布他仅仅坚定地支持粒子观点，这就含蓄地表明了他反对薛定谔的波动力学。

在那一年后来的那些文章中，海森伯强调，在亚原子的小体积中发生的现象与我们通常的直觉是相矛盾的。他这样说的意思是，和薛定谔相反，我们不能把从日常对世界的理解中得到的像"波"和"粒子"这样的一些术语轻易地扩展到原子世界中去。在那里潜藏着一些惊人的事情，比如光的波粒二象性，这是首先由爱因斯坦在1909年明确提出的，还有德布罗意在1923年提出的电子的波粒二象性。这种存在的双重模式与直觉是完全相反的，并且是不可想象的。某件事物怎么可能同时既是连续的又是不连续的呢？由于这个原因，物理学家们接受爱因斯坦的光量子的过程很缓慢。普朗克在1910年直截了当地说，他们的主要理由是，当光照射在间隔出现的不透明和透明的物质（被称为衍射光栅）上时，它的行为就像是水波，产生了一种平稳变化的光学图案，而假设光的行为像粒子就不能解释这一点。这个深奥的问题直到1927年才得以解决，当时玻恩提出了他对波函数的解释，认为光的那些单个粒子造成了无数次微小碰撞，从而说明了这些衍射图样。然而，对于许多物理学家来说，波动元素和微粒元素在这种解释中的混合仍然深深地令人困惑。

正如光的粒子表象看来似乎不恰当，德布罗意在1923年提出电子的波动表象时，一开始情况也是如此。物理学家们最终被说服接受了电子的波粒二象性，因为那一年的实验数据给德布罗意的假设提供了某种支持。最后的结果在1927年获得。而光量子存在的证据，出现在1923年的那些实验之中。但是哪怕是做这些实验的康普顿也不相信他自己的这些结果。他拒绝的主要理由存在于光量子的能量（这毕竟是粒子，并且因此是定域化的）和它的波长（这不是定域化的）之间的关系。这样完全不同的一些量，怎么可能联系得起来呢？这难道不像是企图把鱼和石头联系在一起吗？显然，电子的波动性质（它在1927年被最终接受了）并不像打乱长达几世纪的光的神圣波动表象那样令物理学家们感到不安。

对海森伯来说（对薛定谔也是一样），正如他所说的，量子理论中的基本问题变成了探索存在于原子世界中的"实在的种类"。物理学变成了形而上学的一个分支，因为此时理解物理实在的本质是最成问题的了。海森伯在他1927年的经典论文《关于量子理论运动学和力学的直觉内容》（即那篇所谓的"不确定原理"论文）中处理了这个问题。[17]在题目中的"直觉"这个术语表示，这个绝对基本的概念在原子世界中必须重新定义。海森伯立即弄清楚了，量子力学面临的基本问题是某些术语被外推到原子王国时的意义："本文提出下列这些词的确切定义：（如一个电子的）位置、速度、能量，等等。"海森伯坚持，成问题的正是对量子力学的**解释**："迄今为止，对量子力学的直觉解释充满了内在的矛盾，它们在关于不连续理论和连续理论、波和粒子的观点的斗争中变得明显了。"他推断,一种关于新的原子理论的新的、充满视觉想象的直觉解释,应该是从它的那些方程中得出,并且以"不确定原理"为基础。这里的含义是,与经典物理学不同,在原子的领域中,位置和动量测量的不确定度不可能同时缩小到零。相反,这些不确定度的乘积是一个极其小却不等于零的量。用具体的术语来说:粒子的位置被测量得越精确,那么动量被确定的程度就越不精确,反之亦然。

海森伯能够给他的想法赋予精确的数学形式。其中涉及同时测量位置和动量的不确定度(uncertainty),或者更应该称为"不明确性"(indeterminacy)或"知识上的不精确性"(对于他所考虑的情况来说,动量 $p =$ 质量 × 速度)。将位置的不确定度表示为 Δx(读作德尔塔 x),动量的不确定度表示为 Δp(读作德尔塔 p),海森伯的不确定度关系就是,乘积 $\Delta x \Delta p$ 至少等于 $h/(2\pi)$,其中 h 是普朗克常量(6.6×10^{-34} 焦耳·秒)。[18] 对于普朗克常量的单位,你们可能并不熟悉,对此我们撇开不谈,而我只想指出虽然这个常量是一个极其小的量,但它并不是零。根据不确定原理,这就是为什么我们对一个粒子的位置测量得越精确,我们同时对它的动量了解得就越少。这和常识或者牛顿物理学中的直觉观念是完全矛盾的,牛顿物理学中根本没有任何理由说明,为什么在任何特定的时刻,我们不能以任何预期的精度来同时知道一个粒子在何处以及它运动得多快。例如,根据牛顿的观念,你所知道的一个正在下落的苹果的位置的精度,原则上来讲应该与在此同时你对它的速度知道得多精确没有关系。

海森伯证明了不连续性和粒子表象对任何新的原子理论都是至关重要的,还有薛定谔所提出的从熟悉的现象中提取视觉想象是不够的,此后他在这一点上选择了在他 1926 年的第三次通信中来对付薛定谔对人而不对事的评论。他在一条脚注中这样做了,差不多是作为一条事后的补记。他回忆道,薛定谔把量子力学的矩阵形式写成是一种"在其反直觉性和抽象性方面是令人恐惧的,而且确实是令人厌恶的"理论。接下去海森伯又对薛定谔提出了一种双重意义的赞扬,说他阐明了一种不能得到足够尊重的理论,因为这种理论允许"数学渗透到量子力学定律中去"。然而,海森伯继续说道,以他的"观点"看来,它的"受欢迎的直觉性"将科学家们从考虑物理学问题的"直接路线"引入了歧途。

到这个时候,薛定谔很显然已经没有在出版物中进行还击的意图了。但是私下里,薛定谔还是坚持他的看法:在其绘景中既没有概率进入也没有量子跃迁的基本粒子波动的视觉想象的可能性。1927年10月4日,薛定谔到达哥本哈根的玻尔研究所,就他的理论作演讲。海森伯回顾了当时发生的事情:

> 玻尔与薛定谔的讨论从火车站就开始了,并且每天从清早持续到深夜。薛定谔住在玻尔的家里,这样就没有任何事情能够打断他们的交谈了。而且,虽然玻尔在与人们相处时通常十分体贴和友好,而现在他给我的印象却几乎是一位无情的狂热者,他不愿意作出一点最小的让步或者承认自己可能有犯错的时候。要充分表达这场讨论有多么热烈、双方的信仰是多么根深蒂固,几乎是不可能的,这件事充分显示了他们的辩才。[19]

薛定谔在讨论电子作原子跃迁的各种可能的方式时,他总结道:"量子跃迁的整个观念就是纯粹的幻想。"玻尔的回答很简单:"是的,依你所说,你是完全正确的。但是这并没有证明量子跃迁不存在。这只证明了我们不能将它们形象化。"[20]薛定谔对玻尔的最后反驳之一是,

"如果这个该死的量子跃迁的确存在的话,我将为自己曾经卷入量子理论感到遗憾。"[21]到这个时候,过度的精神压力已经使薛定谔发烧病倒了,只得卧床休息。玻尔的妻子细心地照料着他。但是玻尔却没有怜悯之心——他坐在薛定谔的床边,继续坚持他的论点;"但是你必须得确实承认……"[22]薛定谔拒绝让步。他仍然相信,将原来的想象进行适当的重新定义以后,原子过程是可以形象化的。但是玻尔却不这么想,并且他对海森伯的不确定原理变得越来越感兴趣,这条原理显示,量子力学的那些方程将指出通向一种全新的视觉想象的道路。物理学兜了一圈又重新回到了原地,即大约2000年前柏拉图(Plato)的观点:数学应能指引我们达到构成物理实在的东西。

结果证明,薛定谔方程有着非常广阔的应用范围。当化学一门新的研究分支出现后,这一应用就变得清楚了,这门学科称为量子化学,研究的是原子键以及诸如分子键和化学反应这样的一些复杂情况。薛定谔方程在这一领域最初的胜利,是海特勒(Walther Heitler)和伦敦(Fritz London)在1927年对氢分子键的描述。当然,如果用玻尔旧有的原子理论来处理这类问题,那么它们甚至连考虑一下都是不可能的。这是基于海森伯那些光彩夺目的发现中的另一项。1926年,他推导出了氦原子的光谱,一个用旧的玻尔理论处理时令所有人受挫的问题。这个发现中光彩夺目的一面是,在量子理论中,粒子可以通过极其迅速地交换位置而相互吸引。这种交换现象是海特勒和伦敦的理论基础,并且也将在海森伯于1932年阐述的关于将核子结合在一起的力的最初理论中占据中心地位。

薛定谔方程还可以用来研究化学药品在分子水平上是如何反应的,而要在实验上观察到它们的细节,如果不说不可能,通常也是极其困难的。每一个分子的波函数都是非常复杂的:必须同时考虑所有组成粒子的相对位置以及相互作用。要从薛定谔方程中通过手工来计算出这些波函数实际上是不可能实现的——计算机是必不可少的。由于这个原因，自从20世纪70年代后期，人们研制了速度日益提高的计算机，这些波函数的计算——以及化学家们在分子水平上对化学过程的理解——就此迅速发展起来了。其结果是几乎所有化学领域都有进展，从新药品的生产到对地球大气的研究。

薛定谔方程的研究范围不仅限于原子和亚原子领域。在解释我们在大尺度世界中看到的某些超常效应时也需要它，其中著名的有超导电性和超流动性。超导体是指一些在温度降低到一个临界值以下时电阻会突然降到零的材料，这个临界值通常低于−250℃，以日常标准来看这是极其寒冷的。这样的材料具有许多超常的属性，其中尤其重要的是，当它们显示超导电性时，它们对磁场都是完全排斥的。超流动性的现象也同样令人费解。它只在极低的温度时，发生在液氦中，这时非常奇怪的事情发生了——它几乎无黏性地流动，甚至可以向上攀爬越过盛装该液体的容器壁。值得注意的事情是，超导电性和超流动性都可以通过应用薛定谔方程而在理论上得到解决，方法是将薛定谔方程应用到该物质的组成原子和分子中去。

薛定谔方程不仅在物理学和化学中起到了一个不可或缺的作用，它还成为哲学中一个活跃的主题。让我们来考虑所谓的测量问题。在经典物理学中，测量工具与被研究系统之间的相互作用是可以忽略不计的，而在量子理论中却不是这样。例如，让我们来考虑下面这个实验。我想要测量一粒正在下落的石弹子的位置，我可以通过，比如说，对它照相来完成这件事。这个过程需要石弹子被照亮，并且光线从下落的石弹子上反射到一张照相底板上。这粒石弹子受到光量子轰击的事实对于结果几乎根本没什么影响。事实上，这粒弹子的位置及它的速度（因此还有它的动量）可以同时确定到任何期望的精确程度。

但是如果这粒弹子是一个电子又会怎样呢？根据波动力学，这个正在下落的电子可以处于任何位置,因为它的波函数散布在整个空间里。另一方面,这颗弹子从一开始就是定域化的。[23]"电子的位置在哪里?"这个问题在进行一次实际的测量以前**确实**没有任何意义,在本例中实际的测量就是对它照相。对这个电子照相意味着至少要用一个光量子来照亮它,而这个光量子就成了测量系统的组成部分。这个单独的光量子和电子之间的相互作用,就在这一刻确定了电子的位置。这被称为"波函数的坍缩",因为测量系统(光量子)和被研究系统(电子)之间的相互作用将电子先前散布开去的波函数缩小在空间中的某个明确的区域之中。换言之,在电子作为一列波散布在整个空间中的所有可能位置中,这个测量过程只选择了其中一个。因此,这个电子的状态从可能在任何地方,不可逆地变成了明确地在某个地方。不确定原理告诉我们,其代价是造成电子动量的巨大不确定性。量子理论旷日持久的难题中,有一个关注的是,在一次测量过程中一个电子(或任何其他量子)的波函数发生了什么情况。在测量进行以前,电子处于几个量子态的组合状态之中,但是测量的这个行为被认为——根据标准量子力学学说——是将它置于了一个特定的态。在这背后潜在的机制究竟是什么呢? 对于这个基本的问题,薛定谔方程和其他量子理论的基本方程都缄默无语了。[24]

1933年的诺贝尔奖得主们在斯德哥尔摩火车站拍摄了一张有趣的照片。*狄拉克在海森伯的右边,薛定谔则在他左边。狄拉克和海森伯穿着正式的套装和外衣。在大多数照片中,海森伯不是在微笑就是摆

---

　　* 海森伯因"关于相对论量子力学的研究"于1933年获1932年的诺贝尔物理学奖(因为1932年的物理学奖延期);而狄拉克因"对波动力学的研究,预言正电子的存在",薛定谔因"建立量子力学的基本定律——薛定谔方程",两人分享1933年的诺贝尔物理学奖。——译者

出某种威严的、严肃的姿势,而在这里,他却带着一种几乎像是厌恶的表情与薛定谔背着脸。薛定谔在三个人中离另外两人较远,咧嘴大笑,似乎正在度过他生命中最美好的时光。他穿着当时最华丽的服装:长及小腿的裤子和长统袜,裤脚松垂在弹性底边的上面,带有巨大皮毛领子的便服,有他识别标志的蝴蝶领结。另一张有这两位对手的令人难忘的照片也说明了他们背道而驰的观点。那是在物理学家们一年一度的峰会——1933年在布鲁塞尔举行的索尔韦会议上。同现在照片中的风格一样,是年长的与会者坐着,而比较年轻的则站着。总有一天这些年轻人会开始坐到座位上去。照片上薛定谔坐着,而海森伯则几乎就站在薛定谔的后面,但不是正面靠着他。

虽然许多物理学家认为量子理论已经定局了,但是仍然存在着一些尚未解决的基本问题,而其中的大部分都来源于薛定谔方程。1936年3月23日,薛定谔写信给爱因斯坦,说起他近期与玻尔在伦敦的会面:"他们以这样一种友好的方式来努力使别人改变立场,从而相信玻尔–海森伯观点,我认为这很好……我告诉玻尔,如果他能够说服我相信一切都已井井有条了,我会很高兴,而且我也将安宁得多。"[25]玻尔一直没能做到这一点。[26]相反,他孤立了薛定谔。

在波和粒子之间的战斗中,战线很快就清楚地划定了。有一段时间,事态似乎对薛定谔的信仰有利。直到玻尔召集海森伯去哥本哈根推敲量子物理学的意义,也就是1926年的冬天。他们的商讨在接下来一年中持续了很长时间。在这段时间中,他们研究出了所谓的哥本哈根解释,其重点是强调概率、不连续性和波函数坍缩,所有这些对薛定谔来说都是诅咒。但是他绝非他们的对手。薛定谔无论在发表的文章中还是在著名的1927年索尔韦会议上都没有抗争,而是将它留给像爱因斯坦这样的大人物去继续战斗。虽然爱因斯坦有一些精妙的反对意见,但是他对玻尔及其同伴也一筹莫展。这场"战斗"持续了一年。自从薛定谔的方程以他的名字命名以后,他一直没有作出另一个伟大的发现,而海森伯却在1925年6月以前获得了几个引人注目的成功,并且将在整个20世纪30年代中期继续完成更加伟大的工作。他将一直是一股需要重视的力量。在20世纪物理学的万神殿中,海森伯是仅次于爱因斯坦的人物。

具有讽刺意味的是,尽管海森伯赢得了这次战斗,并且觉得自己赢得了整个战争,但是薛定谔的方程却比海森伯的原子物理表述应用得更广泛。这的确是事实,尽管薛定谔方程与相对论不相容,但这几乎对每一种实际应用来说都并不重要,特别是由于在大多数的应用中所涉及的量子无论在何处运动都不会接近光速。另一方面,海森伯的矩阵形式表述在像基本粒子物理学中的量子场论这样的深奥理论领域中,发挥了自己的作用。

我一直觉得,海森伯和薛定谔之间的争论如此引人入胜的一点是,它在根本上是一种审美选择。这两种原子物理表述在原则上都可以解释关于氢原子的所有已知实验数据,并且根本上是等价的,因为它们对例如氢原子给出了相同的解释。他俩各自都充满热情地为自己的自然观作辩护。玻尔在这里伟大地认识到,他们两人都没有认真考虑到光和物质的波粒二象性。玻尔对此还提出了下列关键的观点:还存在着第三种审美观,这种审美观把波和粒子结合在一起,结合在一种对薛定谔波函数的适当解释中,这种解释早已近在咫尺——那就是玻恩的解释。

原子物理存在两种表述形式,这应该是不足为奇的,因为在我们的感觉世界里,事物都是成对出现的,比如说粒子与波、阴与阳、黑与白、是与否、爱与恨、光明与黑暗——与在原子世界里的情况不同,它们没有任何内在的不确定性。然而通过抽象,通过强调概念更甚于感知,我们就能够进入一个更高的层面并欣赏到模棱两可的力量。这在我们的个人生活中通常是令人不安的,此时我们通过果断的行动努力来化解不明确的情况——再一次变成一种"二选一的"模式。正如爱因斯坦和毕加索在20世纪的最初10年中所示范的,意义含糊是发现埋藏于表面现象之中的自然表象的关键。也正如爱因斯坦在物理学中、毕加索在艺术中发现的,直接的观察可能具有欺骗性。在爱因斯坦1905年发表的相对论中,时间和空间是相对的,而且要依照不同的观察者如何看待它们来作出解释。例如,一个观察者观察到的发生在同一时间的两个事件,对另一个做相对运动的观察者来说会不是同时发生的。在毕加索1907年的伟大作品《亚威农的少女》[布拉克(Georges Braque)和毕加索的立体派就是从这幅画开始的]中,画家找到了一种方法来表现人物,使得许多可能的透视图都可以同时出现在画布上。[27]*薛定谔和海森伯用他们自己的方式,把这种抽象的动人经历带入了原子的世界。

文学评论家恩普森(William Empson)曾雄辩地论证了,量子理论的洞察力还能够用来阐释文学作品。[28]在1928年改学文学以前,恩普森还是剑桥大学的一个学生,他曾学习数学,对物理也非常精通。他决定"宁可把概率的概念用于合乎人性的对象,而不用于人类思维这一万无一失的情况中去",对莎士比亚的作品提出了一些新的解释。[29]恩普森提倡通过一个被量子理论改变了的实在的透镜来更新文学研究。他这样说的意思是,不应该用一种"二选一"的模式来分析莎士比亚,而应该将焦点集中在含糊性上,也就是说用一种"两者都"的模式,这种模式能够找出隐藏至今的原文的含义。就如同波粒二象性那样,一篇文章可能同时具有两种对立的含义。恩普森举的例子之一,是如何来解释像福斯塔夫(Falstaff)**这么复杂的一个人。你必须把他看作是由一些明

---

* 见《爱因斯坦·毕加索——空间、时间和动人心魄之美》,阿瑟·I. 米勒著,方在庆等译,上海科技教育出版社,2006年。——译者
** 福斯塔夫,莎士比亚戏剧人物。——译者

显对立的事物所组成的一个综合体，"是把膜拜、嘲讽和愚弄作为自身力量，并且是对自由做滑稽可笑的理想化处理的极度的体现，同时他既是十分邪恶的，又是被悲惨地折磨着的。"[30]在恩普森看来，正如物理学家用波函数来表达一个原子的状态那样，读者应该"记得［莎士比亚］可能已表达了各种各样的情况，对此要……根据它们的概率仔细斟酌"。[31]

量子理论的概念及其高度的抽象性，现在已经渗透到了我们生活的方方面面。这些概念要求我们重新思考范围广阔的种种课题，转变我们对自然的直觉理解。每一个物理学家几乎每天都在使用着量子理论，然而他们之中几乎没有人曾暂停下来考虑其解释上的种种微妙之处。量子理论就如同一部伟大的文学作品，它容易产生许多不同的解释。大多数物理学家都没有意识到这一点，而且把他们在量子理论教科书中看到的内容臆断为一套由问和答构成的指示。这种态度变得如此根深蒂固，以至于那些编者不再说明他们是在陈述于1926—1927年间由玻尔和海森伯确立的哥本哈根解释。我在讲授物理学史和物理学哲学时的体验是，比较有思想性的物理系学生，当他们开始预期课文应有的确定性解释，而遇到的却是暧昧的解释时，他们会受到极大的震惊并感到忧虑。贝尔(John Bell)是自玻尔、爱因斯坦和海森伯以后在深入研究量子力学基础方面做得比较多的一位物理学家，他有一次说道，"对于所有实用的目的而言"，量子物理很管用。[32]然而，他又强烈地提醒我们，我们仍然没有完全理解薛定谔方程。正如伟大的直觉物理学家费恩曼以他那通常的辛辣风格所写道的："我想，我可以有把握地说，没有人理解量子力学。"[33]

注释与延伸阅读：

1. 关于传记方面的详细情况, 参阅 W. Moore. *Schrödinger: Life and Thought* (Cambridge University Press, 1989)。

2. 参阅 D. Cassidy, *Uncertainty: The Life and Science of Werner Heisenberg* (New York: Freeman, 1992)。

3. 出处同上, p. 137, 由玻恩回忆。

4. 关于传记方面的详细情况, 参阅 A. Pais, *Niels Bohr's Times: In Physics, Philosophy and Polity* (Oxford University Press, 1991)。

5. E. Schrödinger, "Über das Verhältnis der Heisenberg-Born-Jordanschen Quantenmechanik zu der meinen", *Annalen der Physik*, 70, 734—756 (1926), p. 735. 这以第三封通信闻名。

6. 这一段的引文引自 E. Schrödinger, "Quantisierung als Eigenwertproblem", *Annalen der Physik*, 80(1926), pp. 437—490, 这是第二封通信。

7. 对于确定一个原子中电子的能级这一情况, 薛定谔方程写作：

$$\hat{H}\Psi = E\Psi$$

其中 $\hat{H}$ 称为哈密顿量, 是对系统总能量(它的运动能量和位置能量的总和)的一种数学表示; Ψ(读作普西)是波函数, 用来描述系统的特征, 例如任意时刻它在空间中的位置; E 是系统可能存在的能量值的许多数值之一。因此, 方程左边是对 Ψ 起作用的数学函数, 而在右边, E 是一个特定能级的能量, Ψ 是与它对应的波函数。

8. 这是一条给科学迷们的注释。虽然薛定谔方程的这种形式实际上是一种特殊情况, 但是却极其重要。这种形式不包含时间。这个方程最普遍的形式要更复杂一点:

$$\hat{H}\Psi = \frac{\mathrm{i}h}{2\pi} \frac{\partial \Psi}{\partial t}$$

它的意思是, 当哈密顿量作用在这个波函数上时, 它的结果等于这个波函数相对于时间的变化率(其他的变量都保持不变)乘以 -1 的平方根和普朗克常量, 再除以 π 的两倍。

9. 薛定谔从未发表过他关于相对论波动方程的研究。他所讨论过的这个方程很快被称为克莱因-戈登(Klein-Gordon)方程, 并在 1936 年由 Wolfgang Pauli and Victor Weisskopf, "Über die Quantisierung der skalaren relativistischen Wellengleichung", *Helvetica Physica Acta*, 7, 709—731 (1934)再次提出。关于这个方程的讨论, 参阅 A. I. Miller, *Early Quantum Electrodynamics: A Source Book* (Cambridge University Press, 1994)。

10. Paul Dirac, "The evolution of the physicist's picture of nature", *Scientific American*, 208, 45—53 (1963), p. 47.

11. 第二封通信,注释2,第750页。

12. 参阅 W. Heisenberg, "Über den anschaulichen Inhalt der quantentheoretischen Kinematik und Mechanik", *Zeitschrift für Physik*, 43, 172—198 (1927),特别是 pp. 184—185。海森伯指出,薛定谔(在他的第二封通信中)犯了一个相当浅显的数学错误,他以谐振子的波函数为基础展开电子的波函数,而前者具有保持定域波包这一独特的性质,但是一般情况并非如此。

13. 当然,这应该是人人都清楚的。其原因是,薛定谔方程是施图姆-刘维尔(Sturm-Liouville)类型的,是一个本征值问题,因此就直接等于从矩阵代数中计算本征值,而矩阵代数乃是海森伯量子力学中的数学。有趣的是,在薛定谔方程出现以前,没有人知道如何去处置量子力学中的本征函数。

14. W. Heisenberg, "Mehrkörperproblem und Resonanz in der Quantenmechanik", *Zeitschrift für Physik*, 38,(1926), pp. 411—426.

15. *Archive for History of Quantum Physics*, interview with W. Heisenberg, 22 February 1963, p. 30.

16. 出处同上,p. 3。这里指的论文是 W. Heisenberg, "Schwankungserscheinungen und Quantenmechanik", *Zeitschrift für Physik*, 40, pp. 501—506。

17. 见注释12。

18. 普朗克常量的来源在本书中的"一场没有革命者的革命"一文中有阐述。

19. W. Heisenberg, *Physics and Beyond: Encounters and Conversations*, translated by A. J. Pomerans (New York: Harper & Row, 1971), p. 73.

20. 出处同上,p. 74。

21. 出处同上,p. 75。

22. 出处同上,p. 76。

23. 概略地讲,这是因为一个物体越重,它的波动性质就变得越不重要。其结果是,很幸运,我们是定域化的。

24. 参阅 E. Schrödinger, "Die gegenwärtige Situation in der Quantenmechanik", *Die Naturwissenschaften*, 23, 807—812, 823—828, 844—849 (1935)。英译文重刊于 W. Zurek and J. Wheeler(eds.), *Quantum Theory and Measurement*(Princeton University Press, 1983), pp. 152—167。

25. 引自 W. Moore, *Schrödinger: Life and Thought*(Cambridge University Press, 1989), p. 314。

26. 对薛定谔非相对论性波动力学的近期工作的一个简明的纵览,参阅 J. S. Bell, "Are there quantum jumps",载于 J. S. Bell, *Speakable and Unspeakable in Quantum Mechanics* (Cambridge University Press, 1987), pp. 201—212。

27. 参阅 A. I. Miller, *Einstein, Picasso: Space, Time and the Beauty that Causes Havoc* (New York: Basic Books, 2001)。

28. 参阅 J. Bates, *The Genius of Shakespeare*(Oxford University Press, 1998)pp. 311—316。

29. 出处同上。

30. 出处同上,p. 316。

31. 出处同上,p. 314。

32. 参阅 J. S. Bell, Against "Measurement", in A. I. Miller (ed.), *Sixty - Two Years of Uncertainty: Historical, Philosophical, and Physical Inquiries into the Foundations of Quantum Mechanics* (New York: Plenum Press, 1990), pp. 17—31。

33. R. P. Feynman, *The Character of Physical Law* (London: Penguin Books, 1992), p. 129.

第 5 章

一套魔法：
狄拉克方程

弗兰克·维尔切克（Frank Wilczek）

美国著名理论物理学家。由于发现夸克粒子的渐近自由于2004年荣获诺贝尔物理学奖。现任麻省理工学院物理系教授。著作《渴望和谐》（*Longing for the Harmonies*）曾荣登1989年《纽约时报》畅销书榜。

• • ◆ • •

"狄拉克方程曾经是（而且现在仍是）异常优美的。"

这些数学公式自立于世，而且有其自身的灵性，它们比我们聪明，甚至比发现它们的人们更聪明；我们从它们中能得到的要比我们最初投入到其中的多。我们一定会有这样的感受。

——赫兹（Heinrich Hertz）论麦克斯韦电磁学方程

我大量的工作仅仅花在耍弄方程上，去查看它们能给出什么。

——狄拉克

它正好给出了我们对电子所需的那些性质。这对我来说真是一个意外的收获，完全出乎意外。

——狄拉克论狄拉克方程

方程的力量看来像是具有魔力。正像《魔法师的学徒》*所变幻出来的那些扫帚一样，方程会具有其自身的力量和生命，给出其创造者所意想不到的结果，失去控制，甚至可能会使人厌恶。爱因斯坦的质能公式 $E = mc^2$ 是他的狭义相对论对加固经典物理基础的最大贡献。然而，当他发现这一公式时，他既没有考虑过大规模杀伤性武器，也没有认识到会有能量取之不竭的核电站。

在物理学的所有方程中，狄拉克方程也许是最"具有魔力"的了。它是在最不受约束的情况下发现的，即受到实验的制约最少，且具有最奇特、最令人吃惊的种种结果。

1928年初（原始论文的收到日期是1月2日），狄拉克（1902—1984）

---

* 法国作曲家杜卡斯（Paul Dukas）于1897年根据歌德的一首歌谣创作的交响乐曲。——译者

得到了一个非凡的方程,这个方程从此就一直被称为狄拉克方程。他当时25岁,刚从电机工程转向理论物理。狄拉克的目标是相当具体的,而且当时也是受到极大关注的。他想构造出一个方程,能比以往的那些方程更精确地去描述电子的行为。以往的那些方程或是纳入了狭义相对论,或是并入了量子力学,但是并未同时能与它们相容。除此以外,还另有好几个更杰出的、经验更丰富的物理学家也在研究着这个问题。

然而,狄拉克却不同于其他的那些物理学家,也不像物理学大师——牛顿和麦克斯韦,他不从实验事实出发研究,哪怕是一点点都不。他改为用不多的几个基本事实以及一些已意识到的必要理论规则(现在我们知道其中的一些是错误的)来引导他的寻觅。狄拉克试图用一个精简的、数学上一致的构架把这些原理涵盖在一起。在"要弄了一些方程"(这是他的原话)以后,他灵机一动,得出了一个非常简单、优美的答案。当然,这便是狄拉克方程。

狄拉克方程的一些结论可以与当时已有的一些实验观测相比较。它们相当成功,而且解释了一些要不然会是很不可思议的结果。正如我将在下面所要描述的,狄拉克方程尤其成功地预言了电子恒有自旋,而且它们的行为犹如小小的条形磁铁,同时也预言了自旋角速度和磁性的强度。不过其他的一些结果却似乎与显而易见的事实完全抵触。最显著的是,狄拉克方程含有一些解,它们似乎描述了一般的原子自发地、在几分之一秒内湮灭成一阵阵光的方式。

狄拉克与其他的一些物理学家好多年以后一直与一个离奇的似矛盾但又可能是正确的结果斗争着:方程"显然是正确的",因为它能精确地解释许多精确的实验结果,此外,它又具有人们梦寐以求的那种优美,不过它却明摆着是极端错误的,这怎么可能呢?

狄拉克方程成为基础物理赖以运转的支撑点。物理学家们一方面要忠于其数学形式,另一方面又被迫去重新审视它所包含的符号的意义。其实,海森伯给他的朋友泡利写信道:"狄拉克理论是而且仍是近代物理最令人不快的篇章,而为了不因狄拉克而恼怒,我决定去做别的什么来换一下口味……"正是在这一混乱的、极伤脑筋的重新审视过程之中,真正的现代物理诞生了。

一个惊人的结果是预言了**反物质**,或者说得更清楚一些是预言了应该存在一个新粒子,它和电子有同样的质量,但却有相反的电荷,而且它能把电子湮没成纯能量。安德森(Carl Anderson)对宇宙线的径迹进行了煞费苦心的细察,很快在1932年识别出了这一类粒子。

更为深刻、概括的结果是,我们用来描述物质的基础要完全重建了。在这一种新物理中,粒子仅如蜉蝣一样,是短暂的。它们能自由地生成和破坏;事实上,它们短暂的存在和转换正是所有相互作用的起源。真正基本的客体是普遍的、有转化能力的以太:量子场。它们是一些构成了我们现代极其成功的物质理论基础(我们通常把它们称为标准模型,虽然这一名称并不十分恰当)的概念。而狄拉克方程本身虽然在很大程度上被重新解释并加以推广,但是从未被抛弃,它仍然是我们借以理解大自然的中流砥柱。

我们将要到这一套魔术的背后去看一下,而最终将揭露它产生的假象。首先,让我们写下这一方程:

$$\left[\gamma^{\mu}\left(\mathrm{i}\frac{\partial}{\partial x^{\mu}} - eA_{\mu}(x)\right) + m\right]\Psi(x) = 0 \text{。}$$

其中的一些难以理解的符号会在本文附录中予以揭示。现在只是让我们把注意力集中到这个方程上来,欣赏它的方方面面。

狄拉克的问题与大自然的统一

狄拉克之发现的直接起因,以及他本人对其发现所采用的思考方

式是:有必要把两个稍微有点不同步的成功的物理先进理论调和一致
起来。到了1928年,爱因斯坦发表的狭义相对论已足足有20多年了,
这个理论已完全确立而且已为人们所融会贯通。(描述引力的广义相对
论不在本文阐述的范围之内。在原子的尺度中,引力弱到可以忽略不
计。)另一方面,海森伯和薛定谔的新量子力学尽管刚问世不久,但已经
使人们非凡地洞悉了原子的结构,而且成功地解释了大量以前认为是
不可思议的现象。显然,新量子力学抓住了原子中电子动力学的本质
特征。此时的困难在于,海森伯和薛定谔所提出的方程并非以爱因斯
坦的相对论力学为其依据,而是以牛顿的古老力学为其出发点的。对
于在其中所有的速度都远比光速小的那些系统而言,牛顿力学是一种
极好的近似,而这就囊括了原子物理和化学中我们感兴趣的许多情
况。但是,可以用新的量子理论来处理的原子光谱,其实验数据却如此
精确,以致人们可以发现它们与海森伯-薛定谔的预言有着小小偏离。
于是,就有了一个极强的"实际上的"动机:在相对论力学的基础上去寻
找一个更为精确的电子方程。除了年轻的狄拉克以外,还有好多个大
物理学家都在寻觅这样的一个方程。

现在来看这个问题,我们能觉察到当时有一些更古老得多和更基
本得多的"一分为二"在起着作用:光与物质的对立统一;连续与离散的
对立统一。这两个"一分为二"对于取得能统一地描述大自然的这一目
标,设置了巨大的障碍。在狄拉克与他同时代的人试图去调和的理论
之中,相对论是光和连续统的产物,而量子论却是物质和离散性的产
物。在狄拉克的革命进行到底后,所有这些都和谐了,它们统一于一个
使我们的认知得到了扩展的概念混合物——量子场论。

我们感觉敏锐的最早的原始人无疑已经感受到光与物质,以及连
续与离散这些对分。古希腊人对它们已有了明确的表述和讨论,但是
却无最后结果。亚里士多德(Aristotle)挑出火和土作为原始元素,而且

据理反对持原子说者,赞同有一个基本的充满物质的空间("自然害怕真空")。

这些对分并未由于经典物理的成功而得以缓和,事实上它们更为尖锐地对立了。

牛顿力学最适合用来描述刚体在空无一物空间中的运动。虽然牛顿本人在各种不同的场合中对这两种对分中的两个对立面都作过猜测,但是牛顿的追随者却强调他的"硬的,有质量的,不可穿透的"原子是大自然的基本构件。甚至光也被认为是由这种粒子构成的。

然而,在19世纪初期,把光看成是由波构成的这种完全不同的绘景赢得了光辉的胜利。物理学家相信必定有一种连续的,充满空间的以太来传播这些波。法拉第(Michael Faraday)和麦克斯韦的发现把光比作电场和磁场的交替变动,而电场和磁场本身都是充满全空间的连续实体,这样光的波动性的这一观念就变得充实和完善了。

不过麦克斯韦本人,以及玻尔兹曼也成功地表明了:只要我们假定气体是许多小的、离散的、彼此有很好间距的原子组成的,而它们在除此以外的空无一物空间中运动,那么我们观察到的气体的许多性质,其中包括许多惊奇的细节,都可以得到解释。再则,J. J. 汤姆孙(J. J. Thomson)在实验上,而洛伦兹在理论上确立了作为物质的构件的电子是存在的。电子似乎就是牛顿早已意识到的那一类不可破坏的粒子。

就这样,在人类刚进入20世纪时,物理学以两种完全不同的理论为其特色,它们以一种令人局促不安的和睦共处着。麦克斯韦的电动力学是电场和磁场以及光的一个连续统理论,它并不涉及质量。牛顿的力学则是离散粒子的一种理论,其必有的性质**只是**质量和电荷。[1]

早期量子理论,遵循我们上述对分的分岔,沿着两条主要干道发展起来。其中的一个分支,始于普朗克对辐射理论的研究,而在爱因斯坦论述光的光子理论中达到鼎盛。它的最重要结果是以不可分割的最小单位(光子)起着作用,而光子的能量和动量正比于光的频率。这当然就确立了光像粒子的那一方面。

其中的第二个分支,始于玻尔的原子理论而在和电子打交道的薛定谔波动方程里达到鼎盛。它表明了电子围绕原子核的稳定组态是与波的振动的一些规则模式相关的。这就确立了物质像波的那一性质。

于是基本的对分就已经变得柔和了。光有点像粒子,而电子有点像波。然而明显的悬殊和差别依旧存在,尤其是,下述两大差异似乎把光与物质尖锐地区分开来。

首先,如果光是由粒子构成的,那么它们必定是一些十分怪异的粒子。它们要有内部结构,因为光有偏振现象。为了恰当地解释这一性质,我们就必须赋予光的粒子一种相应的性质。我们说光束是由带有这样那样能量值的如此之多的光子所组成的,还不足以适当描述光束。这些事实会告诉我们光的亮度以及光所包含的颜色,却不能告诉我们它是如何偏振的。为了得到一个完全的描述,我们必须也要能说出光束偏振化的方式,而这意味着它的光子必须以某种方式携带一些箭头,而这些箭头允许它们记录下光的偏振。而这样做就会使我们偏离关于基本粒子的那些传统观念。如果有箭头的话,那么它是由什么组成的?为何不能将它从粒子那里分离出去?

其次,而且也是更为深刻的是,光子是隐失的。光可以被发射,例如当你启用闪光灯时那样;光也可以被吸收,当你用手盖住光源时。所以光的粒子可以被产生,也可以被破坏。光和光子的这一基本而熟悉的性质,使我们偏离了基本粒子的传统观念。物质的稳定性似乎需要有不可破坏的构件,它们的性质应与隐失的光子迥然不同。

最后的这一些差异渐渐消失了,而大自然的统一性完全被揭示了!

早期的回报:自旋

狄拉克当时研究的是如何把电子的量子力学与狭义相对论调和起来。他当时认为(我们现在知道,这是错误的)量子理论需要特别简单的一类方程——数学家称为一阶微分方程。我们不去管他当初为何这样想,也不必去推敲一阶到底指的是什么,重要的是要知道,他想得到一个方程,它在某种非常精确的意义上,属于可能最简单的那一类。紧张和压力产生了,因为要找到一个既在这一意义下是简单的,又要与狭义相对论的要求一致的方程是不容易的。狄拉克为了构造这样的一个方程,不得不放宽讨论的条件。他发现单独一个一阶方程连勉强凑合都办不到:他需要由四个复杂地关联在一起的一阶方程组成的一个方程组,而这个方程组正是我们现在"所谓的"狄拉克方程。

其中的两个方程是很受欢迎的,而四个方程起初是很成问题的。

首先,来讲一下这些方程带来的好消息。

虽然玻尔理论对原子光谱给出了一个不错的粗略解释,但是仍有许多不相符的细节。其中的一些是涉及能占据每一轨道上的电子个数;另一些则是关于原子对磁场的响应,它是由原子谱线的移动所反映出来的。

泡利通过对实验证据的详细分析,早已表明了只有严格地限制在每一个给定轨道上能容纳的电子个数,玻尔模型才能对复杂的原子哪怕是粗略地奏效。这就是有名的泡利不相容原理的起源。现今这个原理是这样表述的:"在一个给定态中,仅只有一个电子能处于这个态。"但是泡利原来的提法却并非如此简洁,而是令人望而生畏。能处在一个给定的玻尔轨道上的电子数不是1而是2。泡利把它晦涩地说成是"在经典意义上难以描述的双重性"。但是——无须说——对此他并没有给出任何理由。

1925年,两位荷兰研究生古德斯米特(Samuel Goudsmit)和乌伦贝克(George Uhlenbeck),对这个磁响应问题提出了一个可能的解释。他们表明,如果电子确实是小磁体的话,那么一切就能自圆其说。他们的模型要成功,就要求所有的电子必须具有同样的磁强度(他们能计算出这一强度来)。他们进而对电子的磁性提出了一个机制。电子当然是一些带电的粒子。处于圆周运动中的电荷产生磁场。于是,如果电子因某种原因恒绕其自身的轴转动的话,那么它的磁性就可获得解释了。电子的这一内禀**自旋**会有另一种特性。如果自旋率是量子力学所允许的最小值,[2]那么泡利的"双重性"就得以解释了。因为此时自旋没有在大小上变化的可能性,而仅有指向上或指向下这两种可能性。

许多杰出的物理学家对古德斯米特和乌伦贝克的工作都持怀疑态度。泡利甚至劝说他们不要发表他们的研究工作。首先,他们的模型似乎要求电子以一个极大的速度转动,而在其表面处的速度很可能会比光速大。其次,他们没有说明是什么把电子束缚在一起。如果电子有着延展的电荷分布(它们都是同种电荷),那么它必将会飞散开来,而转动——由于引入了离心力——只会使问题变得更糟。最后,在他们对电子磁性强度的要求与电子自旋量之间有定量上的错配。这两个量的比率是由一个称为旋磁比的因子(记为g)所决定的。经典力学预言$g = 1$,而为了拟合实验数据,古德斯米特和乌伦贝克提出$g = 2$。不过尽管有这些反对理由,他们的模型却依然执拗地与实验结果相符!

此时狄拉克登场了。他的方程组对小速度允许一类解,出现在他的方程组中的4个函数中仅有2个堪称重要。这就是双重性,不过却有不同。在这里,双重性是作为应用一般原理而自动得出的结果,而确实不必硬加进去。更妙的是,也不需要作进一步的假定,狄拉克直接应用他的方程就能计算出电子的磁性。他得出$g = 2$。狄拉克1928年的伟大论文言简意赅,他在证明了这一结果以后,就直率地说道:"磁矩正如自旋电子模型中所假定的那样。"寥寥几页以后，在他作出一些结果后，他下结论了："于是本理论，在一阶近似以后，就给出了同样由达尔文（[C. G.] Darwin）所得到过的那些能级，它们与实验是一致的。"

但他的结果无须引申，是不辩自明的。从那时起，狄拉克方程就成为在我们认识客观世界中的一件不可多得的神来之笔。不管产生什么困难——曾经有过一些巨大的、明显的困难——它们都会是我们做斗争而不会退却的场合。这是一种闪亮瑰宝似的洞见，我们会不惜任何代价来予以捍卫。

虽然，正如我早已提到过的，狄拉克的出发点在知性上完全是与众不同的，而且是更为抽象的，但是他的论文一开始就提到了古德斯米特和乌伦贝克及其模型在实验上取得的成功。仅仅在论文的第二段中，他才表明了他的真正目的。他所说的是十分紧扣我一直在强调着的那些主题思想的。

> 至于大自然竟然会选取电子的这一特别模型，而不按点电荷模型所满足的那种，这仍是一个问题。我们当然很希望在以前把量子力学应用到点电荷的种种方法中找到某些不完善之处，以致在我们把它清除以后，整个双重性现象能在没有任意假设的情况下自然得出。

于是，狄拉克并没有照此提出一个新的电子模型。更确切地说，他对物质界定了一个新的**不可还原的**性质，这是事物本性中固有的，特别是在始终如一地应用相对论和量子论时所同有的，甚至在无结构点粒子这一最简单的可能情况中也必须如此。电子恰好具有物质最简单的可能形式。古德斯米特和乌伦贝克的"自旋"的重要性质，尤其是其固定的大小及其磁效应（它们有助于描述观察到的实在）保留住了，不过现在是建立在一个更深层次的基础之上。他们模型中的那些随意的、不能令人满意的特征,现在被规避了。

我们一直在寻找一个箭头,它会是物质基本组元的必要和不可分割的一部分,诸如光子的偏振。好吧,现在有了!

电子的自旋有许多实际效果。它造成了铁磁性现象,以及线圈铁心中磁场的增强。后者构成了近代电力技术(电动机和发电机)的核心。电子自旋使我们能在一个非常小的体积(磁带,磁盘驱动器)之中贮存和取出大量的信息。甚至原子核的更小和更难达到的自旋,也在现代技术中起着很大的作用。用无线电波和磁场来操纵这种自旋,再检测它们的响应是医学上很有用的磁共振成像(MRI)的基础。如果对物质的控制不能达到如此微妙(只有从根本上去理解事物才能如此),那么这种应用以及许多其他应用,都会是不可想象的。(确确实实如此!)

总的来说是自旋,尤其是狄拉克对磁矩的预言,在基础物理随后的发展中也起了一个开创性的作用。库施(Polykarp Kusch)及其合作者在20世纪40年代发现了狄拉克的$g = 2$有一个小偏差。他们对虚粒子的效应(这是量子场论的一个深刻的、具有特色的性质)提供了最初一些定量的证据。20世纪30年代,人们观察到对于质子和中子$g = 2$有着非常大的偏差。这一点最先表明了质子和中子并不是电子那一意义上的基本粒子。在这里我已经把后面的故事提前到这里来讲了……

石破天惊:反物质

现在该讲"坏"消息了。

狄拉克方程组包含了4个分量,也就是说它包含4个分离的波函数来描述电子。正如我们刚讨论过的,其中2个分量有一个吸引人的而且立即成功的解释,它们描述了电子自旋的两个可能的方向。相形之下,另2个分量最初看来是大有问题的。

事实上,多出来的两个方程包含一些能量为**负值**的解(以及自旋的两个方向中的每一个)。在经典(非量子)物理学中,存在着增加出来的解虽然会使人局促不安,但是不一定会有什么祸害。因为在经典物理学中,人们只要不选用这些解就能回避问题了。这样当然是避开了**大自然**为何不选用它们的问题,但它还是一个逻辑上一贯的做法。在量子力学中,我们甚至连这种选择权都没有。在量子物理学中,一般是"不被禁戒的就是必须实现的"。就我们现在讨论的情况而言,我们会把这一个讲得十分具体和确切。电子波动方程的任何解,都表示了电子在合适的环境下可能会有的行为。采用了狄拉克方程,你如果从处于其中一个正能解之中的电子出发,就可以计算出它发射出一个光子而移至一个负能解之中的比率。虽然能量总的说来是必须守恒的,但是在这时这不是一个问题——这恰恰意味着被发射的光子要比发射它的电子具有更大的能量! 不管怎么说,上述比率结果快到荒谬的程度,跃迁仅在千分之一秒就发生了。因此你就不能长久地置负能解不顾。而且因为人们从未观察到电子能放射出比其原有的要大的能量这件奇事,所以从表面判断,以狄拉克方程为基础的量子力学就有一个糟透的问题了。

狄拉克十分清楚这一问题,他在原始论文中坦率地承认了:

> 对于这第二类解而言,W[能量]具有负值。对于经典理论中的这类困难,人们是透过武断地排除那些具有负能W的解来克服的。在量子理论中我们却不能这样做,因为一般说来一个扰动将会引起从W正态到W负态的跃迁……所以得到的理论仍然只是一个近似,但是却在没有武断的假设下,它解释了所有双重性现象。就这一方面来说,它看来是足够好的。

　　而他也不再说其他什么了。就是这种情况惹得海森伯对泡利大吐怨言，这我们在前面说起过。

　　到了1929年年底——还不到两年以后——狄拉克有了一个提议。它利用了泡利不相容原理，据此没有2个电子能满足他的波动方程的同一解。狄拉克提出的是有关空无一物空间的一个崭新的概念。他提出，我们所认为的"空无一物的"空间实际上挤满了负能量的电子。事实上，据狄拉克所说，**"空无一物的"空间事实上包含了满足所有负能解的电子**。这个提议的巨大优点是，它解释了从正能解到负能解的那些惹麻烦的跃迁为何是不可能实现的。一个正能电子不能转到一个负能解上去，因为总是已经有另一个电子在那里，而泡利不相容原理不允许再有一个电子去占有它。

　　当你最初听到我们认为是空无一物空间的那个实体事实上却是完全充满着物质的，你会感到这是不能容忍的。但是再三思索以后，你会说这又有何不可呢？通过进化，人类被塑造或只去察觉对其生存和繁衍有用的那一部分世界。世界的那些不变的部分——我们几乎不能对其产生任何影响——并不如此地有用，因此我们天生的感知就会把它们漏掉，所以，这一点看来就不会过于奇怪了。总之，我们没有正当理由去期盼，我们对于古怪的或未必可能的事物的那些幼稚的直觉，会对我们在微观世界中建立基本结构的种种模型时提供任何可靠的帮助，因为这些直觉来自一个完全不同的现象的领域。怪异的事物既来了，我们就必须接受它们。一个模型是否有效，必须根据它是否富有成果以及它得出的结果是否正确来予以判断。

　　因此狄拉克就相当敢于触犯常识。他恰如其分地把他的注意力集中在他提议的种种可观测的结果之上。

　　既然我们正在考虑的概念——"空无一物"空间的通常状态远非是空的，对它起一个不同名称是有好处的。对此，物理学家喜欢使用"真空"这一名词。

在狄拉克的提议中，在真空中充满着负能的电子。这就使得真空成为一种介质，它有它本身的动力学性质。例如，光子会与真空相互作用。会产生的一种情况是，当你用光去照真空，给它提供足够能量的光子，于是一个负能电子就能吸收其中的一个光子而转变为一个正能解。当然，我们观察到的正能解是一个通常的电子。但是在最终的状态中，真空中则有一个**空穴**，因为原来由负能电子所占的那个解现在不再被占有了。

这种空穴的想法在动力学真空方面，虽然是极富创意性的，但也并非完全是空前的。狄拉克把该理论类推到包含许多电子的重原子中。在这一些原子之中，某些电子对应于波动方程的那些解，它们分布在带有很大电荷的核的附近，而且是非常紧地被束缚住。要花大量的能量才能使它们变为自由电子，所以在通常情况下，它们呈现为该原子中不会改变的一面。但是假如这些电子中的一个吸收了高能光子（一种 X 射线），而被逐出该原子，那么此电子的正常一面就改变了。我们可以用该电子的缺席来标志这一变化。如果该电子在的话，那么它提供的是负电荷；现在电子**缺席**了，对比之下看来就像是一个正电荷。它的正值的有效电荷沿着失去电子的轨道运动，因此具有带正电电荷的粒子的一些性质。

这篇论文建立在这一类推以及其他的一些在数学上并不严格的论证之上，它十分简短，而且几乎没有什么方程式。狄拉克就是这样提出了真空中的空穴是带正电的粒子。光子激发真空中的一个负能电子的这一过程，于是就解释为光子产生了一个电子和一个带正电荷的粒子（空穴）。反过来，如果预先存在一个空穴，那么一个正能电子就能发射一个光子且占有该空穴的负能解。这被解释为一个电子和一个空穴湮没为纯能量。虽然我前面提到的是发射一个光子，但这仅是一个可能性。可以发射好多个光子,或者能带走被释放出来的能量的任意其他形式的辐射。

狄拉克第一篇关于空穴理论的论文题目为《电子和质子的一个理论》。构成氢原子核而且是更为复杂的核之构件的质子,是当时人们所认识的唯一带正电的粒子。企图把假设的空穴与它们等同起来是很自然的事。不过,这种等同很快就暴露出一些严重的困难。例如说,我们刚讨论过的两类过程,电子-质子对的生成和湮没,就从未观察到过。其中的第二个尤其有问题,因为它预言了氢原子会在几微秒之内自发地自我毁灭——幸好,这不会发生。

把空穴等同为质子也有逻辑上的困难。根据狄拉克方程的对称性,人们可以证明空穴必须与电子具有同样的质量。但是,质子显然有着比电子大得多的质量。

1931年,狄拉克撤回了他早先把空穴与质子等同的观点,转而认可用他自己的方程及其所要求的动力学真空所得出的逻辑结果:"空穴,如果存在的话,会是一类新的基本粒子,这是实验物理学家至今还未发现的,它与电子有相同的质量和相反的电荷。"

1932年8月2日,美国实验物理学家安德森在研究了宇宙线在云室中留下的径迹的照片以后,注意到某些径迹,它们像对电子所预期的那样失去能量,不过在磁场中却向相反方向弯曲。他把这一现象解释成表明存在着一种新的粒子,它与电子有相同的质量,但是有相反的电荷。令人啼笑皆非的是,安德森对狄拉克的预言一无所知。

狄拉克在剑桥大学的圣约翰学院,离此数千英里之外,他的空穴——他的理论想象和修正的产物——已经被发现了,它们从帕萨迪纳*的天空中降了下来。

---

* 位于美国加州,是安德森工作的、闻名于世的加州理工学院的所在地。——译者

因此，"坏"消息终究被证明是"好得多"的消息，青蛙变成了王子——最具魔力的一套魔法。

如今我们把狄拉克空穴称为正电子，它已不再会令人惊讶了，而是成为我们的一件工具。用它来拍摄活动中的大脑——PET扫描（正电子–电子体层照相术）是一项显著的应用。正电子如何进入你的大脑中去的？嗯，我希望，是通过阅读本文。不过，如何能使它们不仅是在概念上，而且是以物质的形式进入你的头脑？通过注入含有放射性核的，而且以正电子为其衰变产物的那些原子的分子，它们就潜入了。这些正电子走不了多远，就与附近的电子湮没了，通常产生两个光子。这两个光子穿过你的颅骨而被探测到。于是你就能重建原有的分子走到了何处，来描述新陈代谢，而且你也能研究光子在出路上的能量损失以得到大脑组织的一幅密度剖面图，而最终得出它的一幅图像。

另一项显著的应用是在基础物理之中。正像你当然能把电子加速到高能量状态，你也能把正电子加速到高能量状态，然后使两束粒子碰在一起。于是正电子和电子将会湮没，产生一股高度聚集的"纯能"形态。过去50多年来，基础物理的大部分进展都是根据这种类型的研究作出的，实验在世界各地的一系列大型加速器上进行，其中最新、最大的是位于日内瓦附近CERN*的LEP（大型正负电子）对撞机。稍后我会对这种物理的最精彩部分作一番论述，这是极其扣人心弦的。

我在前面提到过，狄拉克空穴理论的物理概念的某些根源可以追溯到较早些时候对重原子的研究。这些概念重新大规模地反馈到固体物理之中。在固体中，电子有一个具有最低可能的能量的参考组态或基础组态，电子在其中占有了直到某一个能级的所有可得的态。这一基础组态类似于空穴理论中的真空。也还有一些较高能量的组态，在

---

* CERN 是 Conseil Européen pour la Recherche Nucléaire（欧洲原子核研究中心）的缩写。——译者

其中某些低能态并未被电子所占用。在这些组态中,存在着空位,或者用专门术语来说,我们把它们称为空穴——在通常情况下,这里是应该有电子的。这种空穴的行为在许多方面如同带正电的粒子一样。晶体二极管和晶体三极管就是根据巧妙地控制不同材料交接处的空穴和电子的密度而制成的。我们还很有可能把电子和空穴引至某处,使它们结合在一起(湮没)。这就使你能够设计出一个你能完全精确控制的光子源,并奠定了诸如LED(发光二极管)和固体激光之类的现代技术的主要理论依据。

自从1932年以来,人们观察到许多其他的反粒子。事实上,对于每一个发现的粒子,都找到了一个与其相应的反粒子。有反中子,反质子,反μ子(μ子本身与电子很相似,只不过更重一点),各种反夸克,甚至还有反中微子,反π介子,反K介子……[3]这些粒子中有许多并不满足狄拉克方程,其中的一些甚至不遵守泡利不相容原理。因此反物质存在的物理原因必定是非常一般性的,即要比最初导致狄拉克预言正电子存在的那些论据广泛得多。

事实上,有着一个非常一般的论证:如果同时使用量子力学和狭义相对论,就可以得出每一个粒子必然有一个相应的反粒子这一结论。要适当地展开这一论证就需要有非常坚实的数学基础,或者说需要极大的耐心。我想这两方面你大概都不会有吧。因此我们只得满足于一个粗略的说明来解释为何同时应用相对论和量子力学似乎就能很合理地得出存在着反物质。不过这种说法并未穷其原委。

考虑一个粒子,为了强调它可以是**任何粒子**,不妨把它叫做什穆*,它以非常接近光的速度向东运动。根据量子力学,它的位置确实有某种程度的不确定性。因此,如果你测量它,你就会以某种概率发现什穆

---

* shmoo,美国漫画家阿尔卡普(Alcapp)在1948年创作的神化动物。——译者

在最初的一段时间内稍微向西偏离了其预期的平均位置，而过了一段时间稍微向东偏离其预期的平均位置。因此在这一时间间隔之中，它比你原来所预料的运动得更远一些——这意味着它运动得更快。但是，我们早已假定了它的期待速度基本上是光速，因此更快的速度就违反了要求粒子的速度不能超过光速的狭义相对论。这是相互矛盾的。

下面我们来说一下，使用反粒子我们是如何克服这个矛盾的说法的：你观察到的这个什穆不必就是原来的那个什穆！在较迟的时刻，也有可能有两个什穆，原来的那个和新的一个，必定也有一个反什穆来平衡电荷，以及抵消与附加的那个什穆相关的任何其他守恒量。正如在量子理论中经常出现的那样，为了避免矛盾，你必须明确、具体地考虑到测量某样东西的意义。测量什穆位置的一种方法是用光去照射它。但是为了精确地测得高速移动的什穆，我们就不得不使用高能光子，于是这种光子就有产生什穆–反什穆对（shmoo-antishmoo pair）的可能性。而当你报告位置测量的结果时，你就有可能讲到的是另一个什穆。

最深层的意义：量子场论

狄拉克的空穴理论是极为巧妙的。不过大自然却走得更深更远。虽然空穴理论在内部是自洽的，而且也有大量的应用，但是仍有好多种深思迫使我们要超越它。

首先，有些粒子没有自旋，而且不服从狄拉克方程，但是却有反粒子。我们已经说到过，反粒子的存在是把量子力学和狭义相对论结合起来所得出的一个一般结果。说得详细和具体一些，例如，带正电的 π^+ 介子（1947年发现）或 W^+ 玻色子（1983年发现）在基本粒子物理学中都扮演着重要的角色，而且它们确实分别有反粒子 π^- 和 W^-。但是我们却不能应用空穴理论来讲述这些反粒子存在的理由，因为 π^+ 和 W^+ 这两种粒子并不遵循泡利不相容原理。因此就不可能把它们的反粒子解释为充满负能解的海洋中的空穴。不管它们满足什么方程,[4]当有负能解时,那么在这些解上占有一个粒子也不会阻碍另一个粒子占有同一状态。于是,转入负能态的那些突变性跃迁(狄拉克空穴理论禁止电子这样做),就必须用另外的方式来予以禁止了。

其次,在一些过程中,减去正电子数的电子数会改变。中子衰变成质子、一个电子以及一个反中微子便是一例。在空穴理论中,一个负能电子激发到一个正能态被解释为产生了一个正负电子对,而一个正能电子退激到一个未被占有的负能态被解释为一个正负电子对的湮没。在这两种情况中,电子数和正电子数之差都是不变的。空穴理论无法解释这一个差的变化,因此,在大自然中确实有一些重要的过程,甚至那些特别涉及电子的过程,它们并不容易与狄拉克的空穴理论相吻合。

第三个,也就是最后一个原因,使我们回到我们最初的话题。我们当时期待去化解光与物质以及连续与离散这两大对分。相对论和量子力学各自地使我们接近于成功,而隐示着自旋的狄拉克方程使我们更进一步接近成功了。不过到目前为止,我们还未完全取得成功。光子是隐失的,电子……嗯,它们也是隐失的,正如我刚提到过的,这是实验事实。不过这一特征尚未足以放入到我们的理论讨论之中。在空穴理论中,电子可来可去,不过这仅当正电子去和来之时发生。

我们与其说存在着这么多的矛盾,倒还不如说它们暗示了我们还未捉住好时机。它们表明除了空穴理论之外应有其他选择的余地,它将涵盖物质的所有形式而且以一个基本的现象来处理粒子的生成和湮没。

令人啼笑皆非的是,狄拉克本人早已构建过这种理论的原型。在1927年,他把新量子力学的原理应用到经典电动力学的麦克斯韦方程组上。他证明了爱因斯坦提出过的革命性假设:光是由粒子——光子——构成的,这是合乎逻辑地应用了新量子力学原理以后得出的一个结论。而且他也证明了由此光子的各种性质可以得到正确的解释。光可以由非光(例如说用手电筒)产生；光可以被吸收或湮没(例如说由黑猫)。这些观察到的情况是最为常见的了。但是，用光子的语言来说，这就意味着麦克斯韦方程的量子理论是粒子(光子)的产生和湮没的一种理论。事实上，在狄拉克理论中，电磁场主要是作为引起产生和湮没的一种动因而出现的。我们观察到的粒子——光子——是由这个场(它是本原的对象)的作用产生的。虽然光子来了又去，但是场却继续存在着。狄拉克以及他的所有同时代人在一段时期内似乎没有看出这一进展的强大力量。这也许正是因为光明显具有的特殊性(二分性！)。但是狄拉克的做法却是一个一般的构造法，它也可应用到出现在狄拉克方程中的场——电子场。

把量子力学的原理逻辑地应用到狄拉克方程上去，能得出类似于他对麦克斯韦方程组所得到的结果。所得到的对象能湮没电子和产生正电子。[5]上述两种情况都是**量子场**的例子。当把出现在狄拉克方程中的这一对象解释为量子场时，负能解就呈现出一个完全不同的意义，因而就根本没有任何疑问之处了。正能解乘以电子湮没算符，而负能解乘以正电子产生算符。在此框架之中，两类解的差别在于：负能表示了你要产生一个正电子而必须去借的能量，而正能却是你通过湮没一个电子而能得到的能量。负数的可能性在这里同在你银行的余额中一样都不悖理。

随着量子场论的完备，狄拉克方程和空穴理论使之浮现、然而并未完全利用的好机遇终于实现了。人们对光和物质的描述最终放置在了同样的地位之上。狄拉克以一种可理解的满足感说，随着量子电动力学的出现，物理学家已经得到了一些基本方程，它们足以描述"全部的化学，以及大部分的物理学"。

1932年，费米通过把量子场论的概念用于放射性衰变(β衰变，这包括我以前提到过的中子衰变），构造了一个成功的理论。因为这些过程涉及质子（"稳定"物质的缩影）的产生和湮没，那些古老的对分明显被超越了。粒子和光两者皆是副现象，即更深层次和持久不变的实在——量子场的表面表现形式。这些场充满了空间的所有部分，而在这意义下，它们是连续的。但是它们所产生的激发，不管我们把它们确认为是物质的粒子还是光的粒子，都是离散的。

在空穴理论中，我们有一个把真空看成是充满着负能电子海洋的绘景。在量子场论中，真空的绘景就完全不同了。但是，远非是退回到简单的形式中去。真空的新绘景与质朴的"空无一物空间"更有着根本性的不同。量子不确定性，加上产生和湮没过程的可能性，意味着我们有着一个到处都有活动的真空，粒子和反粒子对在一眨眼间诞生了，又消亡了。关于这种情况，我在1987年写下了名为"虚粒子"的一首十四行诗*：

谨防误认那里空无一物——

移去您所能移去的；尽管您毫不含糊

其后仍留下难以想象的冥顽复本

永无休止地不断翻腾。

---

* 即商籁体，英国诗人华兹华斯（W. Wordsworth）、济慈（J. Keats）和雪莱（P. B. Shelley）等都曾广泛地应用过这一诗体。本诗不妨意译如下（调寄定风波）：
莫道真空必定空，
细微繁衍正无穷。
轻重未知疑所处，飘舞，
须臾逝去太匆匆。
衰变实为新造化，休怕，
个中交换有殊功。
自古谁疑生与死，哈氏，
莫非微粒亦忡忡。——译者

它们瞬间而来,又翩翩起舞;

凡是它们所及总是充满着疑虑:

我在此干什么? 我该有几多分量?

这种思索常带来迅速衰变;

不必畏惧! 这一术语使人误入其间;

衰变是虚粒子的繁衍

而翻腾,虽则冥顽,却能达到崇高端点,

复本物质,被交换过了,在友人之间相连。

生存还是毁灭? 选择似乎足够清楚,

然而哈姆雷特,还有这种物质,却这样踌躇。

后来的情况

随着量子场论的创立,我们自然到达讨论狄拉克方程的智力的边界了。在20世纪30年代中期,这一方程引起的一些直接的佯谬已经被解决了,而它最初的预示已充分地实现了。狄拉克和安德森分别在1933年和1935年荣获诺贝尔奖。

在随后的岁月之中,人们对量子场论的理解加深了,它们的应用变得广阔了。物理学家使用了量子场论,以一种惊人的严格性以及在丝毫没有任何合理疑问的情况下,构建并确立了物质的一种有效理论,在可预见的将来它将屹立不动——也许能永恒地继续下去。发生的这一切(在其中狄拉克方程本身起了一个卓越的,但并不是主导的作用),以及该理论的性质是一篇卷入了许多其他观念的壮丽史诗。不过随后的一些发展与我们讨论的主题有非常紧密的关系,而且其本身又是如此之优美,值得我们在此提及。

量子场论的创立在另一意义上也标志了一个自然的界限。这是一个限度,狄拉克本人至此不再前进了。像爱因斯坦一样,狄拉克在他的晚年也走上了一条与众不同的道路,他对其他物理学家的大部分工作都不加理会,而且与其他人意见相左。在他的工作所带来的巨大发展之中,狄拉克本人仅起了一个不重要的作用。

量子电动力学(QED)与磁矩

粒子与量子场论中始终存在的动力学真空有相互作用,这使得它们被观察到的性质有了变化。我们看不到"裸"粒子假想的一些性质,而看到的是物理粒子:一些与动力学真空中的量子涨落有相互作用的"着衣"粒子。

特别地,物理电子不是裸电子,而且它并不很符合狄拉克的$g = 2$。1947年,当库什做了非常精确的测量以后,他发现g要比2大一个数值为1.001 19的因子。虽然从量上来看,这不是一个非常大的修正,但是这对理论物理学家来说却是一个很大的激励,因为它提出了一个十分具体的挑战。当时在基础物理中有许多凌乱之处。人们发现了大量未预期的粒子(其中有各种μ子,各种π介子及其他的粒子);没有满意的理论能解释是什么力会把原子核约束在一起;对于放射性衰变我们只有支离破碎而无法充分理解的种种结果;还有高能宇宙线中的种种异常。这使得我们难以搞清在何处着手。事实上,在行动部署上有着一个根本性的哲学上的分歧。

大多数老一代的物理学家,即量子论的缔造者们,其中包括爱因斯坦、薛定谔、玻尔、海森伯和泡利已准备好进行另一场革命了。他们认为花时间尽力去做量子电动力学(QED)中更为精确的计算是白费劲,因为这一理论肯定是不完全的,而且很可能简直就是错的。要计算出更精确的结果非常困难,它们给出的答案似乎是无意义的(是无穷大),

所以这样搞下去是不会有出路的。因此这些老一辈的大师就在寻找另一类迥然不同的理论。但不幸的是他们没有明确的方向。

出乎意料的是,倒是较年轻一辈的理论家:美国的施温格尔(Julian Schwinger)、费恩曼、戴森(Freeman Dyson),以及日本的朝永振一郎(Sin-Itiro Tomonaga),起到了一定的作用。[6]他们在坚持原基础的理论的前提下,找到了一个进行更精确计算的方法,得到了有意义的有穷结果。这个理论事实上正是狄拉克在20世纪20年代和30年代构建的那个理论。施温格尔在包含动力学真空效应的情况下得到了对$g=2$进行修正后的计算结果。这个结果也在1947年报道了。新的计算结果与库施的同一年的测量有着惊人的一致。其他的一些大捷随之而来。库施在1955年荣获诺贝尔奖;施温格尔、费恩曼与朝永振一郎共获1965年的诺贝尔奖(要拖上这么多年真是难以理解!)。

狄拉克并不接受他们的新做法,这是十分令人奇怪的。在最初,人们还不熟悉所使用的数学方法,而这些方法尚未完全界定(其中涉及一定量的带灵感的猜测),所以小心谨慎也许是有道理的。不过这些技术上的困难及时得到了克服。虽然倘若把QED(不现实地)看成是一种完全封闭的理论,它确实具有原则上的问题,不过它们与困惑狄拉克的问题分属不同的层次,而且只要通过把QED纳入到一个更大的渐进自由的理论(参见下文)之中,它们似乎就能非常合理地得到解决。对它的大多数预言而言,这没有什么实际影响。

费恩曼把QED称为"物理的瑰宝——我们最值得夸耀的财富"。但是,狄拉克在1951年却写道,"兰姆(Lamb)、施温格尔、费恩曼以及其他一些人最近的工作是非常成功的……但是由此得到的理论却是丑陋和不完整的。"此外,他在1984年最后的一篇论文中写道,"重正化的这些规则给出了与实验吻合得惊人之好的结果。大多数物理学家因此说这些操作规则是正确的。我感到这不是充分的理由。仅仅因为所得到的结果碰巧与实验一致,并不能证明该理论是正确的。"

你也许已经注意到年轻的狄拉克与年迈的狄拉克在语调上有某种悬殊差别。狄拉克年轻时就像吸着船底的甲壳动物藤壶那样黏附于他的方程,而这只是因为他的方程解释了实验结果。

电子磁矩(即电子的磁强度),当今的实验数值是

$$(g/2)_{实验} = 1.001\ 159\ 652\ 188\ 4(43),$$

而牢牢基于QED的理论预期,如果计算到高精度的话,则是

$$(g/2)_{理论} = 1.001\ 159\ 652\ 187\ 9(88),$$

其中括号中的最后两个数字表明了不确定值。这是在全部的科学中,一个复杂难懂的——然而是极明确定义的! ——理论计算与一个妖术般的实验之间的最剧烈、最精确的对垒。这就是费恩曼所谓的"我们最值得夸耀的财富"。

直到笔者在撰写本文时,更为精确地测定电子的磁矩以及与它同属一个家族的 μ 粒子的磁矩,仍是实验物理的重要前沿。有了我们现在可取得的一些精度,所做实验的结果将会对由于假设的新的重粒子(尤其是假设与超对称性相关的那些粒子)所引起的量子涨落效应敏感。

量子色动力学(QCD)与物质理论

质子的磁矩并不满足狄拉克的 $g = 2$,而是 $g \approx 5.6$。对于中子而言,情况更糟。中子是电中性的,因此简单的中子的狄拉克方程,根本不预示它有任何磁矩。事实上,中子的磁矩约为质子磁矩的2/3,而且相对于自旋有相反的取向。这就相应于 g 有无限大的值。质子和中子的磁矩有不一致的数值,这最早向我们表明了它们是一些比电子更为复杂的客体。

随着研究的深入,出现了更多的混乱。人们发现质子之间、中子之

间,以及它们之间的力是十分复杂的。这些力不仅取决于它们之间的距离,而且还与它们的速度、自旋取向以及所有这些因素的组合有关,令人手足无措。事实上,不久就清楚了它们根本不是传统意义上的"力"。在两个质子之间有一个力,这在传统意义上意味着,其中一个质子的运动会受另一个质子出现的影响;因此当使用一个质子去射击另一个质子时,后者就会偏离方向。而你确实观察到的却是:当两个质子碰撞时,典型地会出现许多粒子:π介子、K介子、ρ介子、Λ和Σ重子、它们的反粒子,等等,所有这些粒子彼此强烈地相互作用着。因此核力的问题——从20世纪30年代开始就一直是物理学的前沿之一——就成了如何理解粒子及其相互作用(自然界中最强的作用)这一浩瀚新天地的问题。就连使用的术语也都改变了。物理学家不再提及核力了,而是使用强相互作用这一新词了。

我们现在知道,强相互作用的所有错综复杂都可以用一种称为量子色动力学(QCD)的理论在基本层次上给予描述。QCD把QED大大地推广了。QCD的基本构件是夸克和胶子。夸克有六大类,或六"味":u、d、s、c、b、t(上夸克、下夸克、奇异夸克、粲夸克、底夸克、顶夸克)。夸克彼此是很相似的,而主要的区别在它们的质量,这使我们联想到带电的轻子。[7]在通常的物质之中,只有最轻的两个夸克,即u和d。与QED的构件作一类比,我们可以说夸克大体上起着电子的作用,而胶子大体上起着光子的作用。两者的巨大差别是:在QED中,仅只有一类荷和一个光子,然而在QCD中有三类荷(称为色)和八个胶子。类似于光子对电荷的反应那样,有一些胶子也对色荷有反应。另一些胶子则是促成色之间转变的媒介。这样,例如说,一个带有蓝荷的u夸克可以发射出一个胶子而转变为一个带有绿荷的u夸克。因为所有的荷在总体上必须是守恒的,这个特别的胶子必定有+1个蓝荷和−1个绿荷。因为胶子本身带着不均衡的色荷,所以在QCD中存在着胶子放射其他胶子的一些基本过程。在QED中就没有类似的情况了。光子是中性的,而在非常好的近似下,它们也不与其他光子相互作用。QCD其内容之丰富和错综复杂,大部分都归因于这一新的特征。

我们在口头上对QCD的描述是如此直接,既没有概念上的基础知识,也没有现象上的说明,这会使人觉得QCD似乎既武断又异想天开。事实上,QCD却是一个具有令人信服的对称性和数学优美性的理论。不幸的是,我却不能在这里适当地细述这些方面。不过,我应该给你们作些解释。

我们是如何得出这样一个理论的? 我们又是如何知道它是正确的? 在QCD的情况中,这是两个迥然不同的问题。就历史而言,我们发现QCD的道路是曲曲折折的,有着许多死胡同,留下了许多不成功的足迹。不过,事后看来,当初是不必这样走过来的。如果早一些就有那些合适的超高能加速器供我们操作的话,QCD早就会出现在我们眼前了。[8]下面所叙述的**思想**史(*Gedanken*-history)会把我一直在讨论着的大部分观点撮合在一起,而且对本文的物理部分给出一个恰当的结局。

当我们把电子和正电子加速到超高能并使之碰撞时,可以观察到两类事件。在其中一类事件中末态的粒子是轻子和光子。对于这一类事件,末态通常仅是一个轻子和它的反轻子;不过在全部事件里,大约在1%的事件中也还有一个光子;大约在0.01%的事件中,也还有2个光子。这些事件的概率,以及以各种角度和不同能量射出的各式粒子都可以用QED加以计算,而且这一切都极为奏效。反过来,如果你不知道QED的话,只要通过研究这些事件,就能搞清楚QED相互作用的基本规律——即电子放射出一个光子。光与物质基本的相互作用就这样呈现在我们眼前。

在另一类事件中,你看到的却是颇为不同的另一些情况。此时射出来的粒子不只是2个或者最多是少量的粒子,而是许多个。它们是不同种的粒子。你在这第二类事件中看到的粒子有像 π 介子、K 介子、质子、中子,以及它们的反粒子等等——所有这些粒子不同于光子和轻子,因为它们参与强相互作用。这些粒子的角分布是非常有条理性的。它们不是不受约束地向各处混乱地发射。相反地,它们只出现在少数几个方向,形成狭窄的喷射,或称(它们通常被称为的)"喷注"。约 90% 的时间内,仅仅只有沿着相反方向的 2 个喷注;10% 左右的时间内,会有 3 个喷注;1% 为 4 个喷注——你可以猜测一下此种模式。

现在如果你稍微眯着眼看一下,不去分辨那些个别的粒子而只是跟踪能量和动量流,那么这两种事件——QED"粒子"事件和有强相互作用粒子的"喷注"事件——看上去就是一样的了!

因此(在这虚构的历史之中),这就难以抗拒下列诱惑了:把喷注处理成它们好似是由粒子构成的,而且直接按照那些对 QED 奏效的过程的类比,对于不同的辐射模式(喷注粒子的不同个数、角度以及能量)的可能性提出一些规则,而这一切非常切实可行,因为那些规则十分相似于 QED 中的规则,确实能描述我们所观察到的结果。当然,能起作用的那些规则正是 QCD 的规则,其中包括胶辐射胶的那些新过程。所有这些规则——整个理论的基元——本可以直接从数据推得。就喷注而言,"夸克"和"胶子"是有直接、精确的操作定义的一些词。正如我说过的那样,这是明摆在你眼前的——一旦你决定了你应看些什么!

仍会有两个概念上的大难题。实验为何显示出"夸克"和"胶子",而不只是夸克和胶子,也就是说在实验上为什么显示的是喷注而恰恰不是粒子? 而你又如何把能直接地、成功地描述高能事件的理论概念与强相互作用的所有其他现象联系起来? 被假定存在的基本理论与平常的观察之间的联系,至少可以说是不明显的。例如说,你会喜欢用出现在基本理论中的"夸克"和"胶子"来构造出质子。但是这样做看来是毫无希望的,因为"夸克"和"胶子"是根据喷注在操作上定义的,而喷注除了别的以外通常还包含质子。

这些问题有一个优美的解决方法。这就是QCD中的**渐近自由现象**。根据渐近自由理论,在能量和动量流中涉及大改变的发射事件是稀少的,而在能量和动量流中仅牵涉到小变化的发射事件则是很常见的。渐近自由并不是一个独立的假定,而是由QCD的结构得出的一个深奥的数学结果。

渐近自由清楚地解释了电子–正电子在高能湮没(属于包括强相互作用粒子的那类事件)时为何有喷注。在电子和正电子湮没后,夸克和反夸克立即就出现了。它们非常快地沿相反方向运动。它们很快发射出胶子,而胶子本身又会发射。一个复杂的级联形成了,有许多粒子参与。不过尽管有所有这一些复杂的变化,能量和动量流总体上并未受到重大的干扰。根据渐近自由,扰乱能量和动量流的发射是不多见的。因此,就有大量的粒子全都沿着同一方向(夸克或反夸克原来所标定的方向)在运动。一句话,我们产生了一个喷注。当出现了一个扰乱能量和动量流的稀有发射时,被发射的胶子启动了其本身的一个喷注。于是我们就有了一个三喷注事件。如此等等。

渐近自由也表明了我们实际上观察到的,作为单独稳定的,或准稳定的那些实体,如质子(以及其他强相互作用粒子),为何都是一些构造复杂的对象。因为这些粒子,根据定义或多或少都是夸克、反夸克和胶子的一些组态,它们都具有一个合情合理的稳定度。但是因为夸克、反夸克以及胶子都有非常大的发射的概率,所以简单的组态就不会具有这一性质。仅有的稳定可能性必须由动力学平衡来实现,在其中一部分体系的发射物,需要在另一处被吸收,以达到均衡。

事情实际是这样的:1973年,在很少依赖直接实验依据的基础上,渐近自由在理论上被[我和格罗斯(David Gross),还有波利策(David Politzer)各自独立地]发现,而QCD(由我和格罗斯)作为强相互作用的理论提出。在实验上观察到喷注以前,人们已预料到了它们存在,而且它们的性质也从理论上相当详细地**预言**了。根据这些以及许多其他的实验,如今人们已把QCD看成是强相互作用的基本理论,这与QED描述了电磁相互作用的情形相当。

应用QCD来描述质子、中子以及其他强相互作用粒子的性质,也取得了巨大的进展。这要用到最强的计算机进行要求极高的数值计算,不过所得到的结果说明这样做是值得的。其中最为精彩的特点之一是,我们可以从第一性原理出发计算,不需要任何重要的自由参量,即质子和中子的质量。我上面解释过,从基本观点来看,这些粒子是夸克、反夸克和胶子十分复杂的动力学平衡体。它们大部分的质量——因此也就是物质(这包括人的头脑和身体)质量的大部分——都是由夸克等纯能量根据 $m = E/c^2$ 产生的(夸克等基本上无质量,但在运动之中)。至少就这一层面而言,我们都是一些缥缈的生物。

狄拉克说过QED描述了“大部分的物理学,以及全部的化学”。事实上,QED是原子较外层结构(及诸如此类)的基本理论。在同样的意义上,QCD是原子核(及诸如此类)的基本理论。它们两者在一起组成了一个极为完整的、经得住考验的、富有成果的、简练的物质理论。

理由的丰富

我已经详细讨论过狄拉克是如何“耍弄方程”而使他发现了一个方程,其丰富多彩的成果是他始料未及的,而且他作了种种努力去抵制,但方程却表明是正确无误的且富有硕果。这样的事是如何发生的? 数学真有创造性么? 通过逻辑上的加工或计算,是否确实有可能达到本质上全新的洞见——使产出比投入更多?

现今,这个问题尤其适时,因为它是关于机器智能性质辩论的实质所在:机器智能是否可能发展成一类智能,它可与人类智能媲美,甚至最终更上一层楼?

乍看起来,反对的理由似乎是令人信服的。

来自内省的理由是最为有力的,至少在心理学上是这样。反思我们自己的思维过程,我们几乎不能回避一个不可动摇的直觉:它们并不全部地,或者说,甚至不是主要地由以规则为基础的符号操作所构成。这仅仅因为我们感觉到的并非如此。我们通常用图像和感情来思维,而不光是符号。而且我们的思维之流经常因为与外部世界相互影响,以及由于内心的欲望的驱使,而受到激励或更改,其方式似乎根本不像数学算法的展开。

另一个理由源自我们对现代数字计算机的感受。因为它们在某种意义上是理想的数学家。它们以大大超过人类所可能有的韧性、速度和不犯错误来遵循精确的规则(公理)。在许多专门(本质上是数学)任务中,诸如安排飞机航班或安排输油时间表来达到最大利润,它们远远超过人类的业绩。然而,根据一般的、合情合理的标准来看,即使最高性能的现代计算机仍是很脆弱的,是缺乏创见的,还恰恰是十分愚蠢的。一个无足轻重的程序错误,不多的几行病毒编码,或是一点存储缺陷都会使一台高性能计算机停止运算,或使它进入无节制的自我毁灭。人机沟通仅在一个刻板控制的格式下发生,而这种做法与自然语言的丰富多彩,绝对是背道而驰的。荒唐的输出会出现而且确实经常冒出来,对此我们难以压制也注意不到。

然而,更细致地探究一下,这些论点也有问题,而且使人心存疑惑。虽然来自加工处理人类思想的神经细胞所使用的电信号的模式,其映射的性质在许多方面仍是深藏着的奥秘,不过在相当程度上已经搞清楚了,尤其是关于感觉加工的那些早期阶段。至今尚未有发现表明,有任何比电与化学的信号更为异乎寻常的东西(它们遵循着确立得很完善的物理定律)会在此处涉及。绝大部分的科学家都以下述说法作为工作假设:从电信号的模式到思想的映射,必定存在而且确实存在。打在我们视网膜上的光子的模式被分解并被解析成基本单元,馈入一系列使人眼花缭乱的不同的通道,加工处理而且(不知怎地)重新组合起来以给出简单得容易使人上当的"世界的图景",组合起我们容易认为是不成问题的空间中的物体。实际情况是,对于我们所做的大部分,我们一点都不清楚我们自己是如何去完成的,甚至——也许尤其是——连我们最基本的智力上的功能也不清楚。试图去制造能识别出出现在图画中事物的机器或者制造出像一个学步小孩那样能走来走去并探索世界的那些机器的人们,会非常灰心沮丧——尽管他们本人能很容易地做这些事。他们不会教别人如何去做这些事件,因为他们自己也不懂。因此,就已知事物和就未知事物两者而言,内省对思维的深层结构都不是一个可靠的指导原则。

回到来自计算机的经验,任何负面的定论无疑是过早的,因为它们正在迅速演变之中。最近的一个基准是,"深蓝"*短短一局就战胜了伟大的国际象棋世界冠军卡斯帕罗夫(Gary Kasparov)。每一个有判断能力的人都不会否认:如果与卡斯帕罗夫对弈的是人,那么在这一级别上对弈一盘棋也会被评价为一项极有创造力的成就。但是,这种在一个有限范围内的成功,只能使下述问题变得更尖锐:是缺了什么,使我们不能把由纯粹计算产生的创造力推向一个更宽广的前沿?在思考这一巨大的问题时,我认为案例研究可能是极为重要的。

在现代物理中,而且也许在人类的整个智能发展的历史中,狄拉克方程的历史要比其他任何一段时期都能更好地阐明数学推理的深刻创造性的性质。事后看来,当时狄拉克尽力要去做的现在还是完全不可

---

* Deep Blue 是 IBM 高性能并行计算机(包含 32 个处理器)上的国际象棋对弈系统。参见《"深蓝"揭秘》,许峰雄著,黄军英等译,上海科技教育出版社,2005年。——译者

能的。我们在1928年所认识的量子力学的规则,是不能做到与狭义相对论相一致的。然而就是从这些不一致的假定,狄拉克得到了一个至今仍是物理学基石的方程。

因此,我们这里就有了一个独特的、意义深长的、证据充分的例子表明,以一个特别的方程作为其顶峰的、关于物理世界的数学推理,是如何导致了使其创造者本人都感到完全震惊的一些结果。他产出的比他投入的更多,这看上去好似违反了某种守恒定律。这种飞跃是怎样成为可能的?尤其是,为什么狄拉克能取得这一成就?当这个方程把狄拉克以及他的同时代人带入歧途时,是什么驱使他们坚持抱着它不放?[9]

从狄拉克本人的两次评论中,我们可以悟出一些道理来。在他的一篇很独特的简要文章"我的物理学生涯"之中,对他最初所受的工程师教育给予了高度的评价,其中有下列数句:"工程课程对我影响很大……我学会了,在对自然的描述中,我们必须宽容近似,而且就是带近似性的工作也可能是有趣的,有时会是优美的。"沿着这条思路,狄拉克(以及其他人)对他的方程的最早信念(这使得他能容忍其方程明显的瑕疵)的源泉,不过就是他能找到该方程与氢光谱的实验数据惊人符合的一些近似解。在他最早的一些论文中,他满足于提及(没有言明要去解决)下述困难:还有另一些解,它们在数学上明显是同样站得住脚的,但却没有任何合情合理的物理解释。

狄拉克沿着一条表面上看来可能完全不同的思路,经常称颂数学美(mathematical beauty)的启发性力量:"研究者,在他艰难地尝试着用数学形式把大自然的基本定律表达出来时,主要应为数学美而奋斗。"这是对狄拉克方程早期信念的另一个源泉。狄拉克方程曾经是(而且现在仍是)异常优美的。

遗憾的是,要确切地讲述数学美的本质是很困难的,而要给普通读者表达清楚,也几乎是不可能的。不过我们能与其他种类的优美性作一些类比。能使一段乐曲、一本小说或一出戏剧优美的一个特性是各个重要的、完善的主题之间张力的积聚,然后再以一种令人感到诧异和令人信服的方式把它化解。能使一幢建筑物或者一件雕塑优美的一个特性是其对称性——比例的均衡性,即带某种目的的复杂性。狄拉克方程在最高程度上兼具这两个特性。

我们回想起狄拉克当时研究的是如何把电子的量子力学和狭义相对论调和起来。看到简单性和相对性相矛盾的要求之间的张力是如何被协调起来的,而且发现本质上仅只有一种方法能达到这一点,这是很优美的。这是狄拉克方程数学美的一个方面。另一方面,它的对称性和均衡性几乎是感官性的。空间和时间、能量和动量完全平等地出现。方程组中的不同项必须按相对论的音乐编舞,而使各个0和各个1(以及各个i)的模式在你眼前起舞。

当物理学的需要导致数学美时——或者在难得而有魔力的时刻——当数学的要求导致物理真理时,这两条线索会聚到了一处。狄拉克寻找的是一个数学方程,它满足出自于物理动机的假设。为此他发现他需要一个有四个分量的方程组。这是意想不到的。两个分量是很受欢迎的,因为它们清楚地表示了一般电子自旋的两个可能方向。但是另两个额外的分量最初并没有能令人信服的物理解释。事实上,它损害了方程所假定的意义。然而,狄拉克方程已经开始呈现出它自己的生命力,超越了使其创生的那些概念,我们已经看到,不久以后,这两个分量就被确认为预示了具有自旋的正电子。

有了这一会聚,我认为,我们已达到了在得出狄拉克方程时,狄拉克所用的方法的核心部分,这同样也是麦克斯韦在推导出麦克斯韦方程组时,以及爱因斯坦既在求得狭义相对论又在给出广义相对论时所使用的方法。这些方法是按**实验逻辑**(experimental logic)行进的。这一概念仅在表面上是一个逆喻。在实验逻辑之中，人们用方程来表述假设，再来试验这些方程。也即人们从优美和一致性的观点来改进这些方程，然后再去核实"改进后的"方程是否能阐明大自然的某种特征。数学家认可所谓的"反证法"：为了证明A，你假定与A相反的情况，再证明此时得出矛盾即可。实验逻辑则是"用成果来说明正当性"：要表明A是正确的，假定如此，然后再证明这会导致丰硕的结果。与常规的演绎逻辑相比较，实验逻辑信守耶稣会的信条："请求宽恕比要求允许更为神圣。"事实上，我们已经看到，实验逻辑并不把不一致性视为一种不可补救的大灾难。如果一条研究路线能获得某种成功而且硕果累累，就不应该因为它的不一致或近似性质而抛弃它。相反，我们应该去找寻一条使它正确的出路。

考虑到这一切，让我们再回到数学推理的创造性这一问题上来。我在前面说过，现代数字计算机，在某种意义上，是理想的数学家。在数学的任何合理的、精确公理化的领域之中，我们知道，如何去为一部计算机编程，使它能系统地证明出所有有效的定理。[10]这一类的现代机器可以通过其程序苦思冥想，输出有效的定理。这要比任何人类数学家快得多而且可靠得多。不过运行这样的一种程序来搞高深数学简直就犹如让谚语中的那群猴子打字，希望它们能复制莎士比亚一般。你也许会得到许多正确的定理，不过就本质而言，所有这些定理都是平凡的，而其中的精品无望地掩藏在糟粕之中。事实上，如果你细看数学或数理物理学的期刊，更不待说文学杂志，你不会找到许多由计算机提交的文章。尝试着去教计算机做"真正的"创造性数学，就像尝试着去教它们去识别实际的物体或在真实的世界中畅游一样，至今几乎还没有什么大的进展。现在我们开始意识到这些问题是密切相关的。创造性数学和物理学并不依赖于完美的逻辑，而是依赖于一种实验逻辑。实验逻辑包括识别模式、耍弄它们、提出假设去解释它们，以及——尤其是——辨认出优美性。而创造性物理学则要求更甚:有能力去感悟和珍藏世界中的各种模式,不仅要有能力去珍视逻辑上的连贯性,而且还要有能力去重视(近似地!)对我们观察到的世界的信守。

好了,让我们回到我们的中心问题上来吧:纯数学推理是否会有创造力? 毫无疑问,如果按狄拉克的方式使用纯数学推理的话,而且有能力去容忍近似,去辨别优美,通过与现实世界的互动去学习,那么这一点是能做到的。在物理学所有飞跃向前的那些伟大时期,上述各因素都在起着作用。这一问题作为一种挑战重又提出来了:如何把这些能力牢固地建立在确切的机制之上。

致　谢

这项工作部分由美国能源部(DOE)提供资助,其合作研究协议为#DF-FC02-94ER40818。斯托克(Mary Stock)用文字编辑系统L^ATEX 帮我打印稿件。在此一并感谢。

注释:

1. 也就是说,为了预言一个粒子的运动,你需要知道它的电荷和质量:不要多也不能少。电荷值可以为零;于是此时粒子将只受引力相互作用。

2. 在量子力学中,自旋仅只允许取某些离散的值。这与对允许的玻尔轨道的限制是密切相关的。

3. 光子是一个有趣的情况:光子的反粒子就是其自身。这种情况对带电粒子是不可能的。不过,光子是电中性的。

4. 事实上,这些粒子所满足的波动方程没有负能解。

5. 还有一个与之密切相关的对象,这就是所谓的厄米共轭(Hermitean conjugate)。它生成电子且湮灭正电子。

6. 较老的理论家克拉默斯(Kramers)和贝特,以及由理论家转为实验家的兰姆,也作出了重要的贡献。

7. "轻子"只是一类粒子的总称,其中包括电子,μ子,所谓的 τ 粒子及其反粒子。这些粒子都有非常相似的性质,包括有相同的自旋和电荷。它们有不同的质量。

8. 这取决于一些深邃的、却提得很好的、可以解决的问题,这些我在下面马上会说到。

9. 很久以后,在20世纪60年代,海森伯回忆起当时的情况:"直至那时[1928年],我一直有着这样的印象:在量子理论中,我们已经进入了海湾,到达了港口。而狄拉克的论文却又把我们拖入了大海。"

10. 这是哥德尔(Gödel)一阶谓词逻辑中哥德尔完全性定理的一个结果。知识丰富的读者可能会感到疑虑:这一结果,即所有正确的定理都是可以用机械的方式加以证明的,能与有名的哥德尔不完全性定理相符合。(这里没有印刷错误:哥德尔既证明了完全性定理又证明了不完全性定理。聪明的家伙!)我们长话短说,哥德尔不完全性定理证明了:在任何丰富的数学体系中,你总能表述出一些有意义的说法,使得这些说法不是定理,或者它们的否定不是定理。这种"不完全性"与系统地列举所有定理的可能性并不矛盾。

延伸阅读:

关于原子物理和量子理论的资料背景(包括重要原始资料的摘录),我强烈推荐 H. Boorse and L. Motz, *The World of the Atom* (Basic Books, 1966)。当然,书中提到的一些"及时"的东西今天看来是有些陈旧了。

狄拉克的名著是 *The Principles of Quantum Mechanics*, 4th edn (Cambridge University Press, 1958)。

对于量子电动力学原理的一个要求苛刻但又客观优美的处理,即无数学这一先决条件,是 R. P. Feynman, *QED: The Strange Theory of Light and Matter* (Princeton University Press, 1985)。

在费恩曼的著作后,以无数学为先决条件,关于QCD的一个很容易理解的简洁的说明,参阅 F. Wilczek, "QCD made simple", *Physics Today*, vol. 53 N8(2000), pp. 22—28。

我正在着手一部完整的说明性作品,就叫 *QCD* (Princeton)。

对于量子场论的回顾,参阅我的文章"量子场论",载于我在美国物理学会百年特辑 *Review of Modern Physics*, vol. 71,(1999), pp. S85—S95。这部特辑还被出版为 *More Things in Heaven and Earth—A Celebration of Physics at the Millennium*, B. Bederson, ed.(New York: Springer-Verlag, 1999)。它包括了其他一些有思考性的文章,这些文章涉及许多我们的主题。

附录:

我已把狄拉克方程写作

$$\left[\gamma^{\mu}\left(i\frac{\partial}{\partial x^{\mu}}-eA_{\mu}(x)\right)+m\right]\Psi(x)=0。$$

现在让我们来把其中的各个符号说明一下。$\Psi(x)$是波函数,它是其行为正被描述的对象。它有4个分量:$\Psi_{e\uparrow}(x)$、$\Psi_{e\downarrow}(x)$、$\Psi_{p\uparrow}(x)$、$\Psi_{p\downarrow}(x)$。其中每一个都是依赖于时空[用变量(x)表示]的函数。对于狄拉克来说,这些函数值都是复数,而它们大小的平方(非常粗略地说)给出了在给定的时空点处找到相应粒子类的概率:自旋向上的电子;自旋向下的电子;自旋向上的正电子;或者是自旋向下的正电子。在现代诠释中,这些值是产生电子和湮没正电子的算符。

正如在相对性理论中惯用的那样,这里也使用了爱因斯坦求和约定:假定上标和下标 μ 取表示时间和3个空间方向的数值 $0, 1, 2, 3$,并且对来自所有这4个值的贡献求和。导数算子 $\frac{\partial}{\partial x^0}$ 衡量波函数按时间变化得多快;另外3个导数算子则表示波函数按3个不同的空间方向变化得多快。以不同下标标出的场 $A(x)$ 是指电磁势。它们标定了电子所感受的电磁场。$-e$ 是电子的电荷,它标定了电子对电磁场反应的强度。m 是电子的质量。

狄拉克最有特色的技术上的创新是引入了下列 γ 矩阵:

$$\gamma^0 = \begin{pmatrix} 1 & 0 & 0 & 0 \\ 0 & 1 & 0 & 0 \\ 0 & 0 & -1 & 0 \\ 0 & 0 & 0 & -1 \end{pmatrix} \qquad \gamma^1 = \begin{pmatrix} 0 & 0 & 0 & -1 \\ 0 & 0 & -1 & 0 \\ 0 & 1 & 0 & 0 \\ 1 & 0 & 0 & 0 \end{pmatrix}$$

$$\gamma^2 = \begin{pmatrix} 0 & 0 & 0 & i \\ 0 & 0 & -i & 0 \\ 0 & -i & 0 & 0 \\ i & 0 & 0 & 0 \end{pmatrix} \qquad \gamma^3 = \begin{pmatrix} 0 & 0 & -1 & 0 \\ 0 & 0 & 0 & 1 \\ 1 & 0 & 0 & 0 \\ 0 & -1 & 0 & 0 \end{pmatrix}。$$

他方程中的所有其他要素——波函数、导数、电磁势、电荷和质量——在薛定谔方程中都已出现过了,而 γ 矩阵则完全是新的。γ 矩阵使狄拉克能在时空具有同样地位的基础上把方程表述出来,这也就迫使他引入了一个具有4个分量的波函数。

于是把狄拉克方程更完整地写出来,就是这样的:

$$\begin{pmatrix} i\partial_0 - eA_0 + m & 0 \\ 0 & i\partial_0 - eA_0 + m \\ i(\partial_1 - \partial_3) - e(A_1 - A_3) & -\partial_2 - ieA_2 \\ \partial_2 + ieA_2 & i(\partial_1 - \partial_3) - e(A_1 - A_3) \end{pmatrix}$$

$$\begin{pmatrix} -i(\partial_1 + \partial_3) + eA(_1 + A_3) & \partial_2 + ieA_2 \\ -\partial_2 - ieA_2 & -i(\partial_1 - \partial_3) + e(A_1 - A_3) \\ i\partial_0 - eA_0 + m & 0 \\ 0 & -i\partial_0 + eA_0 + m \end{pmatrix} \begin{pmatrix} \Psi_{e\uparrow}(x) \\ \Psi_{e\downarrow}(x) \\ \Psi_{p\uparrow}(x) \\ \Psi_{p\downarrow}(x) \end{pmatrix} = 0。$$

第6章

一点一点地*理解信息：
香农方程

伊戈尔·亚历山大(Igor Aleksander)

伦敦帝国学院神经系统工程学教授,人工智能及神经网络领域的权威专家。于20世纪80年代设计了世界首个神经模式识别系统,并有《不可能的大脑——我的神经,我的意识》(*Impossible Minds: My Neurons, My Consciousness*)等多部著作。

● ● ◆ ● ●

"理想的柏拉图式的和亚里士多德式的才智(intellect),包括实践上的灵巧和数学上的抽象能力。香农是一位两者兼备的大师,他改变了这个世界。"

---

* 原文为"bit by bit",直译为"一比特一比特地"。——译者

如今,信息同金属或油一样是一种商品,同水或电一样是一种公用事业。我们的政治家、股票交易评论家、前景观察家以及其他各色人等,都挥舞着手臂,说某某事是"我们生活在信息时代"的一个标志。尽管并不是每个人都知道信息时代究竟是什么,但是处处都有它的标志:废物堆里的传真件、从各种航空器中传来的电子邮件,甚至出现在裸泳海滩上的移动电话。

我们是否都还有很多话要对彼此说,这一点还是有疑问的,因此并不是实际的信息才是这个信息时代的焦点。相反,这个革新时代的特点是,我们具有令人惊异的机会,几乎可以从任何地方彼此或者与计算机相联系。50年以前,我们只有电话或无线电。现在,有了全球联网的计算机(因特网)、数字式移动电话和纤维光缆。甚至日常娱乐产品也变得完全无可辨认了。每分钟78转的黑色聚乙烯唱片变成了数字影碟,勃朗尼箱式照相机*变成了为照相机店的货架增光的数字型号。

这些都表明,夯实了信息传播基础的技术已有了巨大发展。但是信息是什么? 又是什么约束了信息的传播? 这些发展为什么要求巨大的产业投资? 为什么"数字"这个词(它的意思是用像数字这样的分离符号来表现)在这些技术的名称中出现得如此频繁?

对这种技术如何运作,我并不打算详加描述。相反,我的目标是要重新发现这个信息时代的一位英雄,没有这个人的犀利洞察力,这种技术中的任一部分都不可能得以施展。香农(Claude Shannon)既是一位数学家,也是一位工程师,他把这两门学科用一种方法结合在一起,而这种方法永远改变了这个世界。

香农的名字与通信理论基础的两大方程联系在一起。它们具有一个有些令人生畏的符号:

---

* 美国柯达公司生产的一种廉价照相机。——译者

$$I = -p\log_2 p$$

及

$$C = W\log_2(I + S/N)。$$

其中第一个方程告诉我们,在任何讯息中的信息量可以用一个标记为I的量来度量,这里的度量单位是"比特"。虽然比特和"数字"这个词经常出现在与此有关的叙述之中,但是这两个方程却是连续的、非数字的,这意味着这种理论对最近的数字线路适用,对古老的电话线路也同样适用。第一个方程说明的是,信息的量I取决于这条讯息所持有的**意外**的量。这是因为表达意外的数学方法是把它作为一个概率p;一个事件越不可能发生,它就越令人意外,也就传达了越多的信息。这里的$\log_2$从何而来,我们将在稍后看到。只要说明以下这一点就足够了,那就是如果没有这个方程,这个世界将没有一个主要的度量单位,而这是一种与加仑、升、瓦或英里同样重要的度量。

香农第二个方程,是对诸如一条电话线或是一根电视天线的电缆这样一些传输媒介的一个"质量"指示器。它告诉我们,通过电线或其他的媒介可以传输的信息量C(单位是比特每秒)取决于两个主要的因素:W,带宽(或者说可以通过的频率范围);S/N,信噪比。我们对此是有所体验的:在参加一个喧闹的鸡尾酒会时,我们就需要大声叫喊(或者说提高信号S,来压倒噪声N)。如果是与一个半聋的人(某个W被限定的人)谈话,我们甚至需要更大声地喊话。因此,用英里和加仑来作类比,以比特每秒为单位的C是一个质量因素,这就正如"英里每加仑"是机动车辆的一个质量因素一样。这些定律非常普遍:它们适用于任何东西,从传输转变成电量的声音信号的简单电话线路,到最新的、视觉图像由一串串数字转变而来的数字高清晰度电视。

香农的思想和工作超越了这些方程本身:它们仅仅是一些符号,提取了对信息的利用和性质非凡洞察力的精髓而已。

香农的默默无闻正是他成功的证明。即使是那些最老练的因特网狂热爱好者,也只是坐在那里,打开机器,期待着文本和图片出现在他的个人电脑屏幕上。我们来假设他的朋友吉尔(Jill)允诺要发给他一张她的脸部的最新数字相片。她在她的电脑上点击这张图片,把它"粘贴"到一封电子邮件传送信息中,然后点击"发送"键。但是这两台电脑怎样才能联系上呢? 是通过一根电话线吗? 如果真是这样,我们的接收者杰克(Jack)将不得不等待30分钟以上,才能看到吉尔的脸出现在他的屏幕上。我知道,因特网上的迟滞有时会令人感到漫长得可怕。但是多亏香农的发现,这才使这种传输即使在最糟的情况下也只需要大约一分半钟。事实上,在知道了一些关于电话线路的知识后,我能够预料出上述30分钟,是因为香农教会我们**怎样**去估算这幅图片和这条电缆,从而能估计出这件工作能做得多好。在因特网中,我们注入了大量基于这种估算的设计成果,所以我们能够互相发送我们的情侣和孩子们的照片。

因特网是遍布全世界的数亿台计算机之间相互联络的一个系统。它将信息喷涌到我们的计算机中,这与一个水龙头注满我们的浴缸很相像。正如我们要给浴室购买1/2英寸*或3/4英寸管道那样,我们也要为计算机与因特网购买适当的连接。受香农启发的计算告诉我们,仅仅电话线是不适合的,因为它们的容量不足以处理像一张照片那种对象所包含的大量信息。我们先把"比特"是什么这个问题放到以后再讲,信息容量的度量单位是比特每秒:这个值越高,我的计算机填满信息的速度就越快。比如说,吉尔的照片包含2千万这样的比特,而一根电话线具有一个10 000比特每秒的容量。[1]

20 000 000/10 000秒 = 2000秒 = 33.3分钟。

---

* 1英寸约为2.5厘米。——译者

然而将我们的家庭个人电脑连接到因特网的,却只有电话线。想象有这样一个世界,在那里我们不能度量我们所消耗掉的水的加仑数,也不能度量当地供电部门供应的电的度数。没有香农的工作,这个信息世界会是一个没有"比特"的世界。香农给了我们信息的度量标准,但是他也建立了信息理论的整个学科,任何一个设计通信网络的人都必须知道这种理论。

香农1916年生于密歇根州的盖洛德,他的父亲是一位商人,母亲是一位教师。他很快显示出了对数学和工程学的颖悟,并且与那个时代的许多年轻人一样,喜欢拆装修理收音机,这是当时最热门的技术。他甚至靠修理收音机,在当地的百货公司挣钱。

16岁时,他进入了密歇根大学,学习数学与工程学。4年以后,他成了坎布里奇市麻省理工学院(MIT)的一名研究助手。在那里,他师从魅力超群的布什(Vannevar Bush)研究早期计算机项目,布什后来成了罗斯福总统的科学顾问,并且——在一些人眼中——他是因特网的一位创建者*。

当香农在第二次世界大战前夕到达麻省理工学院时,计算机几乎还尚未发明。"计算机"这个词很少被用到。当时所用的计算机器大半是一些使用齿轮、弹簧之类零件的机械装置。一些实验室正着眼于电子的或机械电子混合的计算机器。有极少数的人,他们有信心重新表述巴比奇(Charles Babbage)的梦想,而布什是其中之一。这个在100年前阐明的梦想是,机械装置能够接替人们去做一些重复计算的苦差事。这样的想法在当时被一些人认为是一场怪诞的白日梦。然而,布什以及后来的冯·诺伊曼(John von Neumann,现代的计算机设计形式的

---

　　* 参见《无尽的前沿——布什传》,G. 帕斯卡尔·扎卡里著,周惠民等译,上海科技教育出版社,1999年。——译者

鼻祖，并且根据爱因斯坦的说法，他是曾经为普林斯顿增光的最敏捷的头脑之一）都是受到美国政府部门高度重视的战略家。因此他们能够使政府充分认识机械化计算的重要性，从而开启对计算机设计的早期支持。如果没有布什和冯·诺伊曼，电子计算机几乎不会像今天那么先进。

一个具有讽刺意味的对比是，当英国的计算机先驱、英国剑桥大学的威尔克斯（Maurice Wilkes）在20世纪40年代末努力获得资金来建造一架计算机器时，他收到了当时名为"工业和科学研究部"的机构的一个含糊的答复。官僚主义者们实际上是建议，如果威尔克斯和他的同僚们打算坐下来，有几部机械计算器，那么他们就能够解决世界上所有的计算问题，这就没有必要去建造花哨的计算机器了。

因此香农很幸运地得到了一个有影响力的先知的教诲，这个要素在他肩负起雄心勃勃的工程挑战时，对他的无所畏惧无疑起了一份作用。但是和今天一样，当时的麻省理工学院哪怕是对那些获得助学金来支付学杂费的人来说，也是一个昂贵的地方。布什发明了一个称为"微分分析器"（简称DA）的计算器械。这个机器把数字储存在旋转的、装有齿轮的圆柱上，有一点像老式汽车上的机械式英里数指示器。为了帮助年轻的香农积攒几个美元，布什给了他研究DA的兼职工作，香农兴致勃勃地接受下来。DA是实验者的梦想。它是由旋转的圆柱体、齿轮和电控开关组成的一架巨大集合体。它的主要功能是用来求解数学方程。把各部件相互组装，配置成适合解方程的设备。答案最终由在类似英里数指示器的一个装置上读数显示。仅仅为了计算一个问题，可能需要几天来搭建这架机器。然后又不得不将它拆除和重建，以求解下一个问题。因此香农成为世界上的第一批编程者，即搭建DA来满足科学家的各种需要。

这些是年轻的香农的成长时期。他开始明白了理解信息中的两种主要关系的必要性：第一，DA的计算中产生了信息的**量**；第二，输出指示器只能以**一个有限的速度**接受计算出的信息。信息的量和传输的速度是他的两个著名方程的两个主题，它们将成为香农未来的信息理论的栋梁。

影响香农的另一个主要因素是他对电气开关以及复杂的电路系统的强烈爱好，这些系统仅用不多的几个开关就能够设计出来（试想象一下在一间房间的两边都能开亮一盏灯的那种方法）。他已经研究过逻辑学的一些定律，这些定律是由一个世纪以前在爱尔兰南部科克市女王学院的英国先驱者布尔（George Boole）提出来的。布尔把它们称为"思维的定律"。例如，假设你说："阿尔文（Alvin）和鲍勃（Bob）不都在聚会上"，这就相当于说："要么阿尔文不在聚会上，要么鲍勃不在聚会上。"布尔提出了一套记号（现称为布尔代数），于是上面的说法用这种记号就可以写成一条永远正确的法则——

$$非（A 与 B）=（非 A）或（非 B），$$

其中A和B是或真或假的陈述。在布尔代数中有许多这样的规则。

提及以上所有这些的原因是，开关构成了按特定路线传输信息和储存信息的基础，而香农作出了下面这个大胆的智力上的飞跃。一个闭合的开关就好像是逻辑学中一个"真"的陈述，而一个断开的开关就好像是一个"假"的陈述。因此如果A和B是开关而不是陈述，那么布尔代数就能以下列方式应用：可以用转换器来转接通信网络，以便把交流者和组织起来以储存信息的一些开关连接起来。事实上，在一台计算机内部需要构造的大宗开关电路，现在就是用布尔代数进行常规的设计或分析的。因此，香农在麻省理工学院的第一年结束前，就已经写出了他关于将布尔代数应用于开关电路的硕士论文，并且在1938年发表了一篇名为《继电器和开关电路的符号分析》的论文。这已成为计算机文献中的经典论文之一，而布尔代数作为计算机和长途通信系统中设计开关电路的标准方法,现在已是对一年级的工程学学生讲授的一门常设课程。对一个20岁的人来说,这是个相当不错的发现! 事实上,在这一青青岁月中,香农的思维一定是被一种热切的期望所驱使——要将开关的性质同信息的性质结合起来,要理解信息从一个地理点到另一个点能传输得多快的限度。

1940年,香农离开了麻省理工学院,此时他已获得数学硕士和博士的学位。麻省理工学院以此为荣,现今还设立了一个定期的香农日。人们在这一天讨论的是长途通信的最新进展。香农在大名鼎鼎的普林斯顿高等研究院度过一年后,加入了美国最重要的工业研究组织:位于新泽西州默里山的贝尔电话实验室。在这里,在同事们的迫切要求下,他于1948年发表了他论述通信统计理论的一些内部报告。这就是著名的《通信的数学理论》。作为引导香农去量化通信的逻辑学的一个例子,他于1950年写出了第一个下国际象棋的程序,这个程序结合了一种聪明的方法,来减少机器在寻找一步有利的移子时所必须搜索的棋盘位置数。这条"算法"被用于为IBM(美国国际商用机器公司)的机器"深蓝"编程,"深蓝"在1997年击败了国际象棋大师卡斯帕罗夫——在位的国际象棋冠军第一次被一台机器击败了。

到1957年,香农在美国已被公认为顶尖科学家之一。《时代》杂志在一篇特别报道中将他评定为美国科学界的9位主要杰出人物之一。这篇专题报道是在苏联成功地发射了第一颗人造地球卫星"斯普特尼克号"以后6个星期发表的,而这件事在美国引起了一阵恐慌,因为他们似乎落后于他们的冷战对手了。在他的生平简介中,我们了解到他嗜好爵士乐、喜爱科幻小说及其工作习惯:"像许多科学家一样,[他]在夜晚工作最佳,大量抽烟,嗜饮咖啡。"

在反映第二次世界大战的电影,诸如《沧海无情》中,莫尔斯电报发报员把SOS敲击成嘀—嘀—嘀、嗒—嗒—嗒、嘀—嘀—嘀,通过他的无线电发报机告诉世界,船只遇难了,也许只能在水面上漂浮最后几分钟。但是为什么这位发报员不是简单地拿起一个扩音器,用他的声音,通过他的无线电送话器确切告诉这个世界当时发生的事呢? 这个问题的回答是,"嘀"和"嗒"这两个简单的音调组成的模式,比口头的语言更有可能克服无线电发报机的噼啪声和嘶嘶声,而口头语言各种各样的、难以捉摸的音调可能会在工程师们所谓的电子噪声中丧失。从很远处看到一盏昏暗的灯,比弄清位于相同距离处的一幅照片的细节要容易一些。一盏具有特定代码的闪烁的灯能讲述一个故事,而一幅看不清楚的照片却不能。但是这种含糊的表述需要一个理论,而这就是香农早年在贝尔实验室研究得出的理论。

所有的通信系统都要遭受噪声之害:它听起来像是电话中的噼啪声,它看起来像是电视屏幕上的雪花点。噪声不可预知地扭曲着发送者努力要转送给接收者的信息。这可能会使接收到的信息变得很难听懂,因而全无用处。还存在着另外一个限制,即专家们称为带宽的东西。大多数购买高保真音响的人都知道这一点。他们首先会问"低音"的频率响应怎样——也就是说,在这部音响上能够听到的最低频率(隆隆的低音号声)是多少? ——然后会问这部音响能放大的"高音"或高频响应(小提琴拉出的最高音调)是多少? 用高频阈限(比如说5000次振动每秒,称为5000赫兹)减去低频阈限(比如说25赫兹),就得到了这部音响设备的**带宽**。换言之,只有低带宽的较差设备不能使听者在一个管弦乐队的整个壮丽的音域中得到愉悦。用专门术语来说,和噪声一样,带宽使得接收到的信息比输送出来的多少要少一些。在传输者和接收者之间的每一个通信连接都由它的某种带宽值所表征,香农想要确切地预言如何才能把信息中的这些损失计算出来。

香农概括了这种情况,而他所采用的方法已成为信息理论本身的基础。为了把事情梳理清楚,他设想信息的来源和信息的目的地之间的每一个连接都具有5个主要的组成部分。第一,信息源。当某人想要通过因特网传输一张数码照片时,信息源就是一台计算机,照片在其中以存储器中由0或1构成的2000万个状态(或者叫比特)储存起来。

第二个要素是一个编码器。这是在一个合理的时间里要对传输的这张照片(比如说通过低带宽的电话线)进行准备的所有设备。作为编码的第一步,现代的计算机具有"压缩"这张照片的程序。这张照片成为一连串的数字置于机器的存储器中,其中每一个数都表示了照片上一个点的色彩和亮度。压缩过程去除了这一连串数字中的冗余部分。[2]编码的下一个部分是,把这些代表这幅照片的数字转变成可以沿电话线传输的"音调"。这个过程被称为"调制",它是必需的,因为电话线路是设计用来运载可听信号的,也就是人的声音。现在的大多数电话都用与所拨的号码相配的音调。这就是调制的一个例子。

通信系统的第三个要素是电话线本身,它具有其固有的噪声和限定的带宽。第四个部分是一个解码器,以尽可能接近被传输信息的形式储存所接收到的东西。在一幅照片情形中,解码器必须首先接收这些音调,并把它们重新转变回成数字,然后它必须"翻译"出这些数字,使得这些数字能在系统的第五部分中重建这幅照片。这第五部分就是接收器:在这个例子中是电脑屏幕。任何人如果为他们的电脑买了一个调制解调器,实际上就是买了一个同时包含了编码器(**调制器**)和解码器(**解调器**)的盒子。

如果以上是对通信系统的一个粗略描述,那么对于解释这个系统的理论,以一种夸张的手法来戏说一下也是很值得的。然后再来看看这些方程对于我们现在所知的通信系统的作用。

首先,我们对信息需要一种度量方法。[3]我们已经知道,它是用比特来度量的,每一个比特都有两个值,即0和1。比特,或者也叫"信息的二进制单位"*,是香农的主要提议之一。让我们倒回去,看看为什么它有如此大的意义。

假设有一位姑娘想要传输她自己、她父亲、母亲、两个兄弟、家里的狗、猫和房子总共8张照片。一经在电脑上储存,他男朋友就得到了这些信息。如果她希望他看到这些照片中的任何一张,她需要做的只是把它们从1到8编号,并且传输相应的数字。电脑仅仅是把相应的照片放在屏幕上,而不需要进行传输。现在,一个比特可以指明两个数字,0和1。两个比特可以指明4个数字(00,01,10,11)。三个比特可以指明8个(000,001,010,011,100,101,110,111)。因此这里就例证了香农的主要洞见之一:信息和你所不知道的东西的多少成正比。当在姑娘生活中出现的那个男子对于所有这些照片根本就没有任何信息的情况下,他就需要2000万比特来描述其中的每一张。一旦他储存了它们,他就只需要三个比特来指明其中的一张。这就是概率如何悄悄进入香农的第一个方程的:首先,假如他以前从未见过他的女友,那就意味着要猜出她长得怎样,其概率是非常低的。一个事件越是不可能发生,它的发生就传达了越多的信息。香农第一方程把信息与概率的所谓"以2为底的对数"(写作$\log_2$)联系了起来。不过,这个多少有些令人困惑的行话并不难理解。来举几个简单的例子,以2为底,2×2×2(即2^3)的对数是3;2×2×2×2(即2^4)的对数是4;2×2×2×2×2(即2^5)的对数是5。因此很简单,一个数的以2为底的对数就是一个幂指数,使之在自乘这一数所表明的次数后必须与原数相等。现在就有可能回到完整的方程上去了:

$$I = -p\log_2 p\text{(由于我们将要看到的原因,它是用比特来度量的)}。$$

* 比特(bit)是信息的"二进制单位"的英语表述binary unit中第一个词的前两个字母和第二个词中的最后一个字母所组成的缩写。——译者

这个方程读作:"与获得一个事件的知识有关的信息量取决于这个事件发生的概率p。"这也巧妙地引导我们得到了比特的定义。抛掷一枚硬币。这可能导致下列两个事件之一:正面或反面。每个事件都有它自己的发生概率,并且如果这个硬币没有偏差,这两个事件中的每一个都有1/2的概率。要得到关于抛掷硬币这个事件的所有信息,我们把与这两个可能性有关的信息内容加起来:

$$I = [-(1/2)\log_2(1/2)] + [-(1/2)\log_2(1/2)]。$$

其结果正好是1。这并不是巧合,对于数学家来说,这揭示了香农为何在他的方程中采用了$\log_2$。也就是说,信息的单位(比特)和一个闭合或断开的开关联系在一起,和一个0或1的数字联系在一起,和一个正面或反面向上的硬币联系在一起,并且(正如我们将看到的)这一单位保证了**任何**其他的信息量都可以用比特来度量。这个公式也包括了确定性的情况。如果一个事件的发生或者它的不发生都是确定的,那么这个方程就告诉我们,这个事件产生0比特信息。两个比特就像是两个硬币,可能导致4种讯息,因此4种相同概率的讯息的信息内容是两个比特。这意味着这个等式可以适用于任何数量的讯息。例如,如果字母表中的大写体字母要从一个文字处理器中传输出来,这就包含了26条讯息,因而需要5个比特(由于2^5能给我们提供了32条讯息,也就是说,比26稍多一些)。因此第一个短小方程就具有使得我们能够毫不含糊地度量出我们努力要传达给其他某个人的音讯中包含了多少信息的能力。

"噼啪声和嘶嘶声"这些词早已悄悄进入本文之中了。只要电或无线媒介被用于传输信息,这种"噪声"就不可避免,这是自然界的规律之一。假如我把两台电脑用电话线连接起来,那么将会有一定量的、不是由传输者传输的电能到达接收者处。我们想要的信息是沿电线传送的。信息编码成一连串的电压值,其中每一个值都表示(比如说)吉尔的照片中的一个像点。[4]但是电缆中的电子具有四处跳跃的习惯。这种随机行为改变了被传输的电压,所以接收者也许会得到随意改变过的数字。这样的随机行为不仅存在于沿着电缆的传输过程之中;用于无线电传输的自由空间中也存在着足够多的、随机运动的带电粒子,它们会对被传输的信号产生显著的变异。这些变异在接收到的照片中将表现为网点或"雪花点",或者是海面上遭受厄运的轮船上的莫尔斯电报发报员发出的信息中会出现的嘶嘶声。

就在这一节骨眼,香农的另一个方程登场了。一条线路在频率限制(带宽W)和噪声(N)方面的不理想,也许都会并入一条用信号强度S作出的关于通信媒介容量C的陈述之中:

$$C = W\log_2(1 + S/N)\ \text{比特每秒}。$$

我们需要再一次利用在因特网上传输的一张照片的例子来对此稍作解释。首先,我们假设带宽的下限是零,由此粗略地假定带宽W就是传输的"最高"频率。我们甚至更加粗略地将它解释为"在任意一秒内我们可以传输的比特的最大包数"。比特的一个信息包表示数字的一个范围(3比特给出8个数字,4比特给出16个数字,等等)。现在,这个数字的范围取决于系统中存在着多少噪声。$(1 + S/N)$这一项告诉我们,噪声有多少可能性会改变信息包中的数字。因此,如果不存在噪声,N就是0,而$(1 + S/N)$的结果将是无穷大(加上1),这告诉我们,此时每个信息包都可以大到我们想要的程度。因此我们的整张照片可以仅仅包裹在一个信息包中,而这个信息包可以在一秒钟内被传送W次!就算对于W值为10 000左右的非常差的线路来说,在一根无噪声线路中的通信速度也会快得惊人。遗憾的是,噪声总是存在的,而且假如说噪声是信号强度的1/7,此时$(1 + 7)$告诉我们,任何超过8个数字的音讯都意味着被传输的数字将被噪声改变。因此在这种情况下$\log_2 8 = 3$,这意味着现在每个信息包只有3比特可以每秒钟传送W次。所以在W为10 000的情况之下，哪怕是传送这帧照片的压缩形式（比如说100万比特）也将需要：

$$1\ 000\ 000/(3 \times 10\ 000)秒 = 33.3秒$$

（未经压缩的照片大约要花上10分钟。）

假如噪声等于信号的强度，那么$(1 + S/N)$就变成了2，每个信息包中只有一个比特能够被发送，使得压缩后的传输时间大约是1分40秒。当噪声变得更加强烈时，$(1 + S/N)$趋向于1，所以$\log_2 1$给出0的结果，这意味着每个信息包中没有比特能够被传输。

对于那位正在下沉的轮船上的莫尔斯码发报员来说，正是高水平的噪声，使得他不可能传送口信（这需要大约8000比特每秒）。然而，却还允许传送出3或4比特每秒的嘀嗒声。由于莫尔斯聪明的编码方式，这种嘀嗒声也就能使要想传送的基本内容变得清楚了。

每秒传送10 000比特信息的简单电话线，并不是传送信息的唯一媒介。还有各种各样带宽大得多的电缆和其他传输媒介。"同轴电缆"中心有一根实心线，包围着一层塑胶绝缘体，最外层护套是柔韧的金属套。这种电缆的带宽可达2亿赫兹（换言之，即200兆赫——这就相当于4亿比特每秒）。显然，这就允许了计算机之间进行快得多的通信，但是它也稍微贵一点。更大的带宽可以用光纤电缆获得，这种电缆不是传输电脉冲，而是传输光脉冲（实际上是激光器产生的光）。FM（调频）收音机拣出100兆赫左右的电台。这意味着自由空间具有巨大的带宽，信息在其中以电磁波的形式传播。

这一切都十分令人满意，不过哪怕是最精致的古典音乐广播，也只需要30 000赫兹的带宽，因此如何来开发利用更大的带宽呢？香农关于编码器或者调制器的概念揭示了如何去做。要把这个问题简化为简单的数字问题,我们的数字照片又能派上用场了。我们早先曾看到(见注释2),每个像点需要256个数字,那就是8比特(这很简单,只因为$\log_2 256 = 8$)。假如说,我们具有一个足以满足要求的带宽/噪声状况,并且假如说我们想要在同一时间内将这个数字传送8次。这会令人想到,如果我们能够将这个带宽作为8个分立的信道来使用,而不是仅有一个信道,我们也许会试图同时传送8幅照片。这一点很容易就能做到。任何进入信道1的信息都将得到数字1作为其前缀。信道2得到2,如此类推。因此,在每一个时间段中,我们传送一组8个数字,其中每一个都以它的信道编号作为前缀。在接收端必须设置解码器,从而能检测到这些信道编号,并将像点分离开来。这些信道编号是与每条信道相联系的信息"载波"。

当我们收听收音机的电台时,非常相似的事情发生了。我们调到特定信道的载波,收音机对这个信道的内容进行解码。因此,比如说带宽为3亿赫兹的自由空间就可以应付10 000个不同的无线电台,还可能更多(因为并不是所有的电台都要求高达30 000赫兹的带宽)。这种编码方式在因特网上也有一种特别有趣的形式。编码的数字是像jack@toc.ac.uk这样的一些符号,这也许是杰克的电子邮件地址,吉尔把她的照片发到这个地址,这样杰克就能得到它们,也只有杰克才能得到它们。在电子邮件的情况中,这种古怪的编码形式意味着,吉尔的讯息连同它的信道代码为了找到杰克的计算机(它的地址是这条讯息的目的地),要在这个巨大的网络上四处冲撞。然后位于目的地的计算机对吉尔的照片进行解码,并把它们传送到杰克的屏幕上。因此这就在杰克和吉尔之间建立起了一条独一无二的信道,尽管因特网必须包含着由电缆、卫星间通讯链路和无线电传输组成的巨大丛林。

应该强调指出,在香农的"信息源—编码器—信道—解码器—目的地"这五阶段方案中,"压缩"是编码和解码过程中非常重要的组成部分。那些使用因特网并下载照片或电影的人，将会知晓具有像JPEG（用于静态图片）或MPEG（用于电影）这样名字的一些格式。这些都是编码和解码协议，它们为因特网的使用者节省下了等待数据下载的时间。因此无论在什么情况下当我们窥视这个现代长途通信的巨大世界时，我们都会发现香农对信息本性所给出的模型在实现高速通信的系统设计中非常有用。

　　香农对比特的定义有一个意料之外的副产品，那就是它不仅是信息传输的单位，它也成为信息存储或者"存储器"的单位。单个开关可以开也可以关，这是与比特的定义相符的：它是仅仅两条讯息的递送者。因此一个开关记录、记住或存储1比特的信息。两个开关可以有**开**和**关**的4种的组合形式，香农方程中的$\log_2$这一要素又一次起作用了，因为比如说要储存1 000 000条讯息，那么所需的开关数量由$\log_2 1\ 000\ 000$给出，结果只是6比特的一个很小的倍数——大约是20。*正是这种关系给予了电脑巨大的存储能力。任何使用一台比较新式的计算机的人都至少会知道有两种存储器：硬盘和随机存取存储器。一个典型的硬盘可以存储50亿字节。出于一个不太重要的原因，人们把8个比特称为1个字节，因此50亿字节就是40 000 000 000比特。硬盘是一片转动的金属，通过使用一个变成了磁体（或者没有磁化，这取决于是否有电流流过）的"头"磁化金属上局部的一小块，就在上面储存了1个比特。这一小块或者被磁化，或者没有，因此很像一个开关：它储存1个比特。这个旋转的盘留下一条拨过的或未拨过的开关痕迹。这些可以由同一个头"读出"，因为磁化后的小块面积在这个头中感应出电流，然后可以作为一个载有信息的比特被传输，或者在这

---

　　* 这句话可以用算式表达如下：$\log_2 1\ 000\ 000 = \log_2 10^6 = 6 \times \log_2 10 \approx 6 \times 3.32 \approx 20$。——译者

台计算机中以其他某种方式使用。一台计算机还附有一个随机存取存储器的原因是,由于转动惯量的存在,硬盘的速度相对较慢。这就使得在金属上特定的一小块中存取以前,可能会有必要等待(大约1秒钟的百分之一)。随机存取存储器就快得多了(它仅需要1秒的百万分之几来进行存取)。它允许我们在一个档案柜中以存取文件的方式来存取一小块硅开关的状态。对于档案柜中的文件,我们需要一些标有像"税收"或"抵押"的标签来标定所需要的文件夹。只要瞥一眼就足以挑选出所要的案卷。同理,每一个硅开关都有一个称为"地址"的标签。当把"地址"应用于整个开关库时,它将挑出具有匹配地址的正确开关。因此随机存取存储器速度快,但是却不如硬盘那么大。

对于从一台计算机向另一台下载一张照片时会发生些什么,现在我们就能借助于这些概念,建立一幅完整得多的图像了。如果这张照片是用数码相机拍摄的,它首先由特殊的光敏电子元件检测到,然后转化为存储在照相机自身的随机存取存储器中的比特。这被传输给(通过使用软件和适当的电缆)发送者机器上的硬盘,在那里它占据了400亿磁性开关中的2000万个。如果她想要在自己的机器上观看这张照片,就要将它转移到她的计算机上的随机存取存储器中。转而再通过某些程序将这些比特搬运到计算机的屏幕上,此时这些比特的电能又重新转化为光图案。然后,当接收者要求下载这张图片时,它就沿着电缆传输,转移到他的随机存取存储器中,并呈现在屏幕上。为了能永久地保存它,他就把它转移到他的硬盘上。

计算机的存储容量得到了惊人的增长。就以用于存储我们那张照片的区域为例,有了香农的$\log_2$关系,就有可能探究在这个空间中能够表现出多少幅不同的照片。其答案就是下式中的x

$$20\ 000\ 000 = \log_2 x。$$

得到的x大约是10后面跟着700万个零,一个天文数字。

香农的思维创造——比特——不仅给了我们将信息作为一种公用事业来度量的方法,它也成了一种盛行的计算手段。技术轰然前进,但是香农的洞见和他半个世纪以前的表述仍然巍然屹立。计算机浩瀚的多功能,以及因特网上数百万互相连接的计算机所产生的更加令人敬畏的力量,已经创立出了一个有机组织,其中的复杂性正在开始超越我们的掌控。正是$\log_2$做到了这一点。

为什么一切都在变得数字化? 现在有了数字电话,而以前是普通的(模拟)电话;现在有了数字收音机和电视机;与较早期的模拟唱片的复制品相比,我们花费更多钱去购买录在激光唱盘上的数字录制的音乐。消费者的整个通信产品世界正在变得数字化。许多政府都支持这种改变(虽然它们有时对它们的支持未能给出强有力的理由)。香农在他的第二个方程中定义一条信道的最大容量时,以及当他为任何电子通信系统定义一个标准的编码器—信道—解码器结构时,解释了这种巨大的变革浪潮。

“数字化”不过说明数据是作为离散的符号来传输的。但是要使我们能充分地理解这种观点,也许讲一讲什么不是数字化会更简单一些。人类最直接的通信方式并不是数字化的。当我在说话时,我通过声带的运动、嘴后面的口腔以及舌头和嘴唇的构型在空气中引起了压力波。这些波到达我的听者的耳朵的鼓膜上,导致他的耳蜗(耳朵中像喇叭那样盘绕的器官)将这些压力波转变为内部的神经信号,并将感官信息传送给大脑。接收者把这个过程称为“听闻”。但是一旦通信变成电子辅助的,那么将这些波转变为像比特那样编码的一串串数字,这种可能性就可供选择了。于是这个系统就是数字化的了:也就是说,不再存在波,而是只有像比特那样的信息。

虽然香农的理论同时适用于模拟系统和数字系统,但是这个理论本身说明,数字化是最有效率的,而且如果这些数字是二进制的,那将是最好的。这个论点是基于成本,它起的作用有一点像下面所作的说明。让我们假设一个像点需要256个数字。可以认为这里的信道不是数字化的,只是一个要有一定大小的盒子,能容纳0和255之间的所有数字,就像容纳许多小立方体。现在我们来开始讨论信道的成本。这不是这些立方体的成本,而是必须运载它们的这个盒子的成本。我们很自然会认为,它运载的数字越大,它的成本也就越高。这个信道的成本是某种通货的256个单位。

假如我们用两个比较小的信道来运载同样的信息,那将会花费多少成本呢?这些盒子只需要运载16个数字,因为在这两个盒子中的这些数字组合起来将给我们16×16个可能的数字,这又使我们重新得出了那个必要的256。但是,这两个信道现在的总成本是16 + 16 = 32单位,这个节省相当值得。因此,为什么不向着同样的方向继续前进呢?我们注意到,一直到每个信道只有2个数字时,这一过程才会停止,此时我们有8个信道,而有2×2×2×2×2×2×2×2 = 256。这种做法的代价是2 + 2 + 2 + 2 + 2 + 2 + 2 + 2 = 16单位。根据麻省理工学院已故的维纳(Norbert Wiener,"控制论之父")所说,这是香农定义比特的卓越之处的证明。处于最低成本系统中的每一个信道都是一个二进制的信道,只运载1个比特,这显然是传输信息的最经济方法。

正是二进制编码方式的经济有效,导致了这个世界走向数字化。然而这又是香农的$\log_2$——它在两个方程中都占有重要地位——在发挥作用,因为例如说某人正在用非数字化的波,它需要有用来准确地表示某个整数A的振幅,香农则告诉我们,用比特来传输同样的信息,成本要小得多。也许关于这点最鲜明的例证就是录制音乐的进步:从慢转密纹唱片(LP,通过波浪状的凹槽和唱针产生声波,每一面都需要相当大的地方来储存30分钟的音乐),经过了激光唱盘(CD),发展到现代的数字化视频光盘*。DVD采用纯粹的数字技术,可以在密纹唱片1/25的空间上储存长达4小时的音乐。但是其他方面也发生了同样的变化。移动电话和无绳电话通过采用数字化,显而易见地更为出色。而所有这些都应归功于那个$\log_2$。

因此,下面这两个方程改变了我们的通信世界:

$$I = -p\log_2 p$$

$$C = W\log_2(I + S/N)。$$

我举例证明过,尽管它们的外观令人敬畏,但是这些方程的真正力量在于下列支撑它们的粗略关系:

以比特为单位的信息 = $\log_2$(需要通信的内容)。

无论我们是在用最新的因特网技术发送数码相片,还是用我们的移动电话聊天,或者我们是在一个嘈杂的酒馆里相互交谈,香农的框架(信息源—编码器—信道—解码器—目的地)都适用。正是在这个框架中,第一个方程诞生了:在意外和概率的基础上对信息作出的一个非常普遍的定义。但是从这个方程中得出的重要讯息是,如果一个事件的概率是50%,那么它恰好包含了1比特的信息。这可以推广到一个更加普遍的概念,即构成一件真正事务的任何东西都能分解为一串适当大小的比特。然后第二个方程则集中于信道的性质:电话线、自由空间或嘈杂酒馆。香农表明,在那给定的媒介中,每秒钟可以传输的比特数有一个极限,这个极限是由信道的带宽和噪声规定的。开发利用这一极限的最经济方法是通过数字化编码。这种开发的诀窍,是要去设计越来越精良的编码器,它获取原始的信息并把它转变为最佳编码的比特串。围绕这个编码问题,已经建立了一些完整的产业,我们从移动电话

---

* 英文为 digital video disc,缩写为 DVD。——译者

以及娱乐用的音乐和视频的编码中就可以看到这一点。

香农的影响不只是局限于通信世界。这类方程的形式在以"熵"为标题的其他科学领域中也可找到,亦即可在表明一个物理系统中的无序度那里找到。用信息论来说,这可以用意外的程度来表示。然而,香农的表述说明了,信息是依照支配着物理学、热力学、物理化学的那些定律而运作的,而这些定律是数学家们所熟知的。在20世纪50年代以前,信息论是一个专业领域,只有电子设备的设计者们对它才有一个模模糊糊的感觉。香农表明了,它是等同于宇宙中的基本粒子的一种物质,并且它具有一个等同于支配着基本粒子的那些定律的定律系统。我是研究如何去模仿大脑错综复杂的结构体系的,而在我的工作中,信息论的语言也占有至高的统治地位。脑细胞的存储容量可以用比特来度量,大脑中许多单元区域之间相互联络的解剖构造也可以用信道容量的概念来分析。

释放了这种创新性酵母的这个离群索居的人——香农——是20世纪的技术巨人之一。这里的"技术"(technology)一词也许是不恰当的,因为香农对我们的当代世界作出了一个重大的**智识**(intellectual)贡献。香农对复杂的事物感到好奇。香农的方程不是关于自然的,它们是关于工程师们已经设计和研制的系统的。这些方程优美地捕获了信息的复杂性(complexity of information),以及存储和传输信息的方法。香农的贡献在于弄清了我们通过其进行通信的媒介在工程学上的意义。他和其他的伟大革新者一样,有着同样崇高的地位,其中有他少年时代心目中的英雄爱迪生(令香农非常高兴的是,他原来是自己的一个远房亲戚)和谷登堡(Johann Gutenberg)*。像印刷机一样,因特网也是人类语言的一次庆典,是有意识的人类的典型特征。谷登堡的想象力

* 谷登堡(1398—1468),德国印刷工人,传统上认为是他发明了活字印刷术。他排印的《马萨林圣经》被认为是用这种印刷术印刷的第一本书籍。——译者

是受到葡萄压榨机螺杆的触发而引起的,异曲同工的是,香农的想象力是因一个微分分析器开关发出的咔嗒声而激起的。

在完成了一段辉煌的学术生涯以后,香农于1978年从麻省理工学院退休,成为一名荣誉教授和深受尊敬的美国科学界元老。1985年,他被授予京都奖(Kyoto Prize),这相当于计算机界中的诺贝尔奖。退休以后,他兴趣广泛,研究手抛杂耍(juggling)的数学理论,设计一种机动的弹簧单高跷*,还利用概率论开发一种分析股票市场的系统。在香农晚年,他不幸遭受了老年痴呆症的折磨。2000年秋天他的雕像揭幕仪式在其家乡密歇根州盖洛德举行,他当时已经重病缠身。2001年2月24日,香农在马萨诸塞州的疗养院去世。他的离世被必恭必敬地记录了下来,但是很显然,媒体——正忙于参加信息革命的大众传媒——在很大程度上没有认识到这个世界失去了一位不容置疑的伟大人物。

确实,现今我们用"智识分子"(intellectual)这个词来指代那些对人文学科、哲学和政治作出过贡献的人。但也未必尽然。理想的柏拉图式的和亚里士多德式的才智(intellect),包括实践上的灵巧和数学上的抽象能力。香农是一位两者兼备的大师,他改变了这个世界。

注释:

1. 由于一些我们在这里不必加以探究的原因,一个频道的带宽可以用赫兹(也就是说,每秒通过某一个点的波数)表示,也可以用比特每秒表示。后者是前者的两倍,这暗示了一个波向上然后再向下构成了两个比特。因此一根传递最大值为10 000比特每秒的电线,也即以5000赫兹这一最大值传递。

2. 做到这一点有许多方法,其中之一是,注意到大片面积也许是相同颜色的以后,计算机不是一遍又一遍地传输相同的信号,而是仅仅传输两个数字:照片中

---

* pogo stick,一种运动玩具,又译作娃娃跳、跳跳鼠或弹簧跳。——译者

像点的颜色和亮度以及接下去具有相同值的点的数目。比如说有1000个接连的像点,它们具有一个颜色值72(假如此时照片颜色的最大值是128),亮度是93(也仍假定照片亮度的最大值为128)。我们首先知道,一个"比特"的意思是一个开/关数字,并且利用7个比特可以有128个不同的值这一事实,此时计算机并不是将这14比特传输1000次,而是仅仅传输16比特,紧接着传输一个表示重复的二进制数。10个比特可以有1024个值,因此10比特足以用来表示这个重复数。于是被传输的总比特数此时是16 + 10,而不是16 000。这就有了所谓的压缩率16 000比26(或615比1)。当然,如果这幅照片色彩非常复杂,那么你也许就没有这么幸运了。平均而言,一般能达到20比1的比率。

3. 在这一节及下一节中,我将完全不顾数学的严密性了。

4. 电压的大小是传输给每个电荷的能量的一种量度。因此编码器将表示像点色彩和亮度的数字转变为传输到电缆另一头的电压值。

延伸阅读:

C. E. Shannon, "A mathematical theory of communication", *Bell System Technical Journal*, vol. 27, July and October 1948, pp. 379—423 and 623—656.

S. Roman, *Introduction to Coding and Information Theory* (Dortmund: Springer Verlag, 1996).

G. Boole, *An Investigation of the Laws of Thought* (London: Dover Publications, 1995).

C. E. Shannon, "A symbolic analysis of relay and switching circuits", *Transactions of the American Institute of Electrical Engineering*, vol. 57, 1938, pp. 713—732.

N. Wiener, *Cybernetics* (Cambridge, Mass.: MIT Press, 1948).

I. Aleksander, *Impossible Minds: My Neurons, My Consciousness* (London: Imperial College Press, 1996).

I. Aleksander, *How to Build a Mind* (London: Weidenfeld and Nicholson, 2000).

第 7 章

隐对称性：
杨-米尔斯方程

克里斯蒂娜·萨顿（Christine Sutton）

粒子物理学家，曾在牛津大学粒子物理研究组工作，2003—2015年担任《欧洲原子核研究中心快报》（*CERN Courier*）主编，拥有丰富的科学写作经验，著有《粒子奥德赛》（*The Particle Odyssey*）等。

• • ◆ • •

"杨振宁和米尔斯可能走在了他们时代的前面，因为直到约20年后，他们对一个基本原理的信念才结出了硕果，但他们仍还属于他们的时代。"

纽约的夏天闷热潮湿，如同无聊的影片。1953年，斯大林（Stalin）去世了，伊丽莎白二世（Elizabeth Ⅱ）成为英国新加冕的女王，一个年轻的议员肯尼迪（John Fitzgerald Kennedy）即将迎娶布维尔（Jacqueline Lee Bouvier）。此时，两个年轻人因共用长岛的布鲁克黑文实验室的一间办公室而相遇了。就像罕见的行星列阵那样，他们短暂地通过了时空的同一区域。这一时空上的巧合诞生了一个方程，这个方程可构成物理学圣杯——"万物之理"（theory of everything）——的基础。

米尔斯（Robert Lawrence Mills）和杨振宁出生得天差地远，但对理论物理却拥有同样的热情。1953年9月，从中国来到美国的杨振宁31岁，起先在芝加哥大学获得博士学位，然后加盟了在新泽西州的普林斯顿高等研究院。米尔斯当时26岁，是布鲁克黑文实验室新的副研究员，曾在哥伦比亚大学和剑桥大学学习。1953年暑期，杨振宁来布鲁克黑文实验室访问，当时他和米尔斯共用一个办公室。他们的研究方向很快分道扬镳，但是杨-米尔斯方程使他们的名字在短暂的相遇后紧密地相连在了一起。

回到20世纪50年代，杨-米尔斯方程似乎是一个有趣的创意的结果，而它和现实却几乎没有什么瓜葛。不过，在20世纪末，它的时代到来了。它构成了获1979年和1999年两项诺贝尔物理学奖成果的基础，而且在数学方面也有很重要的意义，被克雷数学学院称为七大"千年得奖问题"之一。谁严格地解决这一问题，他就能得到1 000 000美元的奖励。

为什么大家都对杨-米尔斯方程感兴趣？是什么使得杨-米尔斯方程如此重要？到底什么**是**杨-米尔斯方程？要开始回答这些问题，我们首先要了解一下物理学家解释每天我们周围世界的现象时所用的那些根本性的概念。

大自然的力

杨-米尔斯方程的故事可以追溯到17世纪。我们听到的故事是这样讲的：那时牛顿受苹果落地的启发推导出了引力的一个方程。今天我们发射卫星到地球轨道，发射航天飞机去探测遥远的行星，这一切都要依赖于根据牛顿公式计算而得的轨道。他取得大量的成果，包括1687年出版的《自然哲学之数学原理》（简称《原理》）。在这部巨著中，牛顿尽力用数学的方法来解释物理现象，从行星运行到潮汐的规律。他的主要工具是把运动和力联系起来的那些方程——就是现今仍然构成世界上各所中学和大学所传授的力学和动力学的基础的那些方程。然而，牛顿清醒地认识到，他的工作只能应对物理世界的一部分问题。在《原理》的序言中，他指出：

> 我希望我们能通过机械规律的相同原理来得到其他自然现象的解释；许多理由使我怀疑它们都依靠某些物质微粒的力量，一些未知的原因，它们以未知的力相互推动联系成规则的形态或相互对抗。哲学家对自然的研究至今只是白费功夫。

300年后，牛顿的愿望即将实现了，这是因为现代自然哲学家——物理学家——的研究已经揭示了先前未知的一些力的结构。正如牛顿所期望的那样，杨-米尔斯方程看来能从数学上明确地表达这些力起因的基本原理。在某种意义上来说，它是牛顿运动方程的现代版，是揭开大自然中各种关联之美的公式，而这一潜能，正如牛顿当初所认为的那样，在今天受到了很高的评价。

如今，学物理的学生一旦掌握了牛顿力学，而把牛顿方程运用到台球的撞击、升腾的火箭等之中时,他们就知道,我们在周围世界中看到的(以及甚至在整个宇宙中的)所有物质,都是由力控制的粒子构成的。这些力现已广为人知,而且,正如牛顿那引人入胜的先知之辞所暗示的,它们给予了由粒子构成的宇宙以形状和结构,它们构成了宇宙的无形的骨架。

但是,我们说到的力指的是什么? 各种力引起粒子间的相互作用,把它们聚集起来,形成从微小的原子到巨大的星系的各种大小结构。力的作用是看不见的,有时它们就像街头艺人的音乐吸引人群那样把粒子拉到一起,有时又像放学时的铃声一样把粒子推开。如果没有力的作用,那就只有一团粒子气,没有相互作用,也就无法显示出它们的存在。

在用基本的基元构造宇宙时起作用的力中,最为人们所熟悉的力是引力,它在300年前就已在牛顿的数学掌握之中了。其次的便是电磁力,即构成电学和磁学许多方面(从闪电和磁石的自然现象到现代神奇的电视机和收音机)基础的那个力。还有两种力,分别称为弱力和强力。虽然在构成宇宙现存的那些物质中,它们同样是有作用的,但人们对它们并不那么熟悉。

弱力和强力在原子核(它们位于每一种物质的每一个原子的中心部位)中起着作用。这两个力为最终控制原子而与电磁力相竞争。有时强力获胜,它把原子核的组成成分(就是我们称为质子和中子的粒子)聚集在一起,形成一个稳定的整体。更常见的是弱力或电磁力占上风,此时会形成大量的各种不稳定的放射性核,其中的一些,比如说当今地球上存在的铀原子核就是因此而产生的。

弱力和强力原来在它们的亚微观的核领域中是看不见的,它们的发现使物理学家在21世纪初得以断言他们能从力的基本作用中推导出自然现象来。诚然,事实上,物理学家不能用这些第一性原理"推导"

出一头牛来,也"推导"不出牛吃的草,但是他们能推导出物质的性质。他们能计算出在固体中的原子内旋转的电子集体的电磁相互作用,并利用这些计算,制造出新的物质。他们能运用原子核内弱力和强力的知识来计算一些重要的元素,如碳、氧和铁在星体的核心中是怎样构成的。不过,对物理学家本身来说,这一切中最令人激动的可能是发现了他们正接近一个单一理论,即由相关方程组成的单一方程组,用它们能描述所有的力——而杨-米尔斯方程是这种"统一"的基础。

回到20世纪30年代,物质的性质似乎已被归结为不多的几块基石。当时人们已清楚地知道化学元素,从氢和氦,到碳、氧、铁等一直到铀,它们都是由自己独特的原子构成的。但这么多种原子转而又都是由3个基本成分组成:带负电的电子,带正电的质子和中性的中子。质子和中子一起位于原子中心处的原子核内,而电子以相当大的半径围绕原子核旋转并由此给出原子的大小,而最终给出物质的形状。

原子核的这种存在形式乍看上去是自相矛盾的,因为带着相同电性的质子会相互排斥。我们在学校就学过"同性相斥"的道理;原子核内的电场力会完全使它分裂。因为在我们周围的稳定物质中显然并没有发生这种情况,那就一定存在着比电场力更大的力。而这种力只能在原子核大小的范围内起作用,否则相邻的原子会越来越接近,物质就会比现在看到的更稠密。人们把这种在原子核内连接质子和中子的力称为强力。但这种力起源于什么? 在所有的力中,电磁力是最为物理学家所熟悉的了,那么强力是否能同样地被了解呢? 正是这个挑战,激发了杨-米尔斯方程的诞生。

理解电磁学

电磁的本质是电荷,而电荷可以是正电荷或负电荷。电流是电荷的定向运动。发自无线电台的无线电波,是由电荷在被贴切地称为振荡器的设备中同步振动而发出的。电荷的载体(大体上)是原子中带负电的电子。然而,电磁力的基本原理早在人们弄清原子的构成和性质之前就已知道了。这有两层原因,第一,电磁力作用的基础是电荷的概念而不是原子或电子的概念。第二,电磁力是长程力,其作用范围远大于单一原子的边界,因此它的大小早在200年前就能被容易地测量了。

那什么**是**电荷呢?在一个听起来像是循环定义的定义中,人们把电荷定义为电磁场的源泉。这个场,指的即是一个电荷的作用力的影响范围,它决定了此电荷以外的另一电荷所感受到的力。这个力是场的表现——在某种意义上来说,它是电荷向外伸出的、看不见的触角的真实而可测的效应。两个带相同电性的电荷,例如说,都带正电,互相排斥,它们间的作用力使这两个电荷彼此分开。随着电荷间距离的增大,这个力迅速减小,直到它们彼此间的作用力为零。每个电荷周围的电磁场决定了另一个电荷受到的力的大小。

静止的电荷能产生电场,而运动的电荷还能产生磁场。在一根简单的条形磁铁的原子中旋转的电子产生了吸引大头针的那个磁场,它也使我们有了中学实验中得到过的由铁屑构成的那些奇特的图案。但是,却不存在"磁荷"。"磁荷"应是一些单磁极,不过磁铁总是有偶数个磁极。最通常的是两个磁极,即南极和北极。

为了计算出一个电荷或一些电荷所产生的电磁力,我们需要有一些能描述基本电场和磁场的方程。19世纪60年代,苏格兰物理学家麦克斯韦成功地把当时关于电学和磁学的所有知识综合成一套既自洽又优美的简洁方程组。麦克斯韦方程组,就像牛顿的运动方程一样,现在仍然在应用。它们给出了计算由电荷或磁场产生的电场以及由电流产生的磁场的方法。这个方程还体现了电磁学里的一个重要特点:电荷守恒。

电荷守恒通俗地说就意味着,电荷不会凭空产生也不会凭空消失。如果你使某些东西"带电",比如在干燥的空气里梳头或给汽车电池充电,你只是让现存的电荷(基本上是原子的电子)重新分布而已。自然界里有许多过程可产生带电的粒子,例如说电子,但与此同时它们也产生带相反电荷的另一种粒子。电磁力能产生一个带负电的电子,同时也产生一个十分相似的带正电的粒子,即正电子,或称反电子。电子和正电子通常在同一个地方产生,这一点有着重要的含义。电荷守恒还不仅仅是关于一个大系统的"全局"陈述:"这里"产生了正电荷,"那里"就会突然冒出负电荷来达到平衡。它还是涉及时空中从一个位置到另一个位置、从一个瞬间到另一个瞬间的每个点的"局域"陈述。麦克斯韦方程组的一个优美之处就是它们保证了电荷的**局域守恒性**,而且它们是通过电磁力行为中的固有的对称性达到这一点的。

杨振宁在麦克斯韦去世近一个世纪后,为了解释粒子间的强力,他开始考虑是否可以从相反的方向来深入研究。是否可以从一个适当的守恒量出发,用对称性来发现强力的方程呢?

对称性的重要性

在数学中,我们说一样事物是对称的就是指它在进行某种操作后看上去同原来一样保持不变,就像正方形旋转90度或圆旋转任意角度后同原来一样。1918年,年轻的德国数学家诺特(Emmy Noether)发现了对称性和物理量守恒(如电荷守恒)之间有深刻的基本关系。她发现对每一个守恒量来说,都有一个与之相关的对称性,反之亦然。

对于一个在力的作用下运动的物体的动力学系统中,能量和动量都是守恒的。换句话说,这些量的总数量是不变的。当火箭射向月球时,它就得到了它在发射台上时还没有的动量。作为补偿,地球的动量也发生改变——尽管因为地球质量很大,这种改变是难以察觉到的。

火箭和地球两者的动量改变大小相等,但是方向相反,因此它们的总和为零,与火箭发射前的情况完全相同,因为动量是守恒的。在动量守恒中涉及的是什么对称性呢?这就是运动方程在空间中不同点的对称性。火箭从地球上的发射平台到去月球的途中的任意一点的运动,并没有改变基本的运动方程——这就是对称性。动量守恒保证了这种对称性,反之亦然。

既然电荷总是守恒的,那么诺特定理告诉我们在电磁力中应该有与之相关的对称性。事实上确实有,而这与某种称为"势"的东西有关。"势"是人们用来表征力场的一种方法,这里的场可以是电场、引力场或其他的力场。

势给我们提供了一个更简洁的"速记"方法来描述场,这有点类似于二维的等高线地图比三维地形更简洁。等高线连接有相同海拔高度的点,等高线越集中的地方,表明该地方的地势越陡峭。二维的等高线地图包含了一个有经验的登山者所需要的所有信息。与此相似,比如说一些电荷的电势,包括在计算电场时物理学家所需的所有信息,因此也包括在计算这一系统中起着作用的电力时所需的所有信息。

如果我们把电势说成是与之相关的"电压",那么我们中的大多数人就熟悉它了。小鸟在高压线上可以和在树枝上一样快乐地歌唱。这是因为产生电力的电场取决于电压**差**或者说是电势差。如果我们的整个地球在电势上升高1000伏,我们的发电厂和电器设备仍然可以运转如常。要紧的是"火线"和"地线"("地球")之间的电压差值,而不是它们的绝对值。这种"不变性"是**全局**对称性的例子:在时空的每一点增加(或减少)相同的势时,电场是不变的。与此相似,麦克斯韦方程组也不随电势的全局改变而变化,因此这些方程主要是应对场的问题而不是势的问题。

然而,麦克斯韦的方程组还包括了要求更严的**局域**不变性或对称性。电势在时空的不同点可以改变不同的量,而麦克斯韦的方程组仍旧不变。这就是局域不变性,这一不变性的产生,是因为电荷既构成电场的基础,也构成磁场的基础。结果是电势的局域变化还会引起另一种势的局域变化,这一势称为磁势。两种势的最终变化保证了由麦克斯韦方程组所描述的电场和磁场保持不变,即使当势的变化是局域的也是如此。麦克斯韦方程组中包含了局域对称性,而似乎正是这种对称性才与电荷的守恒有关。

粒 子 和 波

似乎距离了解粒子间的强力还很遥远,但这里有一个美妙之处值得注意:我们通过能展示隐藏着的对称性原理的一组方程,来描述力——这里指的是电磁力。事实上,它增加了下述可能性:我们看到的物理过程——换言之,我们观察到的在电和磁之间的相互联系——是由局域对称性产生的。这就把我们带回到杨振宁和米尔斯那里,他们希望知道能不能从局域不变性原理出发来推导出粒子间强力的方程式。

在麦克斯韦和米尔斯、杨振宁相隔的一个世纪里,随着量子力学的发展,物理学发生了一场重大的革命。当我们在处理非常小的系统的问题时,牛顿力学不能用了,我们必须使用量子力学。在原子尺度上,我们不可能确切地知道粒子的位置和粒子的运动速度。这是因为这一观测行动会干扰粒子的运动。我们能通过雷达系统探测汽车对无线电波的反射,来测量汽车通过某一点的速度。此时无线电波的能量很小,它对汽车的运动毫无影响。但要是把汽车换成分子,无线电波的能量将足以推开分子。量子力学论述的是不能同时知道位置和速度(严格地说是动量)这一基本问题。这是通过把粒子看成**波**,并通过在数学上用所谓的波函数描述粒子做到的。波函数与在一个特定的状态中找到粒子的概率有关。

就像电压可以升高或降低而它们之间的电场不被改变那样,波能以某种方式调整,而它的整体效应不被改变。我们改变的波的那部分属性称为波的相位。我们可以把它想象成它给出了波在其波动的波形中处于什么地方。当波上升或下降时,固定位置处的波的相位值就会发生变化。对整个波进行一个相位上的改变(即相移)仅仅只是将整个波形移动了,它不会改变波的一些重要特性,诸如振幅和波长。

同理,描述粒子的波函数也能通过一个固定的相移来变化,而这种相移并不会改变粒子的可观测行为。这里,我们又一次看到一个全局对称性起作用的例子。那么,是不是同麦克斯韦方程组一样,此时也有局域对称性呢?假设相移是局域性变化,也即在时空的不同点作不同的变化。在这个局域相移之下,描述粒子的量子力学方程是否也能保持不变呢?

这个问题的直接回答是否定的,因此,似乎我们应该放弃这条思路,而不必为此时的局域对称性而困扰。然而,要是我们能尽力地修改粒子的方程,使其能不随局域相移而改变,那么我们就作出了一个重大的发现。只要粒子在某些力场的影响下发生运动,此时的方程就是不变的。这种情况与电势的局域改变和磁势的局域改变之间的联系有相似之处,只不过现在讲的是在一个粒子相位中的局域变化,它们与粒子在其中运动的场的局域改变有关。当我们意识到电磁场正好提供了对量子力学方程所需的修正时——只要我们使对粒子的相移依赖于粒子的电荷即可,那么上述发现就不寻常了。看来,局域不变性的原理直接揭示了带电粒子电磁相互作用的本质。

德国数学家外尔(Hermann Weyl)*是认识到粒子波函数的局域不变性和电磁理论深层联系的第一人。他把这种不变性称为"规范不变性"，因为一开始他想到的是关于尺度(或"规范")的变化而不是相位的变化。他在1929年发表的经典论文中指出，"对我来说，规范不变性的这一新原理不是来自推测而是来自实验，它告诉我们电磁场是……物质波场……的一个必然的伴随现象。"

这样，外尔向前跨出了一大步：提出规范不变性——一个基本的对称性——可以作为推导电磁学理论的一个原理来用。这在电磁力的情况中是个好主意，但它并没有带来新的东西，因为通过麦克斯韦方程组大家早已知道和理解电磁力了。外尔的提议对诸如强力那样的一个力会具有更大的重要性，因为此时与麦克斯韦方程相应的那些方程仍是未知的。能不能从适当的对称性原理出发找到这些方程呢？在外尔发表论文的时候，人们还未正确地认识原子核的构成，而且强力的概念也还没有形成。外尔原理的新应用的时机尚未成熟。

一类新的对称性

20年以后，这些联系对称性和电磁力的深刻构想进入了一个年轻的中国物理学家的脑海。他是来芝加哥大学读研究生的。他叫杨振宁，是一个数学教授的儿子，1945年来到美国。杨振宁在中国时曾读过富兰克林(Benjamin Franklin)的自传，因此他就取了富兰克林这一英文名字——昵称弗兰克(Frank)——以表示对富兰克林的敬意。他最初在云南昆明的西南联大就读以及后来在芝加哥的时候，就透彻地研读

* 外尔(1885—1955)，原籍德国，后移居美国。他在积分方程、相对论、群表示论在量子力学中的应用等方面都有贡献。关于对称性在艺术、宗教、建筑等方面的应用的阐述可参阅《对称》，外尔著，冯承天等译，上海科技教育出版社，2005年。——译者

217

了当时顶尖的理论物理学家之一泡利关于场论的一些评论文章。杨振宁写到他"对电荷守恒与电磁理论在相位变化下的不变性有关联的这一思想印象深刻……[并且]对规范不变量**决定**了所有电磁相互作用这一事实有更深刻的印象"。

杨振宁刚开始时并不知道这些构想来自外尔。当他俩同在普林斯顿高等研究院时,而且甚至偶然碰面时,他也并没有意识到这一点。外尔在1933年离开德国到普林斯顿高等研究院任职,于1939年成为美国公民,而1949年时杨振宁也在该研究所。外尔是在1955年逝世的,看来他很可能并不知道杨振宁和米尔斯所撰写的出色论文——这篇文章第一次阐述了规范不变性的对称性事实上是能确定基本力的行为的。

在芝加哥大学期间,杨振宁着手把这些构想运用到粒子的另一个特性之中,和电荷一样,在粒子的相互作用中这个性质也是守恒的。他志在寻找描述与这一特性的规范不变性相联系的那个场的方程,这种特性有一个相当容易搞错的名字叫"同位旋"。同位旋像一个品名标签,它标志出了除电荷不同以外,其他都显得同样的那些粒子。设想有一对双胞胎彼得(Peter)和保罗(Paul),除了其中一人穿了件外套以外,他俩打扮相同。脱下这件外套,他们就变得难以区分了,虽然他们仍有不同的名字。对于粒子也有同样的情况,如质子和中子,质子穿了件正电荷的"外套",而中子"没穿外套",也就是不带电。20世纪30年代,人们对原子核的研究揭示了:一旦不计不同电荷所造成的差异—— 一旦质子脱下虚构的电荷"外套"——那么中子和质子、中子和中子、质子和质子,都以相同的方式相互作用。换言之,粒子间的另一个力——强力——将不会发现上述3种情况之间的差异。质量非常接近的质子和中子,对强力来说显示为同一个粒子"核子"的两个状态;正像我们用名字来区别双胞胎那样,我们现在就用同位旋的数值来区分这些粒子了。这种情形类似于粒子处于称之为"自旋"的那一量子特性的各种不同状态之中，而描述粒子自旋状态的数学就能用来表述同位旋状态。

从数学上来说，你能"旋转"质子的同位旋使其变成一个中子，而此时作用于该粒子的强力效应不会改变。于是在力中有了一个对称性，正如诺特定理告诉我们的，某样东西必定是守恒的；而它就是同位旋。现在，我们已拥有拼成杨-米尔斯方程的所有片段了。

一种新的场

从1949年开始，杨振宁多次尝试把电磁力中的规范不变性过程运用到同位旋中去。但是据杨振宁所说，这些尝试总使他陷入"困境"，困于计算中的同一步骤，这种情况总发生在当他要定义相关的场强时。但他从来没有完全退缩过。正如他在他的《论文选集》中解释的，"这种在某些看来是美妙的思想中的反复失败，对所有的研究工作者来说都是家常便饭。大部分这种思想最终会被摒弃或被束之高阁。但一些人会坚持并开始着迷。有时一种迷恋最后确实会变成好事。"尤其当时人们在实验中发现了许多短寿命粒子，而关于它们之间相互作用的力，似乎有同样多的构想出现。对杨振宁来说，"写出[这些]相互作用的**原理**的必要性也就变得越来越明显了"。

1953年夏天，杨振宁在布鲁克黑文国家实验室时又一次思考这些问题，而此时和他在同一个办公室的年轻物理学家米尔斯也被这些问题迷住了。他们共同越过了杨振宁早期遇到的障碍，从而发现了与同位旋规范对称性相联系的那个场的方程。

如果我们忽略电磁作用，那么我们把什么粒子叫质子，什么粒子叫中子的选择就变得随意了——把所有的中子变成质子或反过来把所有的质子变成中子，核反应还是相同的。这就相当于在同位旋状态中作了一个全局改变——我们在时空中的所有点上以同样的量"旋转"了同位旋，以致使所有的质子变成中子，所有的中子变成质子。不过，杨振宁和米尔斯问道,如果我们在时空中的不同点进行不同的变化,那又会出现什么情况呢? 正如他们在论文中所说的,假定两个同位旋状态之间的"旋转"是完全随意的,或"没有物理意义的",这正像在带电粒子波函数中任意的相移,它能被电磁场的变化所补偿。那么是否有一个场,能类似地补偿同位旋的局域变化并保证核反应看上去总是相同的呢?

就其本质而言,同位旋理论的证明要比电磁理论复杂得多。为了保持质子或中子在各处都有同样的本体,补偿的场一定要能校正同位旋中的局域变化或"旋转"。为此,该场本身也必须有同位旋的性质。与之相反,在电磁力中,粒子波函数的局域变化并不改变粒子的电荷。电磁场不改变电荷的这一事实就反映了这一点。电荷可以被定义为电磁场之源,但是电磁场本身却不是电荷之源。然而,在杨-米尔斯理论中,这个场却以一种听起来使人有过分亲密关系的感觉,它就是其自身之源。

杨-米尔斯方程就是这个场的运动方程。它相当于麦克斯韦方程组或牛顿运动方程,且能以相似的方式写下来。采用杨振宁和米尔斯当时使用的符号来表示,这个方程可写成:[1]

$$\partial f_{\mu\nu}/\partial x_\nu + 2\varepsilon(\mathbf{b}_\nu \times \mathbf{f}_{\mu\nu}) + \mathbf{J}_\mu = 0 \text{。}$$

这里 $\mathbf{f}$ 代表杨-米尔斯场的强度,$\partial/\partial x_\nu$ 表示方程与场强随空间和时间变化的关系;ε 有"荷"的作用,而 $\mathbf{J}_\mu$ 表示相关的流;$\mathbf{b}_\nu$ 是该场的势。$(\mathbf{b}_\nu \times \mathbf{f}_{\mu\nu})$ 这一项表示了与电磁情况最重要的差别,因为它带来杨-米尔斯场对自身的依赖性。在麦克斯韦电磁方程组中,相应的这一项等于零,因为此时的基本场之间彼此没有影响。

质 量 问 题

杨振宁和米尔斯发现的新的场还有一个重大障碍,它是关于"场粒子"的。在杨振宁和米尔斯作研究用的理论框架——场的量子理论之中,场是由粒子来表现的。这些"场粒子"不仅是描述场的一种简便的数学方式,在某些情况下,它们还作为一些可测的实体,如同电子或质子一样真实,在场中出现。在电磁理论中,场粒子是光子,它们从电磁场里出现,以光的形式为我们所见。

在相互作用着的"物质粒子"(例如电子和质子)之间进行的一场"量子接球游戏"之中,场粒子起着球的作用。在电磁的情况中,带电粒子是通过投和接光子来玩"接球游戏"的。光子没有质量,因此这种相互作用可以发生在相距很远处,原则上讲是无限远(你可以想象把光子"球"扔到无限远)。相反,质子、中子间的强力作用范围却似乎限制在原子核的尺度里。这意味着,强力的"球"必定有一定的质量,以保证这种交换——这种相互作用——总是在有限的时间里发生的,也即有一个很短的距离。

杨振宁和米尔斯发现的新场在空间和时间中的每一点按要求校正同位旋,把质子变成中子,中子变质子或让它们保持原样。要做到这一切就需要3个传递粒子,它们是同位旋的3个状态。这个场也能改变电荷,例如从带正电的质子到不带电荷的中子。所以其中两个传递粒子必须带有正电荷和负电荷,而第三个保持中性并参与质子与质子或中子与中子的相互作用。因此杨振宁和米尔斯知道了新场粒子的电荷和同位旋,但他们对它们的质量却没有任何概念。他们认识到这是其理论中的一个薄弱环节。1954年2月,杨振宁在普林斯顿的一次研讨会上提出他的理论,他发现自己受到了泡利的抨击。杨振宁在黑板上刚写下他的新发现的场的表达式时,泡利就问:"这个场的质量是多少?"杨振宁解释说这是个复杂的问题,他和米尔斯还没有得到明确的结论后,泡利尖刻地指出"这作为理由是不充分的"。

虽然到了1954年2月杨振宁和米尔斯已经完成了工作的绝大部分,但对是否发表一篇论文仍然犹豫不决。正如杨振宁所写的,"这个构想是优美的,它应该发表。但规范粒子的质量是什么? 我们没有肯定的答案,只有一些令人沮丧的经历告诉我们[这个]问题比电磁力要令人困惑得多。我们根据物理学上的一些理由,往往会认为带电荷的规范粒子不会是无质量的"。杨振宁本人强调突出"优美"一词,看来优美战胜了疑惑。1954年6月底,他和米尔斯向著名期刊《物理学评论》投递了论文,这篇文章在三个月后的10月1日发表了。在文章的倒数第二段的结尾处,他们遗憾地指出他们"还没有能得出关于b量子之质量的任何结论"。这里的b量子,换言之就是他们新场的传递粒子。

电 弱 统 一

对基本粒子和力的理解的不断进步,就像任何一门学科那样,是在构想和发现——理论和实验——的相互促进中实现的。就像乐器的二重奏,两者相互补充,有时是这一个主导,有时是另一个主导。有时一个乐器要试奏出一些断断续续的新曲段,而另一个却继续演奏原来的主旋律。再过一会儿,某一个曲段会变成主旋律。与之相似,物理学家用理论的思维和实验的研究来探索不同的道路。一些被证明是不会有结果的而且被遗忘了,而另一些会在晚一些的时候重新回来引导我们的认知。杨-米尔斯方法对我们认识强力的神秘作用起先可能没有提供什么洞见,但它如今却是我们理解各种粒子和力的基础。然而,只有经过理论上的进一步发展和实验的不断发现,我们才真正清楚杨-米尔斯方法和粒子间力的性质之间的关联有多大。

1979年10月,在杨-米尔斯论文发表25年以后,三个理论物理学家从斯德哥尔摩获悉他们被授予当年的诺贝尔物理学奖。格拉肖(Sheldon Glashow)、萨拉姆(Abdus Salam)和温伯格(Steven Weinberg)三人各自独立地在局域不变性原理的基础上建立了一个新的理论框架。他们之前的杨-米尔斯构想和外尔构想的时代到来了,但却是以一种相当意想不到的方式到来的。

新的理论把电磁力和弱力放在一起考虑，而不是考虑按杨振宁和米尔斯所遵循的思路那样可能得出的电磁力和强力。"电弱理论"还成功地解决了质量问题并且纳入了重场粒子。不仅如此，这个理论（在一些能被测量的量的少许帮助之下）甚至还预言了这些粒子的质量。

弱力是某些种类的放射性的基础。发生这种放射时，原子核所包含的中子变成质子，或反过来，这样原子核就"衰变"了。这些过程引起了真正的炼金术，因为它们改变了核中质子的数量，而这又依次改变了该原子核所属的原子的化学性质。碳能变成氮，铅能变成铋，等等。与此相似，在太阳和其他恒星的核心中，质子在核反应链中变成中子并释放出能量。所以虽然弱力在原子核里比强力小 100 000 倍，但是它对我们宇宙的性质，以及通过太阳对生命本身产生了非常直接而深远的影响。

就日常世界上的现象来说，电磁力和弱力竟然会在根本上紧密地相连在一起，这似乎使人惊讶不已。电和磁的长程作用是宏观的大尺度现象，诸如雷暴雨和北极光，而弱力的作用则是隐秘的，处于微观的亚原子尺度。我们获取的来自太阳的生命能源是以光子——电磁场粒子——的形式到来的，尽管这一能量是在太阳核心深处，在核的弱相互作用所引发的反应中释放出来的。格拉肖、萨拉姆、温伯格正是在这些看似无关的现象中发现了它们之间的联系，虽然这是一个他们最初都没有打算着手去作出的发现。

在英国，萨拉姆对用局域不变性来理解粒子间的弱力很感兴趣。弱力能改变粒子的电荷，例如把中子变成质子。因此，萨拉姆提出弱力可能来自像杨振宁和米尔斯所描绘的那样一个场，这个场有三种"场粒子"分别带正电荷、负电荷和零电荷。正场粒子和负场粒子可与改变电荷的弱相互作用很容易地联系起来，但中性场粒子却更成问题。一种自然的选择是把它和一种熟知的中性场粒子——电磁学中的光子——等同起来。这样,"电弱统一"的构想就开始在萨拉姆的脑海中形成了。

在美国,格拉肖在研究一个类似的课题,尽管出于不同的原因。他想要解决的问题是:现存的一些弱力理论总是会导致在计算中出现没有物理意义的无穷大量。他认为通过把电磁力和弱力纳入到一个理论中,计算中那个令人不知所措的无穷大问题就能得到解决。他选择把他的尝试建立在杨–米尔斯方法上,并且和萨拉姆一样,假设其中的中性粒子是电磁学中的光子。然而,格拉肖和萨拉姆各自很快地认识到有一个更好的理论,这个理论以不同的方式把电磁相互作用和弱相互作用的对称性并合起来。他们的结果是有两个中性场粒子的一个理论。这两个场粒子是电磁学中的光子和弱场中的一个不同的中性粒子。

这个理论刚开始有好几个问题,其中的一个就是质量问题,这个问题以前曾给杨振宁和米尔斯带来了许多困难。与强力相比,弱力的作用范围显得很小,这意味着在"量子接球游戏"中的弱"球"一定很重。在此电弱理论中,光子还是没有质量的,但弱场的正粒子、负粒子和中性粒子都有很大的质量。但是赋予场粒子以质量会破坏局域不变性,而若是这样,这种方法也就丧失了其存在的依据了。更使格拉肖灰心的是,无穷大问题仍然存在,而且关键是并没有实验表明存在着这个理论所要求的那个重的中性场粒子。

质量难题的解决来自于一个意想不到的地方—— 一个完全不同的物理学领域,它研究的是固体中原子的集体行为。关键在于下列概念:即使作为基础的方程是对称的,物理系统仍可以存在于一个缺乏对称的状态之中。例如,铁原子能表现得像小磁体。在一块普通的铁中,这些原子磁体指向是随机的,因此有对称性,因为没有一个方向比任意其他方向更占优势。但是铁能被磁化,此时原子磁体按磁场方向排列起来。原有的对称性似乎消失了,虽然描述原子运动的方程还保持它们原有的对称性。好几个理论物理学家，其中有爱丁堡大学的希格斯（Peter Higgs），意识到他们能运用这些观点使粒子获得质量。这只要在方程中引入另一个场——这个场现在叫希格斯场。

希格斯场是不寻常的，因为虽然与它相关的势是对称的，但在该场中的运动方程的解却是不对称的。实际上希格斯势就像酒瓶凹陷的瓶底——整体形状是对称的，但是在凹陷顶端瞬间平衡的一粒豌豆会向一个方向滚动，这样就打破了对称。描述粒子间相互作用的方程蕴含着这样的意思，即粒子就像凹陷顶端的那颗豌豆——在最初的理论中，它们没有质量，但当它们与希格斯场作用时，它们就打破了对称性并获得了质量。

美国的温伯格看到了在杨-米尔斯理论中运用对称破缺的构想来描述强相互作用的希望。一开始他并没有成功，因为他试图将他理论中质量巨大的和无质量的场粒子跟已知的强作用粒子等同起来。他在接受诺贝尔奖金时的演说中回忆，"1967 年秋天的某一天，在驱车去麻省理工学院办公室的路上，我忽然想到我把正确的构想用到一个错误的问题上了。"他意识到他需要的无质量的粒子是光子，而质量巨大的粒子是弱场粒子。"于是弱相互作用与电磁相互作用就能以一种确切的，但是自发规范对称破缺的方式，来统一地加以描述了。"

4 年后的 1971 年，理论最后润色完成了，这使得"温伯格-萨拉姆-[格拉肖]的青蛙变成了一位被魔法迷住的王子"——科尔曼（Sidney Coleman）的这一说法使人浮想联翩。在荷兰的乌德勒支，特霍夫特（Gerard 't Hooft）和韦尔特曼（Martin Veltman）一起工作，他们证明了在一个被称为"重正化"的过程中，该理论中出现的一些无穷大抵消掉了。现在格拉肖明白他早期的难题是如何解决的了。"在重正化性的研究中，"他写道，"我勤奋地工作但错过了机会。规范对称性是一个精确的对称性，但它是隐藏着的。我们不能用人为的办法把质量项加进去"（像他曾做的那样）。特霍夫特和韦尔特曼的工作使电弱统一的处理方式上升到一个极为可敬的理论，而在1999年，人们确认了他们使电弱"青蛙"在众多理论中变成了王子的工作，他俩被授予诺贝尔奖。*

1973年到1983年的这10年里，许多关键的要素齐备了。1973年，实验最初揭示了"中性弱流"。这些隐约存在的过去未观察到的反应，揭示了存在着弱力的重中性场粒子。1983年，带电的和中性的弱场粒子在高能碰撞中被人为产生并被探测到了，而它们的质量与用电弱理论计算得出的结果一致。这是对杨-米尔斯基本观点一次激动人心的肯定。

色　力

关于弱力和电磁力的所有这些进展，是在何处脱离了强力——那个杨振宁和米尔斯曾一直想要描述的力的？20世纪60年代发生了重大的变化——也许可以把这10年看成是与一些陈旧观念决裂的10年——其中相当重要的是，我们对基本粒子实际上是什么这一认知改变了。人们发现质子、中子和大量的短命粒子是由更基本的粒子构成的，我们把它们称为夸克。例如说，每个中子和质子都由3个夸克构成，它们由强力结合起来。当时已经清楚的是，夸克的某些性质决定了强力。

理论物理学家开始认识到要使3个相同的夸克形成一个类似质子的粒子，这些夸克就必须带有一个新的、可予以识别的特性。为了满足量子理论的定则，这个特性必定要能区分出在此以外完全相同的夸克。类似于光的三原色，人们把这个能取3个值的特性称为"色"，而其可能值就用红、绿、蓝来表示。重要的是，人们逐渐搞清楚了不是同位

---

* 参阅《寻觅基元——探索物质的终极结构》，赫拉德·特霍夫特著，冯承天译，上海科技教育出版社，2002年。——译者

旋而是色才是"强荷"——夸克之间的强相互作用之源。

值得注意的是,物理学家为色夸克构造起来的理论正是杨振宁和米尔斯早已探索的那一类型理论。但是,因为色有3个值,而不是杨振宁和米尔斯所考虑过的同位旋2个值,因此此时得出的场就更为复杂了。此时应有8个场粒子而不只是3个。这些场粒子称为胶子,而且像夸克那样,它们也必须是带色的,这样才能使得这个满足局域不变性的新场是一个杨-米尔斯场——它是自身之源。这个描述来自"色荷"的强场理论被称为量子色动力学(简称QCD),类似于我们论述电磁力的量子理论,即量子电动力学(简称QED)。结果表明QCD是一个非常成功的理论,那么它是如何解决对短程强力所预期的重场粒子的那个问题的呢?

其答案就在胶子之间所能发生的相互作用的复杂性之中——这一特性在具有不带电的光子的QED中是完全不会产生的。QCD内的胶子相互作用使"强荷"——例如说一个红夸克——周围的力的有效强度在短距离内减少。这是一个惊人的发现,因为两百年来物理学家一直认为,当你靠近电荷时电荷的作用力会增加。但是,这个新效应似乎能解释20世纪70年代早期做出的一些似非而是的实验观察结果,这些实验是用高能电子去探测质子和中子。这些实验发现,当电子探测到更小的距离时,它们开始与原子核里的夸克相互作用,仿佛它们是完全自由的,或者说在更大的实体中根本没有受到束缚*。这一结果与强力随着距离的缩短而变弱的观点是吻合的。

那么距离增加后会发生什么呢? 强力似乎会变得更强。这个结论似乎提示单一的夸克不能像电子能被撞出原子一样从质子或中子中弹出,当然,从来没有证据表明能观察到单一的夸克。因此,强力的作用

---

* 举例来说,电子对质子的"深度"非弹性散射的实验结果是:质子是由3个几乎自由的点状带电粒子,即夸克构成的。——译者

范围似乎是很小的:夸克被幽禁在那些粒子的范围内。由此推出,为了解释强力的短程性,就毫无必要要求胶子是很重的。QCD中的胶子仍是无质量的,因此对该理论的局域对称性来说也就不会有任何问题。

属于一个时代的思想

同科学中的许多进展一样,从杨振宁和米尔斯的工作到电弱统一理论以及到20世纪70年代的QCD,其道路是漫长而艰辛的。格拉肖在1979年接受诺贝尔奖的时候提到了20世纪50年代的"由各小块织物拼缝成的被子"是如何织成70年代"美丽的挂毯"的。他继续说道:"挂毯是许多艺术家共同织成的,他们各自的贡献很难在这完成的作品中被辨别出来,而其中又曾覆盖过许多松动和不协调的丝线。我们的粒子物理学也是如此。"在同一场合,当萨拉姆几乎讲了一半,说到他的电弱综合的高峰时,他着重指出他已提及约50位理论物理学家的名字。

近代的科学史中,如今没有科学家会像以前那样完全与世隔绝地工作。而且,有这么一种观念:科学的进步和发现都有属于它们的时代。杨振宁和米尔斯可能走在了他们时代的前面,因为直到约20年后,他们对一个基本原理的信念才结出了硕果,但他们仍还属于他们的时代。1953年,在世界的其他角落,另一些人也在开始构建类似的理论。泡利,其有关场论的文章启发了杨振宁,也着手探讨是否有可能把电磁学中局域相位转变扩展到同位旋中去。但这一工作从未发表过,只是出现在写给佩斯(Abraham Pais)的信中。看来泡利意识到这个理论将会产生场的无质量粒子,而这与强相互作用的短程性是明显矛盾的。

在剑桥大学,萨拉姆的学生罗纳德·肖(Ronald Shaw)以与杨振宁和米尔斯相似的方法研究过同位旋的局域不变性,并得出了有3个粒子传递的同样的新场。肖后来在1982年写道,"我在规范场方面的研究是出于我对一般的不变性思想的迷恋，而这是受到了我在1953年看到的施温格尔写过的一篇（相对粗略的）预印论文的提醒。"他在1954年1月完成了这一工作，不过他仅把它写进了他博士论文第二部分的一章里。肖在1982年解释说，第二部分"由几个不关联的章节组成，其中包括论述SU(2)规范场的第3章。我记得我感到理论还不完善……所以在各处再继续探究。在1954年末以及1955年我写下了我论文的第一部分"。不完善算什么!肖在1955年9月提交了他的论文，而在1954年10月杨振宁和米尔斯的论文已在《物理学评论》上发表了。当然，肖和杨振宁、米尔斯一样，认为他的理论描述了不存在的无质量粒子。我们真为他的沉默感到惋惜。

第3个得出同一理论的人是日本的内山菱友（Ryoyu Utiyama），他在寻找一种能联系引力和电磁力的数学结构。1954年3月，他完成了论述"一般规范理论思想"的一些研究。正如爱尔兰理论家沃雷费泰（Lochlainn O'Raifeartaigh）在《规范理论的黎明》一书中所指出的："因为他已讨论了引力，所以可以公正地说内山龙雄的做法是最普遍、最全面的，但是从优先权的观点来说，他的贡献晚于杨振宁和米尔斯……" 1954年9月，内山菱友应邀到普林斯顿高等研究院访问。他很快就得知杨振宁公布了一个和自己的理论相似的理论，而且收到了预印本的一个拷贝。他在1983年出版的一本书中回忆，"我马上意识到杨振宁发现的理论正是我已建立的。我深深震撼了，以致没有细读杨振宁的文章，也没有把它与我的工作认真加以比较。"直到1955年3月，内山菱友才重新回到他的一般规范理论上去，并仔细研读了杨振宁和米尔斯的工作。他认为他自己的方法更有普遍性，因此就给《物理学评论》投了一篇论文，这篇文章在1956年初发表了。总的来说人们忽视了内山菱友工作的独创性，这很可能正如沃雷费泰所写的，"因为内山菱友考虑了一般的群，并引用了杨振宁和米尔斯，于是这篇1956年的论文往往被认为是杨-米尔斯理论的直接推广。"当然内山菱友有理由这样写，"我很遗憾，在1954年3月完成这项工作时没有把论文投寄给一家日本期刊。"

杨振宁和米尔斯在一起仅仅合写过两篇文章。其中一篇就是1954年的那篇著名的论文，它第一次提出了杨-米尔斯方程。另一篇写于1966年，是论述光子的，就不那么出名了。另外，尽管杨振宁现在被物理学界普遍认为是20世纪下半叶最杰出的理论物理学家之一，而米尔斯却再也没有在物理世界的舞台上出头露面过。杨振宁在和米尔斯合作3年后，他和另一位美籍华裔物理学家李政道共同获得了1957年的诺贝尔物理学奖。他们发现，为了解释一些非同寻常的亚原子粒子的令人困惑的性质，其唯一途径就是假设当粒子通过弱力相互作用时，左右之间存在差异。他们提出了如何用实验检验这个看似古怪的想法。使所有物理学家(其中有特别难对付的泡利)都感到惊讶的是，吴健雄和她的同事以实验证明了：弱力确实能区分出左和右。在随后的许多年里，杨振宁和李政道合作发表了许多重要的论文，但在20世纪70年代末他们令人遗憾地决裂了。

与杨振宁不同，米尔斯相对来说是默默无闻地继续着物理学的研究。1956年，他到俄亥俄州立大学任教，在那里他一直待到1995年退休。但杨振宁对米尔斯始终怀有深深的敬意，"鲍勃颖慧，敏于领会新思想，"1999年杨振宁在听到他的同伴亡故的消息后说，"我会把我俩的密切合作和我们有过的许多讨论珍藏在记忆里。"

与此同时，杨振宁也评述说，尽管他和米尔斯曾经"都为他俩工作中的优美性而高兴"，然而那时他俩都"没有料想到他们的研究会对物理学产生重大影响"。现在，在21世纪初，他俩的理论构成了电弱理论和量子色动力学理论的基础，这两个理论作为基本粒子和力的标准模型的关键组成部分高高地耸立着。看上去，通过对称性，优美性是与物理世界的运作方式极为复杂地联系在一起的。这一点早由海森伯——量子理论奠基人之一——认识到了。在一篇名为"美与理论物理"的文章中,杨振宁引用了海森伯1973年说过的话,"我们不得不放弃德谟克利特哲学和基本粒子的概念,我们应该接受一些基本对称性的概念。"

当1953年夏天,杨振宁和米尔斯着手用同位旋来理解强力时,却发现一个基于对称性的原理,而这个原理能给出联系基本粒子和力的方程。有了这个发现,他们在实现约300年以前牛顿的愿望时向前大大地迈出了一步。是否能从这同一原理得出(包括引力在内的)完全的统一,而使得牛顿的愿望得以实现,就有待于21世纪的理论家去完成了。

注释:

1. C. N. Yang and R. L. Mills, "Conservation of isotopic spin and isotopic gauge invariance", *Physics Review*, vol. 96, 1954, pp. 191—195.

延伸阅读:

Y. Nambu, Quarks, *World Scientific*, 1985向读者提供了让人感兴趣的阅读指南,对理解粒子和力有重要作用。

G.'t Hooft, *In search of the ultimate building blocks* (Cambridge University Press, 1997)是近期一位诺贝尔奖获得者终其一生对粒子物理学作出的论述。

G. Fraser, (ed) *The Particle Century* (Institute of Physics, 1998)涵盖了粒子物理学的历史,以及20世纪期间力和粒子标准模型的发展。

C. N. Yang, *Selected Papers with Commentary* (Freeman, 1983)包括有杨振宁许多论文的集子,其中涉及他和米尔斯的共同工作。

L. O'Raifeartaigh, *The Dawning of Gauge Theory* (Princeton University Press, 1997)包含了本章提及的所有重要论文,同时附有有趣但专业性的评论,非常值得物理学家一读。

第 **8** 章

天空中的明镜：
德雷克方程

奥利弗·莫顿（Oliver Morton）

英国著名科学作家和编辑，《连线》杂志特约编辑，常年为《自然》《经济学家》《国家地理》等多家著名杂志撰稿，1985年和1999年两次荣获英国科学作家协会奖。著有《月球——未来的一段历史》（*The Moon：A History for the Future*）等多部畅销书。

• • ◆ • •

"天文学家比其他任何人看得更远，看到更多，并且其观察方式要比其他任何形式的视觉都更彻底地脱离了实际的接触。"

自从伽利略以来，天文学家的凝视一直是最具象征性的强大洞察形式之一。天文学家比其他任何人看得更远，看到更多，并且其观察的方式要比其他任何形式的视觉都更彻底地脱离了实际的接触。不可否认的是，天文学家的凝视中的这种力量，部分是由于把它与占星术士被信以为真的洞察力联系在一起而产生的。不过，与此同时，作为纯粹的科学观察的标志，天文学的力量强烈地依赖着一个看来很明显的论点，即进行观察的人和被观察的宇宙之间没有任何关联。天文学家看到了一切，他所做的一切就是观察——而他在孤寂的高山之巅进行的观察，使得这一切变得更加富于浪漫色彩。

在第二次世界大战后的几十年里，天文学从山顶上搬了下来。技术提供了越来越多的方法，通过远距离仪器，以不同的波长来观察。这些新的观察方法中首要的一种，就是使用无线电波。而这一应用使得人们创立了天文学一种迷人的新形式，这种形式使得科学两极分化，并且对公众具有几乎同样程度的吸引力。射电天文学提供了一种新的方法，来看待地球以外的智慧生命的问题，这是一个既处于自然科学的边缘，又位于它们中心的问题。说它处于边缘，不仅是因为关于这个论题至今尚无任何肯定无疑的事，也因为它超出了自然科学要解决的通常问题的范围；从它的真正性质来讲，它是对人为事物的一次探索。而这又转而将它推到了科学的最中心处。使用射电望远镜来寻找外星球的文明，这是以自然科学的一些工具来探索人类在宇宙中的位置。它试图通过使用天文学家的客观凝视，而不是其主观的自省，去解答"人类是什么"这个问题：通过向外看，识别某种遥远的现象，然后说："人类就是像那样的。"

在20世纪50年代后期，射电天文学仍然处于初始阶段，当时一位名叫德雷克的年轻天文工作者意识到其中应有一些独一无二的东西。大体上说，他和他的射电天文学家伙伴们是地球上第一批能够探测在

其他星球上是否也存在着像他们那样正在从事着同样工作的人的科学
家。靠军用雷达和商业电视广播,地球已经在电磁波谱的无线电波一
端比它所围绕着作公转运动的太阳发射出更多的能量。德雷克在西弗
吉尼亚群山环抱的格林班克国家射电天文台工作。他使用的一架射电
望远镜有85英尺的抛物面天线。从像这样的一架射电望远镜中发出
的一束密集的电波所传送的信号,可以由另一个邻近的太阳系中的一
架相似的望远镜获得。他所工作的那座天文台不仅能够执行探测恒星
和星系的任务,还能使之探测其他星球上的文明。

还不只是德雷克一人这样突发奇想;同一年,即1959年,康奈尔大
学的两位物理学家科库尼(Giuseppe Cocconi)和莫里森(Philip Morri-
son)在《自然》杂志上发表了关于这一课题的一篇论文。[1]不过,跟发表
的优先权相比,德雷克更有资格拥有这一课题的声誉。他是第一个将
这种观念付诸实践的人。1960年4月8日破晓之前,他爬进位于地面以
上五层楼高的抛物面天线焦点处的筒中,安装了一个放大器。这个放
大器特别适合于增强他所认为很重要的那段狭窄频率范围内的信号。
[这个放大器是从麻省理工学院借来的。它由哈里斯(Sam Harris,一位
工程师和受人尊敬的业余无线电爱好者)制造,并把它放在一辆摩根老
爷跑车的乘客座位上驾车送来。]在近一个小时的时间里,德雷克一直
在摆动着那些调谐钮;然后,他一旦安全返回到控制室,这架望远镜就
瞄准了12光年远处的鲸鱼τ星(Tau Ceti)。什么也没有听到。对准了
鲸鱼τ星以后,碟形天线又重新校准,搜寻10.5光年以外的波江ε星
(Epsilon Eridani)。这时收听到了一个强烈而短暂的信号。如果真的存
在什么的话,那么在好几天的时间里,这些观测者也并不知道这个信号
是什么:5天以后,它又再次出现了,这次明显可以辨认出这是一架飞过
的飞机,这就成为自那时起就一直与科学如影随形的错误警报中的第
一个。

　　德雷克还不仅仅只是开拓了与外星智能的交流（这很快被称为CE-TI，后来又被称为SETI，即对外星智能的探索）*。在第一次探索的一年后，他精心整理出一项极其持久而豪华的方案，用以构建关于这个课题今后的探讨。虽然德雷克的探索——根据奥兹国**巫师的女儿的名字，这次探索被称为"奥兹玛计划"——一无所获，但是它与科库尼和莫里森发表在《自然》杂志上的那篇论文一起，已经产生了很大的影响，足以引起人们的兴趣，就这一课题召开一次小型会议。1961年末，这次会议在格林班克召开了，而德雷克的工作是整理这项科学计划。他决定把它搞成一次探究，内容是关于银河系中具有发射无线电波能力的文明的可能数量。对不同类型的发射源进行计数，是射电天文学对天空进行研究的一种典型方法。对源的数目——N——加以估计，不仅会对射电天文学家们从外星智慧生命那里收听到信号的可能性设置一些界限；它也将决定观察的最佳方法。如果N很大，那么观察单个邻近的恒星是一条值得一试的策略。如果N很小，那么最好是横扫整个天空。

　　如果这次会议将是关于一个数字的，那么就必须把这个数字计算出来。德雷克开始计算的起点，是与太阳相当相似的那些恒星在银河系中形成的速率R^*。一旦这一点确定了，接下来你将需要继续研究那些拥有行星的恒星的比例——在这个研究问题上，德雷克的老板和支持者施特鲁韦（Otto Struve）做了奠基性的工作。接下来将是在一颗特定的恒星周围的可居住行星的数量。然后是在这些可居住的行星中能有生命诞生的行星比例。其后是在那些像地球一样的、已演化出生命和智慧生物的行星比例。然后还有那些能制造出技术文明的智慧生物

---

　　* CETI 是英语 communication with extraterrestrial intelligence（与外星智能的交流）的缩写；SETI 是英语 search for extraterrestrial intelligence（对外星智能的探索）的缩写。——译者

　　** 奥兹国（OZ）是鲍姆（Frank L. Baum）的经典童话中的一个"很远很远的地方，居住着一些奇异的生灵"。——译者

的比例。出于学科上的自尊,为使整个想法确实可行,这里指的文明,被极为实用地定义为有射电天文学基础设施的那一类文明。

上述每一种考虑都可以用一个简单的数字来表示。德雷克决定,拥有行星的恒星的比例是f_p;在这样的恒星周围的可居住行星的平均数目是n_e;生命、智慧生物和文明的存在概率分别是f_l、f_i和f_c。最后,还有技术文明的平均寿命L。没费多少功夫,德雷克就发现,他已经创造了一个用来计算N的公式。如果加以简单地归类的话,它就成为可居住行星的比率,乘以在任何给定的可居住行星上的技术文明的概率,再乘以这些文明典型的保持通信的时间长短。完整地写出来——像德雷克在格林班克会议时写在黑板上那样写出来——它是这样的:

$$N = R^* \times f_p \times n_e \times f_l \times f_i \times f_c \times L。$$

这个简单的表达式后来就叫做德雷克方程,虽然称它德雷克公式也许更准确。它不是一个表达自然定律的公式;它只是告诉我们怎样通过将诸如R^*、f_p、n_e之类的7个数字相乘,来计算出一个数字。大多数的方程都是处在一个创造过程的结束时出现,概括了来之不易的见识,将它们推广并延伸它们的范围;与之相反,德雷克方程却只是一个起点。它不是一件分析工具,而是一件教学工具;不是一个可供使用的方程,而是一个用以谈论的公式。"就我本人而言,并没有花费任何深入的脑力或者洞察力,"德雷克后来这样回忆,"但是……它以一种科学家,或者甚至一个初学者都能正确理解的形式表达了一个重大的概念。"[2]德雷克将这些问题精炼成了一组适当的因子,这就具有一种持久的修辞上的优美。它使这一课题有了一个真正科学式的格式,并且通过这样做,似乎将那些有关的巨大未知情况变得比较可以容忍了。它还提供了一种幻想,使人们认为,因为思考外星文明而感到困惑的种种迥然不同的问题之间有了沟通的桥梁,而无线电波从何而来、射电天文学家们又从何而来这样一些问题之间也有了沟通的桥梁。

一个因子挨着一个因子,德雷克方程不知不觉地从天文学的问题转化到生物学的问题,再转化到社会学的问题。与此同时,它从熟悉的问题类型转移为不熟悉的那些类型。天文学家们常常着手去探索诸如在一个与我们的银河系相似的星系里,恒星构成比率这样的一些问题,而社会学家们却从不考虑一个特定的智慧生物逐渐形成文明的可能性。德雷克方程不顾这些差异,从而显示出了一种典型的技术统治的失误,即把用科学的语言来陈述一个问题的能力与用科学的实践来解决它的能力混为一谈。前者只需要一种才智;而后者需要一种知识体系以及一种把它们调动起来的方法。

德雷克一写出这个方程,格林班克会议上的11位科学家就对它表现出了极大的热情,并且在3天中的大部分时间内,都在为它的这些系数赋值。大家一致同意,在银河系中约有100亿颗类似太阳的恒星,而且由于银河系大约有100亿岁了,因此把其形成的比率压低到每年一颗是相当恰当的。施特鲁韦推断,其中的一半可能有行星。莫里森认为这个分数要小一点,大约是20%。关于每个系统中可能的可居住行星数量,意见有所分歧,从1颗(这是根据在太阳系中,只有地球是可居住的)到5颗(这是根据火星、木星和外行星的一些卫星也许同样是可居住的)不等。在这些科学家中最年轻的卡尔·萨根(Carl Sagan)提出,在一颗适当的行星上,出现生命是必定无疑的;生命在地球上已经诞生了,正是由于宇宙中常见的物质在经受了可以预知的物理与化学过程后产生的。那么生命也可以在别的地方通过完全相同的方式诞生。令人尊敬的生物学家卡尔文(Melvin Calvin)支持萨根的观点。对智慧生命也作了讨论,这或多或少也是确凿的。利利(John Lilly)根据他自己对海豚的研究,提出智慧生命在地球上诞生过两次,而不是一次。不过正如莫里森指出的,很难想象海豚会通过射电天文学做出了不起的工作。

第二天的会议有一个爆炸性的——或者说至少是出乎意料的——开始:卡尔文已获得诺贝尔奖的消息传到了格林班克会议上。施特鲁韦在早餐时的香槟祝酒中,命名卡尔文为名誉海豚。这个荣誉立即就传开了,海豚会社建立了:用绝大多数赞同的口头表决方法选出了全部会员。利利最好的研究海豚埃尔娃(Elvar)也当选了,它使得鲸目动物进入了CETI研究。在他们恢复工作以后,卡尔文声称,所有的智慧生物最终都将使用电磁波谱。关于他们是否会发展出一种技术手段来施展这种能力的文明,这个问题还没有真正予以研究。有人提出观点认为,某些智慧生物也许不想沟通,也有的观点认为,即使像特拉普派成员*那样的外星人也会露出马脚,因为不管愿不愿意,他们创造出来用于自己内部使用的信号会泄漏出去。最后,f_c被推测性地赋值为1/10。然后要决定L了,即一个技术物种的寿命。

对于这些海豚社团成员来说,纵然他们中的莫里森没有在太平洋上偏僻的提尼安岛上负责装备投掷到长崎的炸弹,L的值也很显然与那冷战的世界紧迫地关联着。他们都疑虑核武器的未来——更不用说担心人口过剩和污染问题了。技术文明的寿命少于100年,这个似乎有理的看法,虽然使人感到郁闷,不过并非不可避免。最后,他们决定取一个宽广的范围,从1000年到100 000 000年。海豚社团成员把他们所有的估计值放在一起($R^* = 1 — 10$, $f_p = 0.5$, $n_e = 1 — 5$, $f_l = 1$, $f_i = 1$, $f_c = 0.1$, $L = 10^3 — 10^8$),得出N是在1000 — 1 000 000 000之间的某个值,这是一个合他们心意的数字。这样的一个估计无疑符合一个天文学假设——这个假设归功于哥白尼,即地球不应该被看成是一个特别特殊的地方。如果人类仅只是我们这个星系中百万分之一个文明,那么折中原则(principle of mediocrity)显然得到了满足。把人类的家园重

---

* 特拉普派是经过改革的天主教西多修道会的主要一支,以苦行和发誓沉默为特征。——译者

新界定为一种普普通通的地方，对某些人来说也许是会感到不快的；但是对于把他们的根追溯到哥白尼革命和达尔文革命伟大变迁的那些天文学家和生物学家来说，任何其他的说法都是不恰当的。

对于某些人——特别是萨根——来说，德雷克方程所提出的最明显的洞见是，SETI可以被看成是一种测量人类生存可能性的方法。如果SETI由于N的值高而取得成功，那么将意味着L值也高，从而技术文明并不是注定会自我毁灭。奥利弗（Barney Oliver）是惠普公司的首席研究员，也是格林班克会议上的另一位老资格参加者，他在1971年编撰的关于"独眼巨人计划"*的报告中使得这一点成为不容忽略。独眼巨人计划设想，把耗资几十亿美元的数百台射电望远镜排列起来，专门用于SETI研究。在介绍这个计划的卖点时，奥利弗选择了对行星数量、恒星形成比率、生命的起源等数字的估计，使它们全都相互抵消了。在这个独眼巨人计划中，德雷克方程被简化为$N = L$，并且L"结果是所有因子中最不确定的一个"！[3]

这个论证不够有力，不足以为独眼巨人计划赢得资金。[正如机敏的空间政治评论员派克（John Pike）所评论的，要使如此巨大的计划能得到资金，唯一要做的就是提出一条令人信服的基本理由，去分配这些抛物面卫星天线，以使每个国会选区都有一台。]但是L仍然能够具有政治影响。1978年，参议员普罗克斯迈尔（William Proxmire）把他的"金羊毛"**奖之一给了NASA***提出的一个（小得多的）SETI射电天文学提案，原因是它浪费了纳税人的钱，并且决心要撤回它的全部资金。萨根在那时已经成名，他知道这位参议员担心核武器问题，就去看望了他，

---

* Project Cyclops，Cyclops 也译为库克罗普斯，是希腊神话中的独眼巨人。——译者

** 在美国，该奖项每年都颁发给钱花得最冤的政府资助研究项目。——译者

*** 美国国家航空航天局的缩写，全名为 National Aeronautics and Space Administration。——译者

并引导他一项接一项地浏览了德雷克方程,尤其强调了 L。据萨根的妻子安·德鲁扬(Ann Druyan)所说,普罗克斯迈尔的态度从"我打算听这位学问家把话说完,然后把他赶出我的办公室"变成了"由于着迷和惊愕而目瞪口呆……并且非常温文尔雅地承认他自己错了"。[4]*

尽管这些基于 L 的争论可能发人深省,但是它们也有自己的瑕疵。首先,SETI 计划不能真正为 L 提供一个值,因为这些计划并不是真正试图测量 N。所需要的一切只是单单一次接触:没有人打算做一次普查。撇开这一点不谈,L 与人类有某种关联的论点含蓄地假设了文明的寿命是均匀分布的。但是如果这种分布是非常不均匀的又会如何呢? 事实上格林班克会议的出席者们当时就倾向于这样认为,这也是他们对 L 的估计有一个如此广阔的范围的原因。冯·赫尔纳(Sebastian von Hoerner)是参加格林班克会议的射电天文学家之一,他指出,如果即使很少有几个文明能持续数 10 亿年,而大多数文明都像发热的核蜉蝣那样烧尽了,平均寿命 L 也将有一个很大的值。如果有 1% 的技术文明能持续 10 亿年,而其他的 99% 只持续一个世纪,那么 L 的结果也将是一个令人印象深刻的、听上去响亮的数字——1000 万年。哪怕任何一种特定文明当它一开始有核能力时,就面临压倒性的可能前景——快速灭亡——也是一样。看来可以相当肯定地说,萨根与普罗克斯迈尔参议员当时并未深入到这些精微之处。

SETI 与世界的终结之间的联系不仅限于关于它即将来临的可能性的一些靠不住的计算。讲述格林班克会议及其观念的第一本科普书是《纽约时报》的沙利文(Walter Sullivan)撰写的《我们并不孤独》,[5]这本书题献给"那些到处想使'L'成为一个大数的人"。而这就是海豚社团会员以各种方法希望做的部分事情。这些方法中最明显的一种是通过建

---

* 参见《展演科学的艺术家——萨根传》,凯伊·戴维森著,暴永宁译,上海科技教育出版社,2003 年,534 页。——译者

立联系。如果 L 大于几十年,那么大多数技术文明都将比地球的文明更古老。因此,如果可能建立联系,几乎可以确定是与一个更古老、更智慧的文明的联系。这里的更智慧指的是在技术方面和道德方面都更智慧。在技术方面更智慧只是因为它具有更多时间来发展;在道德方面更智慧是因为它通过某种方法根除了冲突的起因,从而经历了核时期后还继续存在着。因此当膨胀宇宙的宇宙论把望远镜变成能够看到过去的时间机器时,SETI 则把它们变成了观察一个充满希望的未来的工具。正如这种观点的一个早期支持者卡梅伦(A. G. W. Cameron)所说的:"如果我们现在走出下一步,与一些那样的社会进行沟通,我们就可以期待在我们的科学和艺术的所有方面都能获得巨大的收益。也许我们还将在管理世界的技巧方面得到一些有价值的教训。"[6]有人认为,即使这些外星人没有说出任何具有实际使用价值的东西,就是他们的出现,也将使地球上的各国人民团结起来。这些外星人不会是一个需要团结对抗的威胁——早期的 SETI 讨论对此意见一致,其依据是在发展了核技术以后,好斗的文明是不可能长期生存下来的——而他们崇高而深刻的不同之处将会使我们不会再因区区小事而争吵不休。

稍后,作家里吉斯(Ed Regis)指出,SETI 的支持者们——特别是萨根——像上述最后一个论点那样,以杂乱和看似矛盾的方法提出了种种理由。一方面,他们说在另一个世界中找到生命会使我们忘记我们自己的分歧,从而使我们自我灭绝的可能性比较低。另一方面,他们又说找不到另一个世界的生命则会使我们更深刻地重视自己,并由此而放弃战争。正如里吉斯很快就意识到的,这两种论点听上去都不像是实际事实——我们是否得想象一下 LBJ*,他的手指从按钮上缩了回来,向他的助手们解释的"如果在那一边存在着其他的智慧生物,我会按下

* LBJ 是 Lyndon Baines Johnson(林顿·贝恩斯·约翰逊,1908—1973),美国第36 任总统(1963—1969)的缩写。——译者

这个按钮,但是由于我们在这个宇宙中是孤独的,我就不会"? 事实上,萨根预见到了结果,不管SETI的探索是否成功,人类都应该远离大规模杀伤性武器。这一点无疑会表明,他是以这个结果作为他的出发点的,事实上也确实如此。

不过,SETI和救世之间的联系要比不牢靠的花言巧语更深切。对萨根来说,SETI不仅仅是度量生存可能性的一种方法。它是一个促进一种价值——科学理性和国际协作的价值——的方法,这种价值可能提高上述可能性。经受住了核危机的那种文明,将是一种齐心协力和着眼于全球大图景的文明。它将是一种了解自己在宇宙中的位置,窥视到空间深处和遥远未来的文明。SETI,被设想为一种全世界共同的事业,在其中美国和俄罗斯可以联合起来,它不仅仅是一个探测这样文明的方法,而且是努力地去创造这样一种文明的手段。

在这一方面,20世纪60年代的SETI和《星空奇遇》中的世界具有惊人的相似之处。与大多数成文的科幻小说不同,《星空奇遇》具有一种强烈的乌托邦理想的倾向。通过把肯尼迪的"新边疆"*言论和布什在1946年关于科学和政府所作的具有传统风格的报告中提到的"无尽的边疆"融合在一起,《星空奇遇》中的"最后边疆"提供了一种令人振奋的科学前景。就像庞莱(Constance Penley)在她对这部作品播出的影响作了研究后所写的"NASA/TREK"一文中说的,这一节目对于下列变化过程功不可没:"'进入太空'已[成为]一种主要含有比喻意味的说法,由此来表达我们尽力理解科学技术世界,并尽力想象我们自己在其中的地位。"[7]SETI的科学家们出于对核战争、人口过剩、资源耗尽、毒物污染等的担心,极力想要理解科学技术世界的意义,并要"进入太空"——如果不是用身体,就用天文学家们的凝视——这就是他们采用的手段。

---

  * 美国总统肯尼迪提出的施政方针,要求美国人们探索和解决"新边疆"外的种种问题。——译者

　　像海豚社团一样,与他们同时期的"企业号"的全体成员不仅"探索了新的文明",而且进行了一次实践。这艘星际飞船的驾驶舱中,除了有美国人以外,还有一个俄罗斯人和一个非洲人,更不用说还有一位伍尔坎(Vulcan)*星人了。这一系列作品的创作者罗顿贝里(Gene Roddenberry)说:"这种做法表达了这个系列作品的'讯息':我们必须学会一起活下去,否则非常肯定的是,我们不久将会一起死去。"[8]

　　俄罗斯人在SETI中的任务要比"企业号"[它主要是要吸引那些十几岁的少女们,她们对 The Monkees** 中的琼斯(David Jones)这样头发乱蓬蓬的人有好感]上的切科夫(Ensign Chekov)少尉的任务要重大得多。在20世纪60年代,苏联科学家们也对聆听来自远方的声音开始感兴趣。在美国,SETI 基本上还只是一场讨论而已——唯一真正的探索就是德雷克所进行的那一次——而俄罗斯人却一再地将他们的天线转向天空(尽管这些天线相当粗劣)。比在美国更显而易见的是,在俄罗斯,可以看到进军太空的文明成为一种必要的历史进程的一部分——这是一种更加理论化一些的进步,依此苏联用它制造的一些人造地球卫星"斯普特尼克"***领导着全世界的生灵走向未来。根据卡尔达舍夫(Nicolai Kardashev)那些有影响力的理论,地球正处于变成一种"Ⅰ类"文明的过程中,在这种文明中,一个种族逐渐控制了整颗行星上的能源。在遥远的未来,也存在着成为一种"Ⅱ类"文明的可能性,即能控制一颗恒星的所有输出能量。或者还可能成为一种"Ⅲ类"文明,即能控制整个星系。尽管Ⅰ类文明可能是最普遍的,但是Ⅱ类和Ⅲ类文明却将是非常值得注意的;它们可能稀少上千倍,但却辉煌几百万倍。普林

----

　　* 伍尔坎,罗马神话中的火和锻冶之神。——译者

　　** 20世纪60年代美国的一支流行乐队,由4人组成,下文中的琼斯是其中的一名成员。——译者

　　*** 斯普特尼克(Sputniks),指苏联人造卫星,或称苏联卫星,源自俄语 спутник,1957年10月4日进入轨道。——译者

斯顿的一位物理学家和数学家戴森在此以前也曾推测过能使用来自一颗恒星的大部分能量的一些文明,并且提出,他们所排出的热量也许可以用对红外线灵敏的人造卫星来探测。包含了恒星的Ⅱ类技术以后被称为"戴森球"*,不过戴森后来写道,这个想法实际上是源自斯特普尔顿(Olaf Stapledon)的小说《恒星制造者》。该小说谈到了遥远的未来:"每一个太阳系都被一层网状的光陷器包围着,它们将逃逸的太阳能聚集起来以供明智的用途,所以整个星系都暗淡了"。⁹斯特普尔顿不仅预示了SETI在科技上的推断,还预示了其心灵上的期望。在《恒星制造者》中,寻找出与书名同名的那种智慧生命背后的动机,"不仅仅是科学观察,同时也是为了与另外的一些世界实现某种智力上的和精神上的交往的需要,是为了相互的丰富和参与"。

萨根深感有必要使SETI真正全球化以及使地球上正在出现的Ⅰ类文明变得稳定,把他无限的精力中的一部分用于在东方安排格林班克会议的一次续会。1971年,他和卡尔达舍夫一起,在亚美尼亚的比尤拉坎天文台召开了一次会议。美国代表团由参加过格林班克会议的一些老将和新人组成,其中包括克里克(Francis Crick)、戈尔德(Thomas Gold)、麦克尼尔(William McNeil)和明斯基(Marvin Minsky),后者带来了一些飞碟**,因其在亚美尼亚前所未见而轰动一时。大约有30位苏联科学家参加了会议,其中包括卡尔达舍夫的同事什克洛夫斯基(Iosif Shklovskii),此人在第一颗苏联人造地球卫星"斯普特尼克"发射5周年之际,曾写过一本书《宇宙·生命·心智》。萨根也曾安排将它从俄语译成了英语,同时在其中加入了大量他自己的材料。最后的书取名为《宇

---

* "戴森球"是戴森在1960年提出的。一个高度发达的文明对能量的需求十分惊人,它可能用一个行星系中其他的行星制成一个包围中心恒星的壳,以充分利用绝大部分的光子。——译者

** Frisbee,指的是投掷游戏用的飞碟,由其商品名Frisbie变化而来。——译者

宙中的智慧生命》,德雷克方程在其中占了很显著的地位。关于这一课题,这本书在当时是唯一的一本由科学家撰写的长篇论著,用历史学家迪克(Steven J. Dick)的话来说,这是"SETI运动的圣经"。[10]

在比尤拉坎,德雷克方程又一次构成了讨论的基础。克里克可不像格林班克会议上的那些天文学家那么容易就被萨根声称的生命必然性说服。如同往常一样,方程的后面几个部分很难讨论。休伯(David Hubel)是一位神经科学家,他说即使在早饭时有人劝他喝下亚美尼亚的干邑酒之前,他对于为什么某些生物能进化出智慧,而另一些则在没有智慧的情况下也过得很好,一点都不清楚。人类学家和人种学家理查德·李(Richard Lee)说,语言对技术文明来说是至关重要的,但却不是充分条件。布须曼人*在文化上的丰富和在小机械方面的匮乏就说明了这一点(他还在会议的宴会上用 !Kung** 的语言祝了酒)。尽管存在这些障碍,还是得到了 N 的一个数字——1 000 000,正好与萨根和什克洛夫斯基在《宇宙中的智慧生命》一书中所提出的一样。

尽管德雷克方程在这次为期一周的会议上起了一个起点的作用,但与会者们在讨论中还是超越了它,几乎用"宽泛"这两个字也不能正确描述他们的讨论。这些无边无际的科学头脑提出了许多的奇想和担忧,现选一些特别的列举如下:深挖到地表以下60千米处的巨大机器;中子星上的生命;人工智能;封闭在基本粒子内部的宇宙;新的物理定律;太阳黑子对创造力的影响;快子;"理性遗传的自我毁灭"(也就是说,蠢人的无限繁殖);即将到来的黄金时代;纳米技术;黑洞;白洞;反物质火箭。坚毅的速记打字员斯旺森(Floy Swanson)为子孙后代把这些都打印了下来。[11]

---

* 南非卡拉哈里沙漠地区的一个游牧部落。——译者

** !Kung是居住在非洲纳米比亚东部、博茨瓦纳西部喀拉哈里沙漠中的一支民族及其使用的语言,其许多发音在其他民族中无法找到。——译者

在SETI研究的整个头10年中,射电天文学家们设法相当好地紧扣住他们开始争论的内容。这并不是说没有更标新立异的想法,比尤拉坎会议上就满是这类想法。但是正如莫里森在那里所表明的,在讨论中增加无法验证的种种可能性并不是特别有用。SETI开始是作为一个射电天文学的项目,因为莫里森、科库尼和德雷克已经看到,射电天文学提供了一个像我们这样的文明可以被另一个像我们这样的文明探测到的唯一方法。那些不是明亮的射电源的外星人——这或是因为他们是有智慧的气状星际云,或是因为他们是在后技术黄金时代的纵情逸乐之徒,又或是在中子星表面上四处爬行的核物质生物——是不会切断无线电的。SETI的技术性细节因此也就是射电天文学的技术性细节,比如说选择恰当的频率(即在所有时候、对所有的种族的射电天文学家们来说,看来都是"自然"的那些频率)和发信号的策略。例如,I类和II类文明之间的差别基本上就是他们的无线电发射机功率之间的差别,还有就是适用于探测这些信号的策略之间的差别。(在比尤拉坎会议前后,德雷克自己逐渐开始对一些II类文明——超文明——感兴趣了。他和萨根在1974年对它们进行了搜寻。这一次他们没有使用德雷克在格林班克第一次搜寻时用过的那一架85英尺望远镜,而是使用了一架新整修过的阿雷西博射电望远镜。它位于哥斯达黎加群山中间,有一个巨大的碗形天线。这次他们不是去逐个地观察恒星,而是去观察整个的星系,同时基于考虑到超文明要补偿其大量缺乏的物质的问题,于是就使用信标发射机对数十亿遥远的恒星发射的无线电波进行取样。)

对于太阳系以外的文明,天文学家是唯一不仅仅谈论而能够确实做一些事情的人,但这一点并不意味着每个关心此事的人都会遵从他们。许多生物学家觉得生命的起源并不像萨根所声称的那样是一件必

定会发生的事情，而且假如说有生命产生的话，像我们这样的人类通过
进化被创造出来的可能性小到几乎等于零。这种论点中最有影响的一
种说法，是杰出的进化理论家辛普森(George Gaylord Simpson)提出的
"类人生物的不盛行"学说。[12]辛普森说，进化是偶然发生的事情，而不
是绝对的。它对于孕育人类没有任何兴趣，这样做的原因只是出于偶
然。它不会再一次制造出人类，因为它从不重复制造任何东西。那么，
如果它不会在地球上再次制造人类，它又为什么会在别的地方这样做
呢？萨根的回答是，虽然人类的特殊进化史也许不太可能发生了，但是
还有许多可能的进化史，会导致像人类一样聪明的生物产生。即使这
些进化史中的每一种就其本身而言也许发生的可能性非常小，但是如
果它们的数量足够多，那么只要其中有一个发生，机会还是相当大的。

　　要回答这些机会有多大的问题——即有多少进化史可能有指望趋
向于产生智慧生物——这或多或少会归结成一个口味问题。某些进化
论者，比如说古尔德(Stephen Jay Gould)，他们觉得尽管进化当然不会
在其细节上重复自己，但是智慧却是进化中有可能会再三创造的东西
之一，就像眼睛或者翅膀那样。[13]如果真是这样的话，那么认为它可能
也会在别的一些行星上进化产生就很有道理了，因此也就有理由认为
SETI可能是值得一试的。其他的一些进化论学者，比如说戴蒙德(Jar-
ed Diamond)，他们认为虽然像人类这种能制造无线电传送器的智慧类
型无疑有所用处，但是这并不意味着它会重复地进化产生。戴蒙德指
出，啄木是一种非常成功的生态谋略，但也是一种很难进化到的生态谋
略。在地球的历史上，只有一个进化分支——啄木鸟——曾经利用过
它。如果啄木鸟不曾出现过，那么就没有理由认为，它们的这个生态龛
可能会被填满；在这些鸟儿从未到达过的那些地方，这一生态龛就永不
会填满。戴蒙德提出，SETI在寻找的那种智慧生物更像是啄木，而不像
视觉或飞翔。[14]

　　从辛普森以来的每个人都意识到，尽管你对这个问题也许有看法，却没有真正的方法去估算智慧生命的出现频率。不过这种不确定性本身就使得德雷克方程有疑问了。如果你对此非常严格，那么把像f_i和f_c这样的因子乘在一起，就意味着把你在估算这些因子时的不确定性乘在一起。在格林班克会议上估算的R^*（从1到10）和L（从1000到10 000 000）的不确定性，意味着在最后的答案中存在着大量的不确定性。这个答案被认为是1000到1 000 000 000之间的某个值。并且正如克里克在比尤拉坎所指出的，在估计诸如生命起源的概率这样的一些问题中，不确定性是巨大的。它也许是一件确定的事情；它也可能只有万亿分之一的成功希望。没有可靠的方法去搞清。而且这种不确定性竟然会被体面地维持到对N的最后估算。数学家阿德勒（Alfred Adler）在《大西洋月刊》上发表了一篇尖刻的有针对性的评论。他兴高采烈地攻击了这些巨大的不确定性。[15]其中，阿德勒引用了克里克（"无论如何都不可能……对f_i这个因子作出任何合理的估算"）、穆欣（L. M. Mukhin，"我并不十分清楚我们如何才能估算出f_i"）和萨根（"在N的情况中，我们正面临着……一些非常困难的外推问题……因为根本没有任何范例"）的话，并总结说："这次会议的目的，即确定数字N的估计值，相当明显是一次十足的欺诈。"

　　"几乎难以置信的是，"阿德勒不依不饶，"与会者中的那些真正杰出的科学家（其中确实有好多）竟会心甘情愿地、几乎是热切地参与了一场滑稽的效颦，而这竟然是一些热爱和重视科学与智力的男男女女严肃认真地举行的。"阿德勒谴责这种心甘情愿对年轻科学家在智力风尚方面所造成的拙劣影响，萨根就是其中的一个典型。

　　　当代的技术家是一些有才华的、精心培养的、机会主义的、缺乏幽默感和缺乏想象力的蠢材……他冲过明智的人们不愿踱足走过的那些精微和深奥之处；他鸠占了他一无所知的那些领域……理智的、文明的人看来似乎已变得非常疲倦了，再也禁不起狂躁的年轻学者们的猛烈攻击。他们用不正当的手段获得研究拨款和影响，使他在会议上屏气不息；他们对周围的所有人大量散播含糊不清的新想法，并且用不折不扣的、狂妄自得的、不受约束的力量来使他们已经变得羸弱的长辈们感到筋疲力尽。

尽管阿德勒的脾气果真是坏到极点了，但是还有其他一些评论旨在发泄对持技术专家治国观点的空间科学家们的傲慢自大和对他们获得的资助的愤恨。这些批评抨击了SETI以及在外层空间生物学这一尚未成熟领域中的一些相关项目（比如说辛普森的计划）。

阿德勒是正确的，这是因为大量的不确定性意味着，在任何严格的意义上来说，德雷克方程或多或少是没有意义的。但是以这些依据来批评它，则是误解了它的根本目的。德雷克方程以一种方式表达了宇宙产生文明，正如它创造行星和恒星那样，也表达了用来探测宇宙中这些其他方面的工具实际上也可以用来探测文明。每一个有关的人员都知道这个方程的局限性，而有一些人则对它所要求的留出空间的社会权利不耐烦了："让哲学见鬼去吧！——我到这里来是学习观测手段和仪器的，"戴森在比尤拉坎会议上这样说道。但是他们也知道，它并不是代表一个答案，而是代表一类处理方法。要打破它的控制，光是说明它永远不能提供答案是不够的。你不得不去表明它所代表的处理方法永远都不会找到答案。有一个论点认为宇宙从未制造过能让我们联系的文明。就反对SETI而言，这个论点比任何从方法论上批评都要有力得多。

这个明显强有力的论点出现于20世纪70年代中期，当时天文学家们对宇宙的观点受到了太空飞行观念的挑战。SETI 的基本假设之一是，文明停留在进化出它们的恒星系内，因此其行为就好像是散播在天空的点源，在 L 为它们每一个鸣响之中，明灭闪耀几百万年。但是如果这些文明移动了又会怎样呢？如果外星人能够在恒星之间旅行，即使这一过程非常缓慢，那么他们访问这个星系中的所有太阳系的时间大约也只要 1 亿年。如果事实真是这样，那么假如这个星系至少有 100 亿岁，你也许就可以期望他们早已来过我们这里了。这种洞见通常被追溯到伟大的实验物理学家、第一个核反应堆的建造者费米于 1950 年的某一天在洛斯阿拉莫斯吃午饭时提出过的一个问题。据特勒回忆，费米突然"说出了这个相当意想不到的问题：'大家都在哪里？'费米的问题引起了哄堂大笑，这是因为奇怪的是，尽管费米的问题来得极其突然，但是桌边的每一个人似乎都立刻明白了他是在谈论地球外的生命"。(事实上在餐前有过一次关于外星球生物的讨论，这是由《纽约客》杂志上的一幅漫画引起的，这幅漫画认为城市中垃圾桶的短缺是由于飞碟把它们带走了；所以费米假装出他认为这是一个很好的理论的样子，因为这一说法不仅解释了飞碟的存在，还解释了垃圾桶的缺乏。)[16]

在那些 SETI 的创始人中，这个"费米佯谬"被看作是实际上不可能实现星际空间旅行的一条证据。在格林班克会议一年后发表的一份"空间旅行的局限性"的研究报告中，冯·赫尔纳写道："我个人得出这样的结论：空间旅行，哪怕是在最为遥远的未来，也将被限制在我们自己的行星系中，并且类似的结论对任何其他的文明也都将是成立的，不管它可能会有多么的先进。因此在不同的文明之间进行通信的唯一手段，看来只能是电磁信号了。"[17]在原先的海豚社团成员中，只有斯坦福大学的教授布雷斯韦尔(Ron Bracewell)把直接接触看成是古老文明接触年轻文明的一种有效方法。他想象那些先进的文明发送探测器到附近的恒星系中，寻找智慧生命，并且如果能找到的话，就与它交流。一些论点认为发射这样的探测器将会昂贵得令人不敢问津，布雷斯韦尔在反驳这些论点时强调，这些探测器是很小的："大约是一个足球的大小……相当于把一个人的智能塞入大小约如人头的东西里去。"[18]而且，一个探测器只要能维持足够长时间，就能够访问许多恒星。虽然布雷斯韦尔的想法与当时出现的许多其他构思一样合情合理，但是由于它离基本的"文明像恒星一样"的研究方法太远，因而不能成为与SETI一致的世界观的一部分。

布雷斯韦尔的想法还有另外一个问题：它把外星人带到了家附近。甚至是最富有想象力的人似乎都避开了外星文明正在侵占太阳系的想法。在比尤拉坎会议上，戴森详细解释了他的看法，即星系中可利用的最大、最吸引人的居住地不是在行星的表面上，而是在彗星的表面上，并且生命可以缓慢地在彗星云之间扩散，而永远不会靠近任何炽热扰动的恒星。当他提出这种看法时，戈尔德马上问他，他是否认为从别处来的生命可能早已扩散到了我们自己的太阳周围的彗星云中。甚至像戴森这样一个才思敏捷的思想者都不得不承认，他还没有考虑过这种可能性。

布雷斯韦尔继续偏离SETI的正路，用一种像费米那样的方式思考：星系中第一个向空间进军的文明将会占据一切。但是这种想法被"隐藏在［他于1974年所写的一本书的］一页或两页中，因为编辑觉得大肆宣传广泛分布的智慧生物的想法要比宣传唯一性和殖民化要好"。[19]不过在第二年，物理学家哈特（Michael Hart）作出了一个与费米论点相似的说法。[20]哈特从他所谓的"事实A"出发："现在在地球上还没有从外太空来的智慧生物。"

哈特为这个事实设想了四类解释。第一类是物质上的——星际旅行太困难了。对此观点他提出反驳的理由是，长寿的外星人，或者冬眠的外星人，或者机器人，或者应有尽有的太空城，都不会认为长达几个世纪的旅程是非常令人不愉快的,因此会让旅行以远低于光速的、实际上可以达到的速度来进行。第二类解释是"社会学上的":外星人对探险不感兴趣;他们的文明必然会停滞不前;他们全都会自我毁灭;他们会选择不去扰乱像我们这样的原始社会的发展。哈特认为,要解释地球上缺少外星球生物的原因,这样的一些解释必将适用于所有的外星球文明;如果即使其中之一是强有力的扩张主义者,那么我们可设想我们自己的情况,到如今它该在这里了。时间上的解释——他们到达这里的时间还不够——这一点他摒除了,其根据是,与星系的年龄或者进化的时间跨度相比,拓殖一个星系所需要的时间是微不足道的。第四类解释——他们已经来访过了——归入相同的论证。如果他们只是刚刚来访过,为什么他们离家出走这么长时间? 如果他们很久以前来访过,为什么他们现在不仍在这里? 哈特总结道,"从事实 A 来看,认为有数千个先进文明散落在整个星系中的这种想法是相当难以置信的……我们的子孙后代也许最终会遇到不多的几个先进文明……但是它们的数量应该是很小的,并且很可能是零。"

　　几年以后,物理学家蒂普勒(Frank Tipler)提出了一些类似的论点,只不过不那么细致入微,但却特别引人注目。[21]蒂普勒认为,那些先进的文明很可能会建造"冯·诺伊曼机"——自我复制的机器人,在这种情况下也被配备在星际飞行中——并把它们发送到星系中去。这种情况一发生,这些机器的痕迹将会是明白无误的,且处处都有,因为只要在几千万年的时间里,它们就会散布到所有的太阳系中去。我们现在看不见任何冯·诺伊曼机;没有任何其他的文明存在。因为 SETI 的基本假设已被证明是错误的,所以,蒂普勒是足够重视这一论点以积极地阻止再有更多的金钱"浪费"在 SETI 上的。另一方面,哈特把他的批评融合到了 SETI 圈子的语言中,以"事实 A"作为 N 非常小的证据,然后在此基础上重新细查了德雷克方程。他继续研究可居住行星存在的可能性,而通过表明这种星星很稀少似乎支持了 N 很小这一点。1979年,在蒙特利尔举行了国际天文学联合会会议,[22]在会议组织的一次SETI讨论会上,哈特为德雷克方程中的那些因子提供了在一定范围内的一些值,并且坚持认为,只要作出一些适度的或者稍微有点悲观的假设,N 很快就会降低到1以下。[23]

此前,N 从未被真正争辩过;它总是在10 000到10 000 000之间的某个值,从未有人采取过强硬措施支持某一个特别的数字。只要它是一个数字,其大小类似于出现在典型的天文学目录中,计算星系或者星云或者无线电源或者诸如此类事物的一个数字,那么它就在实现使SE-TI看上去像普通天文学那样的任务。蒂普勒和哈特对SETI提出的挑战的威力反映在下面这个事实之中:1979年国际天文学联合会关于这个主题的讨论会以6篇论文为特色,它们主张的 N 值范围相差很大,而且它们都得到了崇高的地位。关于"每个人都在哪里?"的争论袭击了SETI的核心,这从某一点上看是进化论点从未有过的,而且这使许多人改变了立场。萨根的合著者什克洛夫斯基逐渐开始赞同他们。冯·赫尔纳也是这样,他把争论的问题归结为下列精炼的评论:人类无疑希望去探险和拓殖,因此,"如果我们是典型的,我们就不该存在了"。SETI曾断定过这样一种观念:在整个天空中存在着或多或少与我们有些相像的其他无线电使用者——你可以指向那些星星并且说:"人类就是像这样那样的。"如果你的人类原始模型是一个探险者而不是一个射电天文学家,那么费米佯谬就击中要害了。

在20世纪70年代,太空飞行以某种前所未有的程度显得真实了,因此人类作为星系探险的一种群体的想法也同样真实起来。正如哈特所写:"在'阿波罗11号'发射成功以后,如果听到有人声称太空旅行不可能做到,就会显得奇怪了。"到蒂普勒作出他的贡献时,NASA已经发射了4艘星际太空船,其中"先驱者10号""先驱者11号""旅行者1号"

和"旅行者2号"都正在离开太阳系的行程之中。在当时将N的估计值向下修正时,费米佯谬能起作用的另外一个解释是,人口的指数增长已成了一项主要的忧虑。核弹和"人口炸弹"已结合在一起了;罗马俱乐部*估算出,这个世界很快将会耗尽那些不可再生的资源。对于那些既考虑这些问题又重视SETI的人来说,向太空扩张看来是接下来必要的一步——因此也是任何其他先进文明的必要一步,这一步最终会导致整个星系因资源缺乏而引致的扩张。最后,一个低值的N将使SETI与称之为外层空间生物学这个突然出现的领域中剩余的那一部分气氛一致。SETI的头十年,也就是20世纪60年代,和最初的一些探索其他行星上的生命的计划吻合;德雷克出席了这个新的外层空间生物学界的前几次会议之一,萨根注定将成为其最突出的拥护者。不过,到了20世纪70年代末,外层空间生物学已经毫无生气了。去往火星执行"海盗"宇宙飞船使命的那些登陆车最初都是为搜寻生命而装配的,但是却没有发现任何对外层空间生物学有明显意义的东西。太阳系中的生命看来仅局限于地球。"阿波罗号"上的宇航员拍下了我们自己的行星的照片,这是一些在无生命的茫茫太空中的脆弱生命的图像,这又使我们加强了这种印象。在一个局部看来贫瘠的宇宙中,就算我们不希望宇宙是孤寂的,也真是这样的。

支持高N值阵营中的人有着各种各样的相反意见,但是其中没有一种是能引起人们强烈兴趣的。哈特和他的同行们也许低估了星际旅行的真正困难。萨根借用了用于解释麝鼠蔓延的数学,从而指出文明在星系中的散布也许比它们的星际飞船的速度要慢得多,因为填满那些新的世界所需要的时间,要比到达邻近的太阳系所需要的时间多得

---

* 1968年成立,是由世界各地的科学家、教育家和经济学家组成的一个非正式国际协会,因总部设在罗马而得名。其工作目标是关注、探讨与研究人类面临的共同问题。——译者

多。先进的文明也许会发现它们彼此之间的相互交流比任何其他的活动更值得关注——或者甚至可以说更具毁灭性，这在某种程度上就会阻止扩张。没有人会建造冯·诺伊曼机，因为它们可能会失去控制，然后吞灭整个星系。[24]

不过，人们多半会避开潜在的最有力的反面论点。那就是，哈特的"事实A"并不是一个事实；不存在外星球生物并不需要解释，因为它们不存在。哈特将相信外星球生物的存在与相信瞥见UFO是他们存在的证据等同起来，并以不那么令人信服的评论——"既然几乎没有天文学家相信UFO的假设，那么看来也就没有必要讨论我自己拒绝它的理由了"——摒弃了外星人存在的想法。但是相信在太阳系中、甚至是在地球上还存在着未被认识的外星人，这在乍看之下似乎并不比被接收作为SETI讨论组成部分的其他推测来得更牵强。有些人却对这个想法足够重视，从而建议在小行星带中搜寻工业废料。但是，在这个还远未到天文学范围就有外星人存在的想法几乎没有人赞同。

其中部分的原因，无疑是在实践中很难将这样的一种信念同UFO理论区别开来，而那些理论在一定程度上被认为是不科学的，而其他的SETI观念并非如此。不接受在我们的附近就存在外星球生物的另一个原因，也许是因为天文学家的凝视具有神话般的力量。如果在我们的附近存在外星人太空船的话，我们一定会通过我们的望远镜看到它们。事实上，情况也并非一定得如此。在我们的太阳系中还有许许多多我们从未观察过的东西。还有几百万未被分类的小行星存在，它们大得足以成为星际太空船。但是有人想当然地认为它们现在是看不到的，要不然我们早就看到它们了。对于天文学家的凝视已习以为常了，有人假定，可见的宇宙是能看到的，即使其中的大部分还从未被审视过。按日常生活来类推，有人假定，天文上的前景要比背景更容易看到，即使情况并非如此。正如遥远的Ⅱ类文明会使附近的一些Ⅰ类文明黯然失色,因此几乎我们在天空中看到的一切,尽管遥远得多,却比附近的一大块石头——或者是附近的一艘太空船——要更明亮。

还有一种更深刻的观点认为,"事实A"不是错误的。有了无法探测的智慧生命的出现,科学本身无能为力了:你再也不能可靠地确定什么是自然的。SETI的主题总是自然物和人造物的一种古怪的混合。外星球文明在许多方面被当作自然的对象来看待(它们的可能分布可以通过一种像德雷克方程那样的科学计算来界定),但是与此同时也被看成是人造的。SETI观察者们的技能在于把外星人的信号与真正自然的以及地球上人造的信号区别开来。这在思想方法上是一个很困难的任务,因为正如明斯基在比尤拉坎会议上所指出的,香农定律*表明,如果不知道编码方案,就分辨不出是经过有效编码的通信还是随机的噪声。因此人造的有可能看来像是自然的;只有外星人希望使它看起来不自然时,它才会看起来不自然——如果他们把发射设计成一种信标。但是大自然也有可能看起来像是一部信标发射机。在脉冲星被发现时,人们花费了不少时间才逐渐弄清楚大自然也可能产生这种断断续续的发射;发现它们的剑桥小组开玩笑地把这些信号源称为LGM,表示小绿人**。1965年,卡尔达舍夫声称,来自类星体CTA-102来的无线电辐射是人造的,当光学上有根据把它们和这颗类星体的亮度涨落联系在一起后,这一断言很快就被取消了。从奥兹玛计划以来的每一次SETI探索都探测到人类发出的信号,其中包括来自飞机定位信标的信号和间谍卫星的信号。

自然物、人造物和奇特地处于中间的智慧外星人的两个世界之间的差别,这在非常专门的SETI射电天文学领域中是很棘手的,但也是

---

* 由香农提出的关于通信理论基础的两大方程。——译者

** LGM是英文little green men(小绿人)的缩写,也就是假想中的外星人。——译者

可以应付的。这门学科只处理那些遥远到对我们这个世界无法产生任何因果效应的天体。不过，如果这些天体更靠近我们一些，它们就会令人忧虑了。科学家们依赖的事实是，他们可以识别出什么是自然的。我们中间的外星人使这种依靠变成了疑问。一个隐藏着潜伏的外星人的世界将会变得不自然；它会逐渐产生出一大类要去做的事；它会有欺骗性。在这样的一个世界中，最基本的科学假设——你可以安排得使"所有其他的事物都是平等的"这种观念——就再也不能作出了。在第一次格林班克会议后不久，也是在施特鲁韦早逝前不久，他写道："人类的自由意志并不是仅仅存在于地球上的某种东西，这一点如今可能已经几乎毫无疑问了。我们必须把我们的思想调整到这种认识上去。"但是实际上，这样一种调整在自然科学中是不可能的；除非外星人乐于通过信息传递加入到我们的社交世界中来。

外星人的自由意志将使其信奉者觉得自由意志在地球上是无法接受的，而在地球之外是高深莫测的。关于 N 值的一些后哈特论点都被一种新的需要困扰着，那就是要解释这些外星人的策略；对他们的战术、他们的意图、他们的恐惧和厌恶以及需求作出假设。事实证明，这些行为上的假设要同自然科学的逻辑调和在一起，远比 SETI 总是不得不作的、关于波长的选择和信标策略的那些相对次要的假设要困难得多（尽管实际上其中的差别与其说是种类上的，倒不如说是大小上的）。因为 SETI 是一种没有数据的自然科学，它就成了某种甚至更难以令人信服地成功应付下去的科学：一门没有交流的社会科学。对于许多人来说，这是很难接受的。如果它不是自然科学，那么正如戴森在答复萨根恳求支持时所辩解的：它并不有趣。"我觉得惊讶，为什么你如此认真地对待蒂普勒。我认为他的那些论点并不值得得到这么多的关注。我不能认真对待他的任何一个数字，也同样不能认真对待你的一些数字。今后的任何一个特殊模型,必定是范围狭小和缺乏想象力到滑稽可笑的地步。"[25]

尽管存在着关于 N 的那些问题,SETI 的搜寻还是持续到了 20 世纪的 80 年代和 90 年代。萨根在 1982 年邀请了许多杰出的科学发言人签署他的"SETI 请愿书",古尔德是其中之一,他说道:"我的自私足以让我想要在我的有生之年看到一些外层空间生物学的结果……而眼下 SETI 是我们所唯一拥有的。"不过较晚些,一些新的方法和发现使得非 SETI 的外层空间生物学再一次成为一种更加有希望的主题。作为这一过程中的一部分,这个领域的主要发起者 NASA 重新为它构思了"天体生物学"的概念:其中最主要的差别是,天体生物学试图包括对地球以外的生命研究,以及在同样的框架下,对地球上的生命的研究。这是合乎逻辑的一步,外层空间生物学是一种没有主题的科学这一古老的批评平息下来了。在太阳系以内,可能的新课题包括火星上已成化石的——而不是现存的——生命。这一方面的兴趣从 20 世纪 80 年代中期开始发展起来,是早在受到诸多争论的火星陨星 ALH 84001 中的古代细菌证据更早以前的事了。在木卫二*冰雪覆盖的海洋中存在生命的可能性,引起了广泛的兴趣。在一些恒星周围发现行星系统一直使人们激动不已,而用来探测类似地球的行星,并从它们的大气中寻找生命存在的化学证据的望远镜系统,现在是 NASA 的长期天文学计划的核心部分。[有趣的是,这样的一些系统却是来源于布雷斯韦尔的又一项建议;他们可能真正用来探测在那些遥远行星上的生命的技术可以回溯到 20 世纪 60 年代洛夫洛克(James Lovelock)**提出的一个建议,当时他与萨根在 NASA 喷气推进实验室中的同一个办公室里办公。]

---

* Europa,在希腊神话中是腓尼基公主欧罗巴。在天文学中指木星的卫星之一,木卫二。——译者

** 洛夫洛克在 1970 年第一次探测了空气中的氯氟碳化合物(CFCs)。——译者

就 NASA 而言，天体生物学应该是 21 世纪革命性新科学的首选者。但是，与外层空间生物学不同，天体生物学没有为 SETI 留下空间。这部分应归因于这个机构在 1993 年输掉了一场政治斗争，当时美国参议院从 NASA 最终能腾出时间和精力去做的雄心勃勃的 SETI 计划中撤去了全部资金。但是，如果 SETI 在政治上不再切实可行了，那么它在理智上也可能不再必要了。如果通过火星古生物学、木卫二的海洋学，以及太阳系以外的红外线光谱学，可以直接探测到类地球行星上的生命，那么也就不再那么迫切地需要让外星球的生命与我们对话了。天体生物学可以在德雷克方程前 4 项所界定的范围中愉快地继续开展下去，从事可居住行星的出现频率和生命产生的可能性研究。就目前而言，德雷克方程后几项连同 SETI 担心的所有对非自然物的依赖，都可以暂且搁置在一边。如果这种新的天体生物学研究也为一个低值的 N 提供了有力的证据——这是沃德（Peter Ward）与布朗利（Donald Brownlee）在《珍贵的地球》[*Rare Earth*（Copernicus，2000）] 一书中所提出的一种情况——那么至少从学术上的一致性观点来看，这反而更好。从天体生物学上证明 N 很小，这可能会使 SETI 仅仅成为在历史意义上有趣的一条死胡同。

然而，SETI 还在继续，事实上还在不断壮大。尽管没有集中的资金，不过慈善性捐赠和各个大学中可供自由支配的开销允许了一定范围的研究，其中包括那个在 NASA 计划中被大幅度削减了的很大一部分，这是通过加利福尼亚山景城的 SETI 协会私人资助的。在奥兹玛计划的 40 周年纪念会上，德雷克——此时是 SETI 协会理事会的主席——很高兴能够指出，由于无线电技术和信号处理方面的进步，使得同时可以扫描大量的频率，如今的搜索技术比他在格林班克时所用的原始设备要强大 100 万亿倍了。SETI 能力的发展比计算机的威力还要快得多，大约每 10 个月就会翻一番。随着这种长期的观察延续下去，天文学家的凝视变得更加有力。

但也许这根本不是一种观察。仅仅由于"射电"这个词的内涵,射电天文学总是在视觉和听觉这两个对立的隐喻似的属性之间被撕成两半。当射电天文学产生图像时——从类星体来的喷射、黑洞周围的盘状物——这也是天文学家的一种凝视形式。但是SETI不产生图像。因此SETI总是与听觉有一种特殊密切的关系,而与视觉却不是那样,尤其是在它的通俗描述中——而由于SETI现在是作为一种通俗的活动而存在的:由捐款资助,由数千位志愿者推动,他们在家中的个人计算机上分担数据处理的任务,因此就值得把这种通俗描述加以考虑了。第一批SETI的现实主义小说中,有一本是冈恩(James Gunn)撰写的《聆听者》。对SETI研究的最为成功的大众传媒介绍是1997年根据萨根的小说《接触》拍摄的电影。观众们立即被其中一名研究人员是盲人所打动了[事实上,他就是SETI协会的工作人员之一,卡勒斯(Kent Cullers)]。这部电影给人们最有力的顿悟不是视觉上的,而是听觉上的,是一种渗透到感官中的深入肺腑的触动。作者把它的主角描述成才智过人以致无法听到她自己的心声;不过,她最后的辩解手段却是一阵噪声。电影与它所依据的那部小说不同,它是以一种赞许的态度来看待这种著名的盲目现象的,或者说是一种信念;虽然这使得萨根的一些思想比较严谨的支持者感到不舒服,但是也很难像一些支持者所理解的那样把它看作是对于SETI完全不公平的评论。

天文学家的凝视是有力量的,因为在界定客观知识时,我们用到了视觉,即用到了感觉上的比喻说法:"眼见为实"。而另一方面,听觉是理解的一种主要的比喻说法。看到的体验必定深植于关于这个世界的空间模型中,因为被看者与看者之间的距离总是早已存在那里了。听觉是直接的、直觉的;我们用我们的耳朵感觉到它。视觉使这个世界客观化;听觉打开了通向语言和感觉的大门。听某人的声音和去寻找他们是非常不同的事情,因为没有人能够隐身,但是任何人要被听到,他就必须先讲话。听是被动的,而看是主动的。在所有这些方面看来,SETI似乎听觉的方面多,而视觉的方面少。它不需要数字或者有条理的一览表;它不需要方程或者计算。最后,它不是对于宇宙的研究,而是与某种在它开口说话以前我们无法知道的东西之间的沟通。

我们祈祷时,闭上双眼。

注释:

1. Cocconi and Morrison,"Searching for interstellar communications", *Nature* 184 (1959), pp. 844ff; 重印于 *The Quest for Extraterrestrial Life: A Book of Readings*, ed. Donald Goldsmith (University Science Books, 1980),其中也有关于这一领域的许多其他的早期经典论文。

2. *Is Anyone Out There: The Scientific Search for Extraterrestrial Intelligence*, by Frank Drake and Dava Sobel (Delacorte Press, 1992). 格林班克会议的这一记述主要是根据德雷克的叙述写成的。

3. *Project Cyclops: A Design Study of a System for Detecting Extraterrestrial Intelligent Life*,这是对在埃姆斯研究中心举办的一次暑期讲习班的记述,CR114445 (1971)。

4. *Carl Sagan: A Life* by Keay Davidson (Wiley, 1999) p. 348.

5. *We Are Not Alone* by Walter Sullivan (McGraw-Hill, 1964).

6. 出自 *Interstellar Communication*, ed. A. G. W. Cameron (Benjamin, 1963)一书的引言;*The Biological Universe*, Steven Dick, p. 508 中又引述。后面这本按历史年代很好地阐述了SETI以及其他有关的学科。

7. *NASA/TREK: Popular Science and Sex in America* by Constance Penley (Verso, 1997).

8. *The Making of Star Trek* by Stephen E. Whitfield and Gene Roddenberry (Ballantine/Del Rey 1968), p. 112. 在这一本书中,罗顿贝里(也许已经听到过德雷克方程了)描述了他如何以最大的独创性给该研究圈计算出可供探索的可居住行星的个数。遗憾的是,他没有交出研究的资料。因此他的研究成果只能说是拼凑出 $Ff^2(MgE) - c^tRl^t \times M = L/So*$ 这一公式以及由此得出的大量行星的个数。该研究圈中的任何一个掌门人都未要求他亮出底牌来。

9. *Star Maker* by Olaf Stapledon (1937).

10. *Intelligent Life in the Universe* by Iosif S. Shklovskii and Carl Sagan (Holden-

Day, 1966).

11. *Communication with Extraterrestrial Intelligence*, ed. Carl Sagan (MIT Press, 1973). 如果你不想掌握全部情况,请参阅一本论述精彩的著作 *Carl Sagan: A Life in the Cosmos* by William Poundstone (Henry Holt, 1999)。

12. "The nonprevalence of humanoids", by George Gaylord Simpson, *Science*, 143 (1964) pp. 769ff; reprinted Goldsmith, op. cit.

13. "SETI and the wisdom of Casey Stengel" 载于 *The Flamingo's Smile* by Stephen Jay Gould (W. W. Norton, 1984)。

14. "Alone in a crowded universe", by Jared Diamond, *Natural History* (June 1990); reprinted *Extraterrestrials: Where are They?*, ed. Ben Zuckerman and Michael H. Hart, 2nd edn (Cambridge University Press, 1995).

15. "Behold the stars", by Alfred Adler, *Atlantic Monthly* 234 (1974), pp. 109ff; reprinted Goldsmith, op. cit.

16. "Where is everybody", 作为琼斯(Eric Jones)给《今日物理》(*Physics Today*)的一封信,刊于该杂志 1985 年 8 月的那一期。该文收集了特勒(Teller)等人对这次午餐的回忆,更有一张煽动性的漫画。

17. Von Hoerner, "The general limits of space travel", *Science* 137 (1962), pp. 18ff; reprinted Goldsmith, op. cit.

18. 访谈录见于 *SETI Pioneers* by David W. Swift (University of Arizona Press, 1990), 一份很好的口述历史资料。

19. Bracewell in Swift, op. cit.

20. Hart, "An explanation for the absence of extraterrestrials on Earth", *Quarterly Journal of the RAS*, 16 (1975), pp. 128ff; reprinted Goldsmith, op. cit.

21. Tipler, "Extraterrestrial intelligent beings do not exist", *Quarterly Journal of the RAS*, 21 (1981) pp. 267ff.

22. 会议录为 *Strategies for the Search for Life in the Universe*, ed. Michael Papgiannis (Reidel, 1980)。

23. 比如说,由 $R^* = 20$, $f_p = 1/40$, $n_e = 1/1000$, $f_l = 1/10$, $f_i = 1/10$, $f_c = 1/2$, $L = 10\,000$, 得出 $N = 0.025$。

24. 关于这些可能性最完整和最系统的叙述也许是 "The 'Great Silence': the controversy concerning extraterrestrial intelligent life", Brin, *Quarterly Journal of the RAS*, 24 (1983), pp. 283ff。

25. 戴森给萨根的信保存在他个人文件之中,重新印制于 *Captured by Aliens: The Search for Life and Truth in a Very Large Universe* by Joel Achenbach (Simon & Schuster, 1999), 戴森的信没有注明日期。阿亨巴赫(Achenbach)的书极有趣。

第9章

生命的方程：
进化的数学

约翰·梅纳德·史密斯（John Maynard Smith，1920—2004）

英国著名进化生物学家，被誉为"演化博弈论之父"。曾获1986年达尔文奖章、1991年意大利巴仁奖、1995年林奈奖章、1999年科普利奖章和克拉福德生物科学奖、2001年京都奖等多项国际性荣誉。

• • ◆ • •

"在生物学中，是很难给出在定量上很精确的预言的，因为我们在构建模型时的那些情况是如此复杂。"

263

　　人们常常认为,生物学家可以在不用数学的情况下进行研究。毕竟,在达尔文的《物种起源》中并没有一行代数。但是这种印象是不正确的,如果我们跟随进化生物学后来的历史,这一点马上就会变得显而易见。只有当后代与它们的父母相似时,自然选择的进化理论才起作用,但是达尔文自己没有理解导致这一点发生的遗传过程。紧跟着1900年重新发现了孟德尔(Gregor Mendel)的遗传定律,遗传学开始发展起来了,而进化论的学人也立刻就分裂成了两个阵营。一方是"生物统计学家",是由好斗的皮尔逊(Karl Pearson)*领导的一群统计学家,他们提出,进化中重要的是连续变化性状的自然选择,比如说大小或身体的比例,而基因则是孟德尔学派学者想象中的一个离题的虚构。在另一方的则是许多实际饲养动物和培育植物的人,他们接受了孟德尔的离散遗传因子或基因理论,并且更进一步提出,新的物种是由于有巨大影响的基因突变而产生的,而自然选择是不重要的。

　　事后看来,这种争论似乎是荒谬的。但是需要用数学研究——最初是种群遗传学的创立人、英国人费歇尔(R. A. Fisher)和霍尔丹(J. B. S. Haldane),以及美国人赖特(Sewall Wright)——来说明如何能让这两种观点相互调和。生物统计学家们的观测数据主要是针对那些连续变化的性状、亲缘动植物之间的相关性,以及选择的影响。这些观察数据能够用许多基因的影响来解释,而其中的每一个都有小的影响。

　　在这篇短文中,我从一个非常简单的方程开始,它预言选择不起作用时的进化率,然后解释如何用它来计算过去的进化事件发生的时间。但是我的主题是关于这些难以预言自然选择的影响的许多例子,因为对于动物或者植物来说,并不存在要做的"最好"事情:相反,要做的最好事情取决于群体中的其他成员正在做什么。我将会阐述一个新

---

　　* 皮尔逊(1857—1936),英国优生学家和数学家,他开发了许多标准统计学方法。——译者

的数学分支——"进化博弈论"——怎样被用来解决这样的一些问题。

首先，我来讨论一种与基因突变及进化过程相关的定量论点。它的那些创始人表明了，是选择而不是突变，决定了进化的方向。在20世纪50年代，基因被发现是由4种分子排列成一串而组成的，这4种分子是碱基A、C、G和T。很幸运，你并不需要知道这些碱基的化学分子式——我自己也不知道。重要的是，这些碱基在基因中的精确顺序决定了氨基酸在它们所构成的蛋白质中的顺序，而这些蛋白质转而又决定了形成的生物体的种类。

很快，得到了关于蛋白质中的氨基酸顺序的进化变易的数据（随后还有为氨基酸序列编码的碱基A、C、G和T的顺序）。日本遗传学家木村资生（Motoo Kimura）考虑这些数据后，提出了一种新奇、在某些人看来还可以说是震惊的想法。尽管他也认可，适应进化是自然选择对实际上随机的突变发生作用的结果，但是他认为，在氨基酸的进化变易中，许多——实际上是大部分——都是非适应性的，或者说是"中性"的。也就是说，在一个群体中，发生一种氨基酸被另一种氨基酸进化性地替代——比如说苏氨酸取代亮氨酸——不是因为选择偏爱苏氨酸，而是出于纯粹的偶然性。由此假设在一个群体中，一些蛋白质在一个特定的位置上有亮氨酸，而另一些在同一个位置上则有苏氨酸。那么，由于在这个群体的一代中出现的基因是在上一代中出现的那些基因的一个随机采样，苏氨酸和亮氨酸的比例将会逐渐改变，最终其中之一将消失，而另一种则固定成为这个群体中的唯一氨基酸。

木村指出，他的中性假设对进化率有一个有趣的推论。为了领会他的论点，我们首先必须理解"突变率"的意思是什么。假设你从你的双亲之一——比如说，你的母亲——那里遗传到了一种特定的基因。突变率不过就是，当你把这种基因遗传给一个孩子时，它将会经历一次基因变化（或者叫突变）的概率。通常，最普遍的变化种类就是单个碱基（A、C、G 或 T）改变成另一个：通常这会改变一种氨基酸，但也不总是这样。木村提出的论点如下所述。假设基因的"中性突变率"（在一代中，一种新的突变产生的概率，这种突变对生存可能性没有影响）是 m。大多数这样的中性突变会在几代后偶然丢失。在非常少的情况下，在许多代以后，这种新的突变将"固定"在群体中：也就是说，这个群体中的每一个基因都是这个原来的突变基因的直系后代，于是一次进化变易就发生了。

这种情况发生的机会有多少？显然，这取决于群体的大小：在一个小的群体中，这种可能性会比较大。因此，我们来想象一个由 1000 只老鼠组成的群体。每只老鼠都有两组染色体，于是在这个群体中每个基因都有 2000 个副本。现在，假定一种新的中性突变发生的概率是 1/100（当然，这实在是太高了）。那么每一代就有 2000/100 个，或者说有 20 个新的中性突变。每一个新的中性突变最终被固定下来的概率都是与其他新的中性突变完全一样的——毕竟，这就是"中性"的意思。因为共有 2000 个基因，所以每个新的突变都有 1/2000 的机会固定下来。因此每一代中产生并且固定下来的中性突变数量就是 $20 \times 1/2000 = 1/100$。请注意，这个答案就等于突变率，而且不依赖于群体的大小，群体大小被消去了：如果我们把群体大小加倍，也就会使突变的数量加倍，从而使每一个固定下来的概率减半。如果群体的大小是 N，而每一代的中性突变率是 m，那么在每一代中固定下来的中性突变的数量就是 $2Nm \times \dfrac{1}{2N} = m$。把它表示为一个方程：

每一代中固定下来的中性突变数量 = 每一代的中性突变率

要是所有的数理生物学都这么简单，那该有多好！

所以木村的理论表明，中性分子进化仅仅取决于突变率，而与群体的大小无关。这一点很重要，因为我们通常对过去的群体大小一无所知,但是我们可以看似有理地假设突变率大约是恒定的。木村的想法是一个庞大的数学理论的起点,这种理论可以两种方式来应用。第一,它提供了一种"零假设",可以根据它来度量选择:对中性理论预言的背离就表明存在着选择。第二,有一些变化,它们很可能是接近中性的(最好的候选者是所谓的"同义"碱基变化;也就是说不改变氨基酸的变化,因此也就不改变蛋白质的机能)。我们可以用这些变化来确定过去一些事件发生的日期。如果我们可以估计突变率,那么通过将两个现存动物的一个基因的DNA顺序作比较,计算出它们之间同义碱基变化的数量,我们就可以确定这两个动物最近的共同祖先的年代——例如,人和黑猩猩,或者鸟和哺乳动物。

分子进化的中性理论类似于一种物理学理论——例如牛顿力学,它们都是从少数的几个简单假设中推导出的一组数学预言。分子进化的中性理论有其不同之处,因为它的这些假设最多只能是非常近似:例如,突变率并不是常数,甚至同义突变也不是绝对中性的。由于这个原因,我们在生物学中使用数学理论的方式也是不同的。如果一种物理学理论——例如说牛顿的万有引力定律——作出的预言哪怕与观测稍微有些不同,物理学家们就会闷闷不乐,并且要去寻找产生这种差异的原因。例如,牛顿定律预言,行星将会在椭圆形的轨道上运行,而太阳在椭圆的一个焦点上。历史上曾有两次仔细的测量显示,有一颗行星的运动与预言的运动稍微有一点偏离。在第一个例外中,海王星的不规则运动就暗示了这颗行星受到一颗以前不知道的天体的引力干扰,沿着这条线索,冥王星发现了。第二次偏差出现在水星的运动之中,后来人们发现,这是与爱因斯坦的广义相对论完全一致的。

在生物学中,我们却以一种相当不同的方式来使用方程。我们不能奢望去研究单单两个物体之间的相互作用,其中每一个都可以视为它的所有质量都集中在一个点上。相反,我们研究的是大量有机体之间的相互作用,其中每一个本身都是极其复杂的。在面对所有这些复杂因素时,一些简单的方程怎么能帮得上我们呢? 首先,我们隔离出某种现象来研究。心脏的节律性跳动;睡眠清醒的日节律;野兔、猞猁、野禽和加拿大北极其他动物的数量为期10年的周期变化,它们都是周期性的变动,但是它们几乎不大有同样的潜在机制。为此我们每次研究其中之一。然后,通过将实验与直觉相结合,我们猜测,或者用比较浮华的术语来说,我们假设了一种机制。为了查明我们的猜测是否正确,通常有用的做法是,写下方程来描述我们提出的机制,并且通过求解(或者模拟)这些方程,来找出它们是否产生了我们观察到的那种行为。换言之,我们希望这些方程将能定性地预言正确的行为。通常来说,要达到精确的数值拟合,是期望得过高了。例如,我们会希望加拿大生态圈的一个数学模型能预言数量上的周期性(规则性)振荡,即大致正确的周期,但是不会期望得到严格正确的周期或者振幅(不管怎么说,它们实际上是相当容易变化的)。

我们只能期望定性预言的一个原因是,在任何一个特定的模型中,我们都排除了大量的情况。例如,在模拟加拿大生态圈时,我们也许只会把极其丰富的物种中的几种包括在内(关于那些要排除的东西,我们很容易弄错),并且忽略逐年的气候状况波动(尽管有些理论已经认为这样的波动是至关重要的),以及环境的各种空间差异。那些刚开始进行生物学研究的学生,常常会问我,把某些肯定会影响结果的东西从一个模型中略去,该怎样去辩解呢? 回答就是,第一,如果我略去了某些确实重要的东西,那么这个模型将不会给出正确的预言,哪怕是定性的;第二,如果你设法要把一切都放进一个模型里,它将会变得毫无用处。你将不得不使用计算机模拟来研究它的行为,而且你将对你包含进去的哪一条特征是重要的也会一无所知。正如人类学家博伊德(Robert Boyd)和理查森(Peter Richerson)曾经谈及的:"用一个你不理解的世界的模型去代替一个你不理解的世界,这绝非是前进。"

因此,在生物学中,只有相当简单的模型才是有用的。我们为了得到简单性而付出的代价是,在我们的预言中缺乏定量的精确性。但是如果我们幸运的话,我们也许会发现,我们的模型会说明世界的一些特征,而它们在我们构建模型时是未曾想到过的。我将要尽力通过描述一个动物行为的模型来设法说明这一点。这个模型是我和普赖斯(George Price)在差不多30年前构建的。它最初的形式是如此简单,以至于几乎是平凡的。然而,即使在那么简单的形式中,它也解释了行为方面的一些情况,这些情况虽然是生物学家们所熟知的,但是在我们构建这个模型前却从未注意到。更重要的是,我们所采用的方法,即构建一种"进化博弈",其应用范围已经被证明比我们曾经梦想过的要广泛得多。它被用来分析各种各样的主题,比如说动物信号传输、植物的生长、病毒的进化,以及在一个群体中的雌雄数量比例:我将会讨论这其中的最后一个问题,以及在行为方面的那个最初的问题,就是这个问题带起了所有的一切。

第一,最初的那个问题。回溯到20世纪40年代,当时我还是一个动物学的学生。我和我的同学们都被动物行为学家洛伦茨(Konrad Lorenz)和廷伯根(Niko Timbergen)最近的发现迷住了——我猜想这部分是因为我们的老师看来好像从来没有听说过这些,再就是因为,感到胜人一筹是很愉快的。洛伦茨特别强调了当两只动物为资源而竞争时,它们是如何经常在一场竭尽全力的搏斗中不会用到所有的武器——牙齿、角、獠牙,而是沉湎于仪式上的表演,并且常常不经过战斗的逐步升级就解决了争端。在那时,对这样的仪式化行为的解释是,这对物种有好处;正如一位杰出的动物学家指出的,如果逐步升级的战斗很普遍的话,很多动物就会受伤,这样就"会对这种物种的生存产生不利影响"。

即使是一个学生，我也知道那一定是错误的。达尔文的自然选择进化理论——如同牛顿定律在物理学中占中心地位，它作为生物学的中心理论也已经300年了——主要是一种关于个体选择的理论。在任何一个特定的环境中，会有几种个体比其他个体更加可能生存和繁殖。当它们繁殖时，它们把自身的特征传递给它们的后代。其结果是产生一个由具有有利于生存的特征的个体所组成的群体。如果这对物种生存不利的话，就那样吧。随后你怎么来解释仪式化的争斗行为呢？

尽管我在1950年就意识到了这个问题，但是在随后的20年里，我并没有认真地思考它。然后，相当偶然地，我决定要学习某种"博弈论"，来看看它是否会有助于解决动物争斗的问题。博弈论最初是由冯·诺伊曼和摩根斯坦（Oskar Morgenstern）在20世纪40年代初建立起来，用来研究人类的"博弈"，也就是说，人类的相互作用，在其中要做的最好事情取决于你的"对手"怎么做。例如，在一场纸牌比赛中，什么时候虚张声势有利？对一名生物学家来说，这种经典博弈论的隐伏的困难在于，它假设每个竞争者的行为都是理性的，并且认为他的对手也会是理性的。显然，你对动物不能作这样的假设。然而，博弈理论家们提出了一个简单的想法，我认为它非常有用：那就是"收益矩阵"。

因此我们来想象下面的"博弈"。两只动物在竞争某种资源（一块领土、一块食物、一个配偶），这种资源的值为 V。一个个体可以选择一种"策略"，即鹰派策略或鸽派策略中的一种。（这里一种策略的意思只是表示一种行为，但是在以后的应用中，它表示任何可遗传的特征。鹰派和鸽派这两个术语看起来很自然，因为这种博弈是越战期间在芝加哥被构建出来的——它们不是特别地适合于提到的这两种鸟的。）在一场竞争中，鹰派用它所有的武器来战斗，直到它获胜，并赢得资源（价值为 V），或者严重受伤（代价为 C；这个价值和代价的意思将在下文中进一步讨论）。鸽派则作炫示；如果它的对手愈来愈强，它就在受伤之前逃跑,但是如果它遇到了另一只鸽派,它们就分享资源,每只得到的价值是$V/2$。给定这些策略,我们就可以写下一个个体的"收益",这取决于它自身的策略及它的对手的策略,如下所示:

i) 一只鹰派与一只鸽派对抗,获得了资源,而且没有受伤:它的收益是V。鸽派一无所获,但是也没有受伤:它的收益是0。

ii) 如果一只鹰派遇到另一只鹰派,它们有均等的获胜(收益为V)或失败(收益为$-C$)机会:平均起来,它的收益为$(V-C)/2$。

iii) 如果两只鸽派相遇,它们分享资源,每一只获得的收益为$V/2$。

这些收益可以用一个"收益矩阵"来概述:它给出了一个个体的收益,该个体采用的策略写在左列,而它的对手采用的策略写在上排:

对手的策略

	鹰派	鸽派
鹰派的收益	$(V-C)/2$	V
鸽派的收益	0	$V/2$

想象一个进行这种博弈的群体:它将怎样进化? 当一只鹰派遇到一只鸽派,它获胜了,但是由此并不能得出鹰派将取代群体中的鸽派,因为当一只鹰派遇到另一只鹰派时,情况也许会非常糟糕。我们想要知道的不是单单一次相遇的结果,而是随着时间的流逝,这个群体将怎样进化。我提出以下的假设:

i) 每一个参与竞争的个体都对抗一个随机的对手;如果有一些个体参与一系列的竞争,对抗一些随机的对手,我们将得到同样的答案。

ii) 然后一个个体生出若干后代,其数量取决于它在竞争中获得的收益。[1]换言之,我们把V和C解释为由战斗产生的后代的期望数量的变化。

iii) 当这些个体繁殖时,鹰派生出鹰派,鸽派则生出鸽派。实际上,这假设发生的是无性繁殖,并且忽略孟德尔遗传学的细节。在当时,这样做的正当理由是,人们对特定的一些行为特征的遗传学几乎是一无所知的,不过对于曾经研究过的几乎每一项特征来说,父母和后代之间总是有些相似之处的。从此以后,一些相当先进的数学已被用以表明,我们最初的假设的结果与一个有性群体中所发生的事情符合得相当好,尽管其中也可能存在一些差别。

因此,我们就有了自己的模型。它预言了什么呢?第一,假定价值 V 要比代价 C 大:例如,$V = 10$ 而 $C = 4$。那么收益矩阵就是:

对手的策略

	鹰派	鸽派
鹰派的收益	3	10
鸽派的收益	0	5

这会发生什么?对于这个矩阵,答案很简单。我们需要知道分别由鹰派和鸽派繁衍出的后代的相对数量。鹰派比鸽派做得好一些,不论它的对手是谁(3 比 0 要大,10 也比 5 大)。换句话说,不论这个群体中鹰派和鸽派的比例如何,平均说来,鹰派的个体将有较多的后代。这个群体将逐渐达到完全由鹰派组成。

更有趣的是当代价 C 比 V 值大的情况:此时再也不值得冒受伤的险去获得资源了。例如,假设 $V = 4$ 而 $C = 10$。现在收益矩阵就是:

对手的策略

	鹰派	鸽派
鹰派的收益	−3	4
鸽派的收益	0	2

现在,如果这个种群主要由鹰派构成,那么扮演鸽派有利,但是如果这个群体主要由鸽派构成,那么扮演鹰派有利。换言之,一个鹰派群体可

能受到一只鸽派突变体的侵入,而一个鸽派群体也可能受到一只鹰派突变体的侵入。那将会发生什么呢? 看来我们最终可能得到的一个群体是,其中的那些个体有时扮演鹰派,有时扮演鸽派——所谓的"混合策略"——正如一名优秀的牌手有时会虚张声势,有时则不会。但是的确是这样吗? 如果真是这样,扮演鹰派和鸽派的比例又是多少呢?

　　诀窍是要寻找一种"进化稳定策略"(简称为ESS)。*ESS是一种"无法侵入"的策略,其意义如下。假定一个群体中的几乎所有成员都采取某种策略,比如说是S。那么典型的情况是,一个S的个体会遇到另一个S,并得到"S对抗S的收益"。现在我们设想有一个罕见的突变体,称为Y。它的典型情况也是遇到一个S,并且得到"Y对抗S的收益"。假设对于所有可能的突变体来说,"Y对抗S的收益"比"S对抗S的收益"要小。那么就没有任何突变体能够侵入这个群体,于是我们就说S是一种ESS。通俗地说,ESS是一种策略,它对抗自己胜过任何策略对抗它。更加正式的说法是,ESS可以定义为一种策略S,如果几乎整个群体都采用S,那么就没有任何其他的变异体策略Y能够侵入了:如果策略S对抗自己胜过任何变异体Y对抗S,就能做到这一点。因此,让我们回到第一个矩阵,在$V=10$而$C=4$时,采取鹰派的策略就是一种ESS,因为鹰派对抗鹰派胜过鸽派对抗鹰派。对于我们目前的矩阵,我们在寻找一种"扮演鹰派的概率为p而鸽派的概率为$1-p$"的策略。为了找到p,我们使用的事实是,在一种ESS中,平均来说,扮演鹰派和鸽派的收益必须相等:否则的话这个群体就不会处于平衡状态。这样给出的值为$p=0.4$。也就是说,ESS就是一个个体在40%的场合下扮演鹰派,而在60%的场合下扮演鸽派。此时的结论是,如果在一场竞争中可能采用的唯一策略仅是"战斗至死"和"炫示,但是如果你的对手攻击

---

* 进化稳定策略的英文为evolutionarily stable strategy,缩写为ESS。——译者

的话就逃走",那么唯一的ESS是一种混合策略:有时候做一件事,而有时候做另一件。这里有一个小小的复杂情况。对于一个进行这场博弈的群体来说,存在着两种可能的稳定状态。一种是所有的个体都采取混合策略;另一种是群体中的40%总是扮演鹰派,而60%总是扮演鸽派。

这个结论对于现实世界中的动物们定性地说是正确的吗?有许多情形下,生物体确实采取上面预言的那种混合ESS。例如,蓝绿鳞鳃太阳鱼中有两种雄性。一种在不繁殖的情况下生长5年以上,然后建立一个繁殖领地,使进入这个领地的雌鱼的卵受精。第二种称为"潜入者",它藏在一条正在繁殖的雄鱼的领地中;当雌鱼进入这个领地并产卵时,这条潜入的雄鱼就从隐匿的地方出现,在这些卵上散布精子,然后逃走。但是我认为此事的解决办法并不适用于我们用鹰派-鸽派博弈建立起的模型的那类竞争。什么地方出错了?我和普赖斯提出了动物可能采用的另一些策略;我将讨论其中的两种。

第一种是"还击者","扮演鸽派,但是如果你的对手逐步增强,就反击"。举一个用数字表示的例子,其收益矩阵就是:

对手的策略

	鹰派	鸽派	还击者
鹰派的收益	-3	4	-3
鸽派的收益	0	2	2
还击者的收益	-3	2	2

还击者几乎就是一种ESS。一个由还击者组成的群体不可能被鹰派(2比-3大)或者任何混合策略侵入,但是一个仅仅包含还击者和鸽派的群体,它的进化是不明确的,因为它们行为完全相同。为了避开这一点,我和普赖斯引入了一种更加复杂的策略,"试探还击者",它与鸽派不同,偶尔会表演"试探性增强",如果它的对手的回应也是逐步增强,它

就回到炫示状态。这种策略的确被证明是一种ESS,而且也许是对一些动物竞争的一种相当好的描述。因此我们的试探还击者策略自此就在以"针锋相对"为名的进化博弈讨论中变得流行起来。

然而,还有另一种解决方法,用它来描述通常发生的事情,不但更加优美,而且更加好。假定有两个人要玩这场博弈。他们一定会同意分享资源吗?但是如果这个资源无法被分开又会怎样呢?你也许早已想到,资源可以被分享这个假设常常是不切实际的。我认为这两个人会选择掷硬币决定,也许还会安排一位朋友在场,来对这枚硬币进行裁定。你无法想象两只动物在掷硬币。但是这枚硬币实际上做了什么呢?它所做的所有事情,就是将一种不对称引入一个否则的话是对称的情况之中。这向我们暗示,动物们也许会依赖于某种不对称来解决争端。明显的不对称存在于资源的"所有者"与入侵者之间。当然,我们并不假设动物们具有所有权的概念;如果一只动物占据一种资源一段时间了,比如说是一块领地,那么比起一只刚刚找到这种资源的动物来说,它应当战斗得更努力,这也就足够了。

我们来考虑这样一种策略,出于一些明显的理由,我们称它为"中产阶级"策略:如果你已经拥有了一种资源,就为它努力战斗,而不是其他的方式。也就是说,"如果是所有者就扮演鹰派,如果是侵入者就扮演鸽派"。如果我们合理地假设一个中产阶级策略采用者发现自己是所有者和侵入者的概率是相等的,那么此时收益矩阵就是:

	对手的策略		
	鹰派	鸽派	中产阶级
鹰派的收益	-3	4	0.5
鸽派的收益	0	2	1
中产阶级的收益	-1.5	3	2

因此中产阶级是一种ESS:在一个主要由中产阶级构成的群体中,中产

阶级获得的收益是2,而鹰派和鸽派分别只得到0.5或1。因此中产阶级既不可能被鹰派侵入,也不可能被鸽派侵入。请注意,这个结论并不需要任何使得一种资源的所有者会在一场逐步升级的竞争中更可能获胜的假设。

许多动物都遵循这条简单的策略。对这个结论的最强大证据来自,当两只动物都觉得自己是同一种资源的所有者时,随之发生的就是一场越来越激烈的战斗:有时候这种情形确实是可能用实验的方法产生出来的。动物学家戴维斯(Nick Davies)受到刚才描述的这个模型的激励,研究了雄性斑木蝴蝶的领地行为。雄蝴蝶们占据一块木头上的一个阳光区域作为繁殖领地。如果一只侵入者进入已被一只雄蝴蝶占据了的一片阳光区域,就会发生一次短暂的争夺,两只蝴蝶在战斗中螺旋形地飞起来,然后侵入者会撤退。戴维斯移开了一只领地占据者,并允许另一只雄蝴蝶占据这片阳光区域。然后他释放了原先的那只雄蝴蝶。于是两只雄蝴蝶的行为都好像自己是所有者。其结果是一场持久的螺旋形飞翔,比一场典型的遭遇战代价要高得多。如果还出现了其他的不对称,比如说体形大小或年龄的不同,就会出现一些复杂的情况。你可能还会问,"如果所有者扮演鸽派;如果侵入者扮演鹰派",另一种可选择的策略是什么呢?如果动物在它们的一生中只参加一次博弈,那么这对中产阶级来说似乎是一种可取的选择,虽然我一直都不确定要管它叫什么。但是如果存在重复的博弈,那么这里就会有一个明显的障碍。一旦一只动物成为一种资源的所有者,它就必须要把这种资源让给下一个入侵者。我知道有一个关于某种动物的报告,这种动物是一种半群居的蜘蛛,看来它们似乎采用了这种策略。[2]这些蜘蛛制造出一张形似被单的共用的网,上面有许多单独的洞,每个洞都由单独的一只蜘蛛占据着。如果一只蜘蛛从它的洞中被赶了出去,这个洞也被破坏了,那么它就会在网面上跑过去,进入另一个洞。这个洞的占据者露面了,然后去寻找另一个洞;这个过程一再重复,直到有一只蜘蛛发现了一个未被占据的洞。我拿不准这样的奇异行为是否可能是普遍存在的。

　　在离开这些简单的竞争之前,我想要看一看最后一种博弈,称为"消耗战"——从数学上来说,它比我到目前为止讨论过的那些博弈都要更难一些。假设有两个个体正在为了一种价值为V的不可分割的资源而竞争,并且它们缺乏使战斗升级的体力。它们所能做的一切,就是不断地炫示,直到它们或者它们的对手中有一方放弃。一个个体应该继续多久呢? 显然,如果炫示真是不需要代价的,并且如果V大于零,那么这场博弈就崩溃了,因为他们会永远不停地炫示下去,而这是荒谬的。我们必须假定炫示也是有代价的,并且这种代价会随着时间而增加,且对竞争双方都公平:让我们假设一场竞争维持的时间为t,竞争双方的代价都是kt。假设两个竞争者分别选择时间t_1和t_2。如果t_1比t_2大,这场竞争持续的时间就是t_2,竞争双方的代价都是kt_2,并且竞争的第一方获得资源:第一方的收益是$V - kt_2$(它只需要支付kt_2,尽管它愿意支付kt_1),而第二方则是$-kt_2$。

　　一个个体的行为应该是怎样的? 更精确地说,是否有什么行为规则在进化上是稳定的? 这指的是,如果每一只动物都遵守这种规则,就不会有更好的"突变"规则了? 结果证明,ESS是对每一个个体、在每一秒钟都有相同且恒定的放弃概率,不管这场竞争已经持续了多久:例如,"在下一秒钟的放弃概率是百分之一"。这个概率的值取决于V的值:它的值越大,每秒钟的放弃概率就越小,一场竞争的平均时间就越长。遵照这样一条规则的结果明示于图9.1中,称为指数衰减。

　　这种衰减描述了随着时间的推移,一块放射性物质(比如说一块核废料)的放射水平变化。如果样品中的每一个放射性原子每秒钟都具有固定的"衰变"并分裂成较小原子的概率,那么这就是预期的分布:同

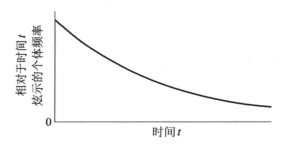

图9.1 "消耗战"博弈。在炫示不同时间长度的各个个体所组成的一个群体的频率分布。这条图线的形状是由一个简单的方程预言的。

样地,在"消耗战"中,个体们每秒钟都有一个固定的放弃概率。

为什么会出现这样的相似性呢?为什么这些竞争中的个体应该具有一个固定的放弃概率呢?下面的这个推理引导我找到了解答。考虑这样的一场竞争过程中的一个个体。他已经炫示t_1时间了:他还应该继续多久?答案就是,他应该继续的时间恰好就等于他在竞争开始时打算继续的时间。毕竟,他现在仍面对着他以前所面对着的相同的奖赏与惩罚:他仍然要去赢得价值为V的资源,而且对他所继续的每一份额外的时间t,他都仍然要付出kt的代价。他已经花费了kt_1,虽然这是千真万确的,但那是无法挽回的过去了——现在他对此已无计可施了。如果他将来潜在的赢得或者失去恰好与这场竞争开始时一样,那么他将来的行为也就应该和开始时一样。换句话说,他在任何时间段中的放弃概率应该保持不变,正如一个放射性原子每个单位时间中都有一个固定的衰变概率,而这一点与它处于放射状态已经多久了无关。

动物们也进行这种博弈吗?我想不会:找到解决这场争端的不对称总是对它们有利的。但是还有一种相似但是稍微难一些的博弈,其中有许多动物同时为了一种资源而竞争。我最喜爱的例子是杰夫·帕克(Geoff Parker)在布里斯托尔做研究生时关于雄性粪蝇的研究,它们在牛粪堆中等待着"处女"的来到。它们应该待多久?杰夫发现,对于这一进化稳定等待时间,这些蝇采用了一种相当精确的、定量的解决方法:当然,为了发现这一点,杰夫也不得不等在那里。

在离开动物竞争之前还有最后一个提议要说一下。如果你喜欢为计算机编程,你可能会在分析一个进行"鹰派-鸽派-还击者-恃强凌弱者"博弈的种群动力学中找到乐趣。前三种策略前面已经描述过。恃强凌弱者是与还击者相反的;也就是说,"对付鸽派时扮演鹰派,对付鹰派时则扮演鸽派"。这种博弈的动力学是很奇特的。

在一场博弈中,例如简单的鹰派-鸽派博弈,其中可能的策略由鹰派和鸽派两种纯粹的策略组成,还有一组混合策略,其中鹰派和鸽派的发生频率是变化的,此时总是存在着一种ESS。取决于收益值,这可能是鹰派策略,或者是鸽派策略,或者是某种混合策略,又或者既是鹰派又是鸽派两者策略;在最后提出的这种情况中,这个群落会进化成完全是鹰派,或者完全是鸽派,这取决于最初的发生频率。但是并不是所有的博弈中都有一个ESS。乍一看,这好像很奇怪;这个群落必须一定要去往某个地方吗?它当然确实去了某个地方,但却不一定是到达一个稳定点;它也许会继续永远循环地进化下去(或者实际上,是直到环境发生变化)。但是对于一种没有ESS的博弈来说,必定存在着两种以上的纯粹策略。

一种可能没有ESS的简单博弈,就是孩子们玩的石头-剪刀-布的游戏。在这种博弈中,石头击败剪刀(因为石头使剪刀变钝),剪刀击败布(因为剪刀剪破布),布又击败石头(因为布把石头包裹起来)。在这个例子中的收益矩阵是:

对手的策略

	石头	剪刀	布
石头的收益	$1+e$	2	0
剪刀的收益	0	$1+e$	2
布的收益	2	0	$1+e$

我在这里假设胜利相当于2个单位的收益。如果对垒双方都采用同一种策略，他们各自得到的收益都是 $1 + e$（假设他们可以分享额外收益），其中额外的收益用 e 表示，这可能是为了避免争论。但是 e 也可能不是正的：你也可以同样合理地假设它是负的，暗示个体们采用同样策略的一个小代价。正如我们将会看到的，所得的结果决定性地取决于 e 是正的还是负的。

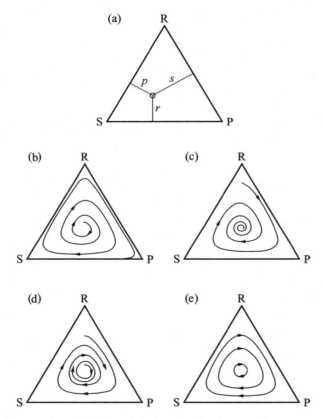

图9.2 石头-剪刀-布博弈的动力学。在任何时刻的群体状态可以用 r、s 和 p 的值来表示，即这个群体中 R、S 和 P 的出现频率。由于 $r + s + p = 1$，这种状态可以用如图(a)中等边三角形中的一个点，以及用这个点的动力学(也就是说，它怎样随着时间而变化)来表示；(b)表明当额外的收益 e 是正值时，会发生什么；(c)说明 e 是负值时会发生什么；(d)说明一种极限环——这种行为不是用 R-S-P 博弈的最简单形式来表现的，而是一种如果加入更多现实性才可能发生的行为；(e)表明 e 等于零时会发生什么。

显然,没有一种纯粹的策略——R,S或者P*——可能是一种ESS:一个采用R的群体可能会被P侵入,如此等等。ESS的唯一候选者是混合策略,"以相同的概率采用R,S和P"。检查稳定性条件表明,如果e是正的,这种混合策略就不是一种ESS;它可能被这三种纯粹策略中的任何一种侵入。但是这些纯粹策略也是不稳定的。因此会发生什么呢? 一个群体的行为可以在"态空间"中画成一条轨道,如图9.2(b)所示。这个系统会永远地循环下去。

然而,如果这个额外收益e是负的,那么这种混合策略就是一种ESS,其动力学如图9.2(c)所示。如果额外收益是零,即$e=0$又会怎样呢? 现在,这种平衡是"中性稳定"的,并且具有如图9.2(e)所示的动力学。这样的动力学具有一组闭合的循环,被称为是"保守的"。我们并不指望在现实世界中找到这样的系统,因为环境中即使产生最小的变化,也会把这种动力学转变成图9.2(b)或9.2(c)所示的动力学。要找到具有恒定振幅的永远循环的动力学系统是有可能的——生物世界中到处都是。但是它们的动力学行为如图9.2(d)中所示:不管这个系统的起点在哪里,它都归结到一个具有固定振幅的循环。

1982年,我用石头–剪刀–布的博弈说明了一场没有ESS的博弈存在的理论可能性;我从未指望过能发现动物们玩如此简单的游戏。因此14年以后,当我偶然见到科学杂志《自然》上的一篇题为"蜥蜴也玩石头–剪刀–布游戏"[3]的文章时,感到很惊讶。这篇文章描述的一种蜥蜴有三种雄性。每只咽喉部为橙色的雄蜥蜴都占据了一块领地,其中包括了几只雌蜥蜴。由这样的雄蜥蜴构成的一个群体可能被一只咽喉部呈绿色的"潜入者"雄蜥蜴侵入——潜入者一直等候,直到那只橙色咽喉的雄蜥蜴背过身去,同它的某一只雌蜥蜴进行交配时侵入。但是

---

* 这里的R、S和P分别指石头(Rock)、剪刀(Scissor)和布(原文中是纸,Paper)。——译者

一旦这个群体主要由绿色咽喉的雄蜥蜴构成,它又可能遭到蓝色咽喉的雄蜥蜴侵入,这些蓝色咽喉的雄蜥蜴每只都拥有一块大到足以容纳一只雌蜥蜴的领地。当然,一旦蓝色咽喉的雄蜥蜴变得普遍,最初的橙色咽喉的雄蜥蜴又可能侵入,这样这个循环就完成了。

对于一个理论家来说,当发现一只动物在做某件由理论预言过、但看来又奇怪得似乎无法真正发生的事情时,就会产生一种特殊的满足感。然而,我认为没有 ESS 的、持续变化的循环博弈也许比我们想象过的更加普遍。一种可能流传甚广的情况的模型称为"赤鹿博弈"。想象有一个物种——赤鹿就是一个例子——其中的雄性要在长大到一定的大小之后才进行繁殖。然后,在繁殖季节,它们进入一个竞技场地,其中最强壮的雄鹿聚集了一群与之交配的雌鹿。在这场竞争中,一头雄鹿用尽了如此多的体力,以至于从此以后他将只长大一点点或者根本就不长大。一头雄鹿在什么年龄,或者说长到什么体型时,才应该进入竞技场呢? 如果它进入得太早,它将得不到一群妻妾;如果太晚,它也许根本就生存不到繁殖的时候——毕竟,来自被捕食、疾病和饥饿的死亡危险是一直存在的。这样一种博弈有一个模型,其中假设一只雄鹿的繁殖成功率是繁殖群体中个头比它自己小的雄鹿所占比例的一个递增函数,从而间接地表明此时也许并不存在 ESS。这些雄鹿第一次繁殖时的体型和年龄都会逐渐增大,直到大多数雄鹿在繁殖前都已经老了。然后会有一两件事发生。这个群体也许被一只"潜入者"侵入了,这只潜入者在没有尽力争取到一群雌鹿的情况下偷偷地交配。由拥有一群雌性的雄性和潜入者们混合共存的物种多得令人惊异——现在还不清楚这是一种稳定的混合 ESS 还是一次循环中的一个短暂阶段。另一种可能是,这个物种也许会在与一个生态上相似、但个头比较小、生态效率却比较高的物种的竞争中走向灭绝。

关于哺乳动物,有一个奇怪的事实,暗示我们赤鹿博弈也许正在告诉我们些什么。化石的证据说明,大多数的哺乳动物家族体型都在增大:例如,最早的马并不比一条中等大小的狗更大。不过作为一个整体来说,今天的哺乳动物并不比5000万年前大[即使我们忽略近来许多大型物种的灭绝(或许是人类捕猎的结果),这也是成立的]。一个可能的解释是,许多物种体型的增大是由于雄性之间的竞争,正如赤鹿博弈所暗示的,然后在与较小物种的竞争中走向灭绝。但这是一种推测。

现在我回到有时候有可能作出一些定量的预言这个主题上。这就是性别比例的进化。为什么在大多数物种中雌雄数量都是相等的,为什么有的时候又不相等? 例如,有些黄蜂繁殖的雌性后代数量是雄性后代的10倍。

这个问题的基本答案是由费歇尔在1930年给出的。尽管他并没有明晰地使用到与人类博弈的类比(就这点而论至少是这样),但是他的论证本质上就是一种ESS论点。对此可以作如下释义。假设一个雌性可以选择它的后代的性别,那么它会选择哪种性别? 用达尔文的理论来看,它应该选择的性比能把它的基因遗传到最大数量的后代上。它怎么才能做到这一点呢? 它的选择是由一个非常简单的论点来决定的。如果每一个子代都有一个雄性亲本和一个雌性亲本,那么**平均**说来,比较稀少的那种性别的成员将有更多的子代。因此,哪种性别比较稀少,它就应该选择生育哪种性别的后代。

显然,唯一的稳定状态,或者说ESS,是具有相同数量的雄性和雌性的。因此性比是1∶1。事实上,费歇尔还更深入了一些,考虑了繁殖雌性后代也许比繁殖雄性后代代价更大的可能性,或者是反过来的情况。然后,他坚决认为,亲本在繁殖雄性和雌性时应该花费同等的资源。

这是一个以很高的精确度被经常实现的预言。但是,你也许会说,这是因为性别决定机制——通常是通过产生相同数量的带有X和Y染色体的配子——是这样的，以致只能产生一个1:1的性比。这种论点有一定的正确性。在果蝇的几百种特征中，性比是唯一完全不受长时间人工选择影响的两种特征之一。然而，我不愿相信自然选择不可能改变这种机制，如果值得这样做的话。事实上，确实存在着一些物种，其中的雌性能够、也的确做到了根据环境来改变它们的后代的性比。在哺乳动物中，一只雌性动物能够选择哪些受精的胚泡应该植入它的子宫并在里面成长，从而以相对比较小的代价来改变它的后代的性比。然而，母体控制性比的最明显例子发生在膜翅目昆虫中（蚂蚁、蜜蜂、黄蜂）。在这一目中，正如在许多昆虫中那样，雌性在交配后把精子储藏起来。如果它使一个卵受精，这个受精卵就发育成雌性；如果它不使它受精，它就发育成雄性，而且只有单一的一组染色体。实验说明，雌性能够、并且确实选择了后代个体的性别。这种非凡的安排驱使生物学家恰尔诺夫（Eric Charnov）将一篇科学论文题献"给万能的上帝，因为他创造了膜翅目，从而使性比理论可以得到验证"。

雌性膜翅目昆虫怎样利用这种能力呢？有一个例子首先是由数理生物学家汉密尔顿（Bill Hamilton）阐明的，其中涉及的是在飞蛾的幼虫体内产卵的寄生黄蜂。它的幼虫们在飞蛾的毛虫体内发育，杀死寄主，并且常常在出来以后就立即彼此交配；然后雄蜂死去，雌蜂分散开去寻找另一条毛虫。如果特别地，只有一只雌黄蜂在单单一条毛虫体内产卵，它们的性别会是什么？正如费歇尔的论点所指出的，这些雌蜂的行为应该要使得它们的后代数量达到最大值。既然一只雄蜂能够制造出足够的精子供许多雌蜂使用，那么它就应该繁殖一只雄蜂，其他所有都是雌蜂。事实上，在这样的寄生虫中，确实发现了高度偏向雌性的性比。

但是事情并不是如此简单。假设再有一只雌蜂仍在同一条毛虫体内产卵。它可能会通过繁殖几只雄蜂而获益。我们来考虑下面这个过分简单化的模型。每一只雌蜂都只在一条毛虫体内产下它所有的卵,并且每条毛虫都被两只黄蜂寄生。那么此时就有理由假设,每只雌蜂所产的卵的数量都是恒定的,并且等于n(这个数字被抵消了,但是我发现写下包含这个数字的那些方程就比较容易)。在一条毛虫体内发生的交配是随机的,并且每只雌蜂只交配一次。此时稳定的性比是多少呢? 这是一个相当棘手的问题:它需要微积分的数学知识,但又不清楚应该如何应用微积分。遵循ESS的程序,你寻找的性比是这样的:如果一个群体中的所有雌性都采用它,那么就没有其他性比的雌性变异体能够做得更好——也就是说,把它的基因传递给更多的后代。答案就是,这些雌性应该以3∶1的雌雄比例繁殖。换句话说,这场博弈中的ESS,对雌性来说,是产生一个偏向于雄性的性比,但也不是极端到像只有一只雌蜂在一条毛虫体内产卵的那种情况。如果你能从一些第一性原理出发计算出这个结果,那你就应该考虑成为一名生物学家——我们需要你。

将博弈理论应用到性比的进化中去,确实获得了一些量化的预言。但是要验证仍然有困难,因为正如从我刚才描述的模型中将能明显看出的,你不得不作出许多假设。实际上,每条毛虫体内都恰好被两只黄蜂寄生感染,寄生虫的死亡率与产卵的数量无关,以及交配是随机的,等等,这些都不可能是事实。因此,即使是在性比理论中,验证通常也是定性的。

只要当一个个体所做的最好事情——它的"适合度"——取决于其他个体正在做什么,那就可以应用进化博弈理论。因此它的应用范围很广泛;例如,它不仅已应用到动物,还被应用到植物,甚至还被应用到不合时机地用基因组的其余部分进行复制的那些"自私"的基因元素。近来有一个吸引了许多注意力的主题,那就是动物的交流。这个问题大体上非常简单:为什么动物不说谎? 由此假设在鹰派–鸽派博弈中,一只动物可能会发出信号"我要加强进攻了"。如果这个信号是诚实的,那么其对手要做的明智的事情将是撤退。因此发出这个信号将是不用战斗就获得资源的一条便捷途径。很快,大家都会在打算加强进攻或相反情况时发出信号。此后不久,就谁也不会再相信这种信号了,而交流也就垮掉了。这个困难的解决办法是通过把交流看作是两个人之间的不对称博弈,而且已经取得了相当大的成功。

应该明确的是,通过这些模型正在被验证的并不是自然选择的进化理论本身。那种理论必须通过其他的一些手段来验证。进化实际上已发生,这一理论可以通过化石的记录得到最好的验证:正如霍尔丹曾经评说过的,只要寒武纪的岩石里有一只野兔化石,这就说明进化不曾发生过。如果可以表明后代与它们的亲本不相似(一种理论上的可能性,但是几乎不可能发生),或者表明获得的特征通常都是遗传而来的(因为这也许会提供一种可供选择的机制),那么认为进化的机制是自然选择的这种理论就可以被否证。博弈论模型假定了自然选择的正确性。它们正在验证的,是对一种特殊特征的进化的一个特殊解释,无论它是战斗行为,还是性比,或者是警戒色。

与一种语言模型相对照,一种数学模型的有效性是双重的。首先,要写下一个模型,你必须对你正在假设什么要绝对清楚。或者更准确地说,即使这个模型的作者作出了一个他也不知道的假设,其他人在考虑这个模型时也总是有可能留意到,这个模型是否只在作出这个不知道的假设的情况下才成立。例如,当我和普赖斯第一次写下鹰派-鸽派博弈的那个收益矩阵时,我们并没有明确地说明,我们假设了其中的资源是可以分享的,但是这个矩阵暗示了这一点。我认为,建立模型的这种作用是很重要的。我发现,通常当我开始考虑一个生物学问题时,只有当我写下了一个数学模型后,我才会开始理解它。如果没有数学的帮助,有些问题总是太困难,简直无法思考。

当然,模型的另一个作用,是要作出一些可以被验证的预言。我在这里曾一再强调,在生物学中,是很难给出在定量上很精确的预言的,因为我们在构建模型时的那些情况是如此复杂。但是我希望我已经让你信服:我们可以作出一些不是那么显而易见的定性预言,有时这些预言的结果又是正确的。[4]

注释与延伸阅读:

1. 由于我们不希望这些个体产生的后代是负数,因此我们假设这个数字等于某个常数加上收益。

2. J. W. Burgess, *Scientific American* 234 (1976), pp. 100—106.

3. B. Sinervo and C. M. Lively, *Nature* 380 (1996), pp. 240—243.

4. 本文中所讨论的这些主题,在 K. Sigmund, *Games of Life* (Penguin Books, 1995)一书中用一种非专业性的方法进行了更加详细的论述。

第 **10** 章

生逢其时：
逻辑斯谛映射

罗伯特·梅（Robert May, 1936—2020）

著名理论生态学家、牛津大学动物学教授，在人口动力学、理论生态学等领域有着杰出贡献。曾任英国政府首席科学顾问、英国皇家学会主席。曾获包括 1991 年林奈奖章、1996 年克拉福德奖、1998 年巴仁奖、2007 年科普利奖章等在内的诸多荣誉。

● ● ◆ ● ●

"混沌的运用超越了生态学的范围。在过去的 10 年中，混沌在科学和技术中几乎无处不在，这已变得很清楚了。"

I

这使我如此愉快。又一次处于起点处，几乎什么都不知
道……自从我们站起来了以后，像这样的一扇门啪地一声打
开，已经有五六次了。这可以说是生逢其时，因为此时我们所
知道的一切几乎都是错误的。

——斯托帕德(Tom Stoppard)，《阿卡狄亚》*，第1幕，第4场

《阿卡狄亚》中的这段话无疑是说得过头了，但是它的确说明了20
世纪70年代早期作为由混沌理论引起的科学革命的一部分给人——
对我和其他人来说——的感觉。

斯托帕德的戏剧由3个主题巧妙地交织在一起：庭园设计、拜伦学
识和混沌。[1]他一直是一个坚持精确性的人，因此他请我细查其原文，
看看是否存在什么科学错误（他并不需要太多帮助）。我厚着脸皮愉悦
地接受了这个机会。1993年初，在该剧彩排时，我作为一名戏剧迷，还
到场了。我还为这部戏剧的节目单写了一篇解释文章，我猜想这在我
写过的所有文章中，已经是得到最广泛阅读的一篇了，不过由于它不在
通常的治学工具范围之内，因此我并没有为此而赢得任何嘉奖。

在《阿卡狄亚》中，斯托帕德提出的——在我看来是正确的——论
点是，混沌理论的所有那些在本质上是新的洞见可能在200年以前就
产生了，这远早于电子计算机的发明。与你常常听到的那种意见——
混沌理论是一种由计算机产生的发现——相反，混沌理论所有需要的
东西仅仅是一张纸、一枝铅笔和许多耐性；我们得以进行计算的计算机
单单只是提高了运算的速度，尽管这种提速是显著的。我正是用这些

---

* 阿卡狄亚(Arcadia)，指淳美宜人之乡间景象，或桃花源。——译者

最典型的低技术含量的器材开始了我对混沌的研究，而且在那些日子里，我手边曾有的仅是一台早期的台式计算机，这用今天的标准看来可是一件老古董了。在科学中，混沌所涉及的概念是，某件事物的行为实际上可能是不可预知的，即使它是由一个非常简单的"确定性"方程来描述的；我们在这里所用的确定性这个词指的是，这些方程以及其中的所有参量都是完全已知的，不存在统计性的或者不确定的元素。如果我们已知某件事在某个初始时间的状态的话，那么这样的一个方程似乎能确定地预言某件事物的未来。

在简单的确定性方程中存在这样的混沌行为，这让科学家们相当震惊，因为他们一直被牛顿以及他那些启蒙运动时代的追随者们的强大观念深深地浸染着。牛顿式的世界是由定律和规则支配着的，有秩序的、可预知的，而这些定律和规则可以用像方程这样的数学形式充分地表达出来。如果情况足够简单——例如一颗行星围绕着太阳运转——那么这个系统的行为就可能是简单和可预知的了。我们认为实际上不可预知的那些情况——轮盘赌用球的命运，即胜数是由赌台操作员的手势、转动着的轮盘等复杂交织在一起的种种因素所支配的——会产生，只是因为这些规则既多又复杂。

在过去30年中，由于现代混沌理论的出现，这种牛顿式的观念破碎了，模糊不清了。现在我们知道，那些简单的方程可以产生出与我们能想象到的任何事物一样复杂的行为。我将在下面很有说服力地去讨论这些能产生混沌的方程中最简单的一个。这个方程简单得一个孩童也可以理解它〔事实上，我的女儿内奥米（Naomi）在美国初中的一次计算机课上就碰到了它〕。

那么，这个方程是什么呢？我们来考虑一个在0和1之间的数字；将这个数字乘以它与1之差；然后将得到的结果乘以一个固定的常数，我们可以随心所欲地称呼这个常数，就称它为 a 吧。其结果是另一个数字。用数学的用语来表述,如果我们把最初的那个数字称为$x_{初始}$,那么我们在此过程中产生的那个数字$x_{下一个}$就可以用下面的方程简练地表达出来

$$x_{下一个} = ax_{初始}(1 - x_{初始})。$$

这个方程是这篇短文中的主角。它非常容易运用;例如,如果$x_{初始}$是0.25而a是10,那么这个方程给出的$x_{下一个}$是$10 \times 0.25 \times 0.75 = 1.875$。数学家们通常不把这类东西称为一个方程,而是一个"映射",因为它描述了如何把一个数字($x_{初始}$)"映射"为另一个数字($x_{下一个}$),而这个特例通常被称为逻辑斯谛映射。

由于逻辑斯谛映射令人惊讶的复杂性,数学家们对它深深着迷。当人们最初碰到这个映射时,它给人的感觉就是简单——如果你塞入某个初始数字,你就能制造出另一个数字;如果你把这个初始数字稍微改变一点点,你期望生成的那个数字总是稍微地、可预知地有些不同。至少在20世纪70年代初期,当我第一次遇到这个映射时,我就是这样认为的。但是,我很快发现,事实并不总是这样——对于某些a值而言,这个映射给出的结果看来是完全随机和不可预知的。我最终搞清楚,当这个映射描述混沌时,这一切就发生了,这也是我将要说明的。

逻辑斯谛映射令科学家们着迷的地方在于,人们发现,它可以成功地应用于生态学。生态学是生物学的一个分支,它研究的是生物体彼此之间的关系以及它们与环境之间的关系。特别是,这个映射对动物数量随着时间所发生的变化给出了非凡的洞见。鲑鱼群体的产卵,在小丘附近爬行的蚂蚁数量,甚至是在高沼地的松鸡种群的涨落——这是斯托帕德的《阿卡狄亚》中的人物瓦伦丁(Valentine)研读博士学位时的课题——都遵循这个映射的断言。我们将会看到,混沌有时可能会是动物种群的大尺度行为的基础,这个认识革新了生态学家对他们研究领域的理解。

混沌自其早期以来已经走过了很长的道路。科学家们知道,如果没有它,我们不可能理解极大范围的一些科学论题。我们的大脑和心脏中的电活动、水龙头滴水、高速公路上的车辆拥堵、甚至是氢原子的复杂行为——它们都包含了混沌。就其科学意义来说,"混沌"这个词现在是许多人词汇中的一部分了。今天,还有谁连最起码的"蝴蝶效应"都没有听说过? 这是混沌思想如何应用于天气预报的经典说明。

关于这个问题,后面将会更多地谈及。首先,我想来考察一下在20世纪60年代以前,理论生物学家们是如何考虑动物种群问题的。然后我还想要描述一下,来自逻辑斯谛映射的那些洞见是怎样变革了这门学科,如何教会了我们以一种新的方式来看待大自然。斯托帕德是正确的——对于那些卷入这场激动人心的经历的人来说,20世纪的70年代可谓"生逢其时"。

II

我是在一系列的职业嬗变以后,才成为一名理论生物学家的。回到20世纪50年代末期,我当时在悉尼,开始是作为一名化学工程专业的学生,然后成为一名物理学家,以超导电性的一篇论文获得了哲学博士学位。之后,我在哈佛大学的工程学和应用物理分部待了几年。60年代初期,我回到悉尼大学讲授理论物理,后来成为这个科目的教授。60年代后期,我是澳大利亚"科学中的社会职责"这一机构的创始成员之一。这一职责使我相当偶然地对于生态系统中的复杂性(在物种的数量,或者它们之间的相互作用网的丰富性方面)与稳定性(在抵挡干扰或从干扰中恢复的能力方面)之间的关联产生了兴趣。此后不久,我又去了普林斯顿大学,成为一名生物学教授。我很幸运,在理论生态学的"浪漫阶段",无意中走进了这门新兴的学科。这就如同20世纪20年代和30年代的理论物理,其时简单的问题都用适当的数学方法进行了表达,而令人惊讶的答案也会随之而来。

生态学是一门年轻的科学。第一本生态学的课本可能是怀特(Gilbert White)教士撰写的《塞耳彭自然史》*,它出版于1789年。这部著作的魅力超越了早期的以描述自然史为特征的同类书籍,开始构想出一些分析性的问题,例如,是什么决定了城镇中的雨燕和黄蜂的个体密度。接下去的一个世纪,见证了由达尔文和华莱士(Wallace)的自然选择进化理论造就的巨大进步,在我看来,这是人类智识史上最重要的进步。在描述作为进化基础的"生存斗争"时,达尔文采用了比喻的说法,他用一个桶上的楔子来阐明一种我们也许可以称之为"物种间对生态位空间的竞争"的论述。但是他从未把这些想法量化过。在当时,生态学研究落后于进化论研究。

英国生态学会是此类学会中最古老的,创建于1913年,比英国的大多数其他科学社团都要晚得多。美国生态学会紧随其后,建立于1915年。一直到20世纪中叶左右,在这两个学会的出版物中占主要优势的都是描述性和分类方面的,大量集中于植物群落。但是到了20世纪中叶,动物生态学者们提出了一些理论问题。比如说,为什么某些北方的哺乳动物种群数量经常发生周期性的变化,随着时间交替地增长和减少? 对这些问题出现了一些过分简单化的答案,而在这一萌芽阶段,更多的数学研究给出了一些线索:例如,仅有一种捕食者和一种猎物的群落,其动物数量具有一种内在的密度,要呈周期性变化。在20世纪的第3个25年之中,一些理论生物学家,其中包括非常有影响的麦克阿瑟(Robert MacArthur),通过把完全根据经验的观察同分析的方法(常常是明晰的数学方法)结合起来,以构成攻克这些生物学问题的清晰线索,从而加速了前进的步伐。

---

* 把此书最早介绍到中国的是周作人先生,该书的中文名"塞耳彭自然史"也是周作人取的,发表在1934年的《青年界》上。——译者

我就是从这里进入的。给我印象最深的是,生物学家们所使用的那些方程在某些重要的方面同我们更加熟悉的物理学方程是不同的。这些不同之处主要不是在于这些方程的技术性质方面,而是物理学方程的主旨是要给它们所描述的任何东西一个确定的判断。例如,爱因斯坦欲以他的广义相对论方程来以你喜欢的任何精度描述太阳造成的光线偏折——你输入方程的信息(如太阳的质量、光束的能量,等等)越精确,这个方程对光线偏折的预言也就越精确。在群体生物学中,情况往往是迥然不同的。在这里,这些方程一般是涉及生命系统的模型,这些模型总是太复杂,经不起为物理学家们所钟爱的那些表象方程的考验。

生物学群落的模型则更趋向于一种非常普遍的、对全局有重要意义的类型——它们是对实在的漫画式模仿。正如一幅好的漫画会抓住它设法要描绘的事情背后的精髓,但是对于那些不重要的细节的含糊却是可以原谅的。因此我们对这些群体生物学方程的期望,最多只能要求它们抓住它们所描述的情况的一些关键点。所以,对于研究动物种群的生物学家们来说,他们的方程是对于实在的漫画,而不是物理学家们寻找的完美的镜像。这并不是说这些生物学方程对我们理解大自然不重要。正如英国数理生物学家梅纳德·史密斯曾指出过的:"没有博物学的数学是缺乏活力的,但是没有数学的博物学则是凌乱不堪的。"

比如说,致力于这个领域的那些生态学家收集了一些数据,它们表明在孤立群落中的动物种群数量通常会大致保持不变,或者像梅纳德·史密斯在他1968年撰写的经典著作《生物学中的数学思想》中谈到的,它们"以一个相当规则的周期"涨落。但是这种种群数量变化的潜在原因是什么呢? 如果数学模型好一点的话,它们就会回答这个问题。

粗略地说来,关于动物种群数量如何变化,有两种思想学派。一方面，澳大利亚人伯奇（Charles Birch）认为，大多数自然种群数量是由外部影响推动的，因此它们会受到环境改变的推动，从而发生剧烈的涨落。伯奇和他的同事们往往会从虫口（正好遵照这种想法）来举例。这场争论的另一方面，是另一个澳大利亚人尼科尔森（John Nicholson），他所持的见解是，控制种群数量的因素主要不是取决于环境，而是取决于种群的密度——在一个给定的空间里生活的动物数量。后一种描述说明，种群数量往往会在密度低的时候增加，而在密度高的时候减少，因此它们平均起来趋向于相对稳定。尼科尔森和他的同事们从相对稳定的种群中获取例子。

当时在某些人看来，似乎这两种途径中只能有一种是正确的。但是，正如科学中当一个问题的两种对立看法都看似部分正确而最终又无法调和时所经常发生的那样，许多追随者看待问题的方式都太狭隘了。结果是，这个问题如果采用一种不同的思考方法、一种不同的范式的话，理解起来就会简单得多。逻辑斯谛映射的优点在于，它给出的这种新的、格外富于成效的思维方法清晰而又容易掌握，这一点我当时很快就认识到了。

Ⅲ

　　她正在做的事情是，每当她计算出一个 y 的值，她就用这个值当作她下一个 x 的值。如此类推。就像一个反馈过程。她把解答再输回到方程中，然后再次解答它。你瞧，这是反复迭代。

——斯托帕德，《阿卡狄亚》，第1幕，第4场

我们来想象一个游弋着金鱼的池塘。在它们与外界隔绝的水生生活中，这些鱼儿要吃，要交配，可能会遭受疾病和不可预知的侵袭，比如

说猫来觅食。种群生态学家们感兴趣的一个问题是：从一代到下一代，这些鱼的数量将是怎样变化的？

这个问题的一种答案是由逻辑斯谛映射给出的。为了弄清这一情况，让我们来根据这个环境中的金鱼的可能生活的最大总数与池塘中的金鱼实际数量所构成的分数来考虑这个问题。让我们把这个分数叫做 x。例如，如果这个池塘能够维持其生存的最多金鱼数量是1000，而当我们第一次数它们时有250条，那么 x 就是250/1000 = 0.25。

在许多对于像这样的一些情况的简单数学描述中，处于中心地位的假设是，一代的种群数量 $x_{初始}$ 唯一决定了下一代的种群数量 $x_{下一个}$。但是从数学上来讲，$x_{下一个}$ 是如何依赖于 $x_{初始}$ 的？如果我们接受由英国经济学家和教士马尔萨斯（Thomas Malthus，1766—1834）*所创立的那种最简单的图景，我们也许就会推测，只要金鱼有无限多的食物，并且自由地繁殖，而不加以制止，那么它们的数量就会每年递增一小部分。因此我们可能会指望 $x_{下一个}$ 和 $x_{初始}$ 之间会由像 $x_{下一个} = 1.05 x_{初始}$ 这样的一个方程联系起来。在这种情况下，每年种群的数量有5%的增长率。这就意味着，如果 $x_{初始}$ 最初的值是0.25，那么它在下一代的值就是 $1.05 \times 0.25 = 0.2625$，再下一代的值就是 $1.05 \times 0.2625 = 0.275\ 625$，以此类推。因此种群中的数量是逐渐增加的。

但是生命并非如此。如果这个金鱼种群数量是非常巨大的，这些鱼很快就会把食物吃完，它们就会为此而争斗，疾病会更加容易传播，而且这个群落将会成为捕食者们更加鲜美的猎物。其结果是，这个种群数量增长速率将很快降下来。另一方面，如果这个池塘里只有几条鱼愉快地生活着，有足够的空间四处游弋，它们的种群数量又会很快增

---

* 马尔萨斯，英国经济学家，著有《人口论》(1798年)，认为人口的增长比食物供应的增长要快，除非对人口的增长采用道德的约束或战争、饥荒和瘟疫加以抑制，否则会导致不可避免的灾难性后果。——译者

长。因此怎样能够修改"马尔萨斯"映射 $x_{下一个} = ax_{初始}$（这里 a 是某一个常数）从而使它更加实际呢？答案之一就是逻辑斯谛映射 $x_{下一个} = ax_{初始}$ $(1 - x_{初始})$，它在20世纪50年代首次在种群生态学家中流行开来，当时他们正在研究鱼和昆虫种群数量。a 这个量表示增长的速率，它的值是池塘环境的特征。这个新的因子 $(1 - x_{初始})$ 确保了 $x_{下一个}$ 不会增长得太快，因为当 $x_{初始}$ 上升时，$1 - x_{初始}$ 就会下降，使得下一代的种群数量 $x_{下一个}$ 处于控制之中（如果 x 一旦超过了1，该种群就灭绝了）。

那么，逻辑斯谛映射对金鱼种群数量的动力学行为（以及它可能适用的其他现象）的预言是什么呢？在20世纪50年代，种群学家不仅把这个方程应用于鱼的群落，还应用于昆虫及其他生物体。这些专家犯了一个共同的错误——他们被当时流行的做法所蒙蔽了——他们会寻找并找到了一些情形，其中种群数量定在一个稳定的值，处于平衡状态。他们甚至还调查这个常数 a 的一些值，以保证种群的这种稳定性。他们没有查究，当这个常数 a 的值取在能使该种群停留在一个稳定、不变的值的范围**之外**时会发生什么。正如科学界很快就会发现的，逻辑斯谛映射的简单性是极其容易让人上当的。

让我们来看一下，每当我们计算 $x_{下一个}$ 时，或者用专业的语言来说，在每一次迭代时，它是怎样变化的。让我们为 a 选择三个值（你马上就会看到我为何要这样选择它们）：2.4、3.4 和 3.99。请看一下图10.1，我在其中画出了在这三种情况下，$x_{下一个}$ 是如何演化的。在其中的每种情况下，都是从初始值0.01开始的。在第一种情况（$a = 2.4$）中，$x_{下一个}$ 很快就平稳下来，停留在一个稳定值——在上文我们的金鱼种群中，这意味着池塘里的鱼的种群数量会变得恒定。在下一种情况（$a = 3.4$）中，$x_{下一个}$ 不断地在一个最高值和一个最低值之间上下跳跃。金鱼群落中的数量不断地回到同一个值（这就是所谓的周期性），并且每隔一代就会发生一次。最后一种情况（$a = 3.99$）很奇异：$x_{下一个}$ 上下跳跃，遍及所有

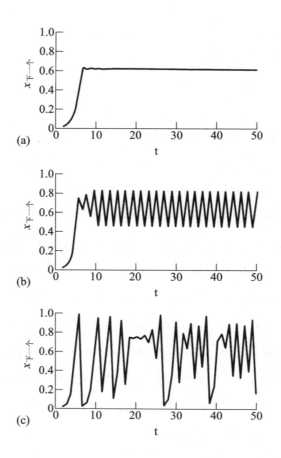

图10.1 （a）$a = 2.4$；（b）$a = 3.4$；（c）$a = 3.99$ 时 $x_{下一个}$ 的演化。

的值。这就是"混沌"——金鱼种群数量是波动的,看来好像没有节奏或原因,完全是不可预知的。

在20世纪70年代初,我在对搞清动物种群产生兴趣以后不久,就被逻辑斯谛映射迷住了。我想要尽力从数学上去理解,对于**任何**初值及常数 a 的**任何**值,它会如何演化。这是一个艰难的过程,进展缓慢。

1973年秋末,在我到达普林斯顿担任终身职位后不久,我驱车前往马里兰大学去做一次专题报告。我随身携带了我对逻辑斯谛映射所做的一些研究工作,还有好几个没有解答的问题。在讨论会上,我遇到了一位数学家约克(Jim Yorke)。他后来成了我的朋友,而在我后来首次弄清逻辑斯谛映射时与他进行了合作。

如果我从结果开始叙述的话,就最容易把这个故事讲清楚。请看一下图10.2,它把该映射的种种复杂之处表现得详尽无遗了。沿着底部,在横轴上,我标上了常数 a 的一些值;沿着纵轴,是相对于每一个常数的值,在几千次迭代以后 $x_{下一个}$ 确定下来的值 $x_{稳定}$*。当这个常数大约小于 3 时,$x_{下一个}$ 定在一个唯一的值上[如图10.1(a)所示]。然而,当这个常数的值上升到超过 3 时,x 定下来的值不是一个而是有**两个**可能的值——$x_{稳定}$ 的值发生稳定的循环[如图10.1(b)所示]。当这个常数的值增大时,我们看到此时出现了一系列周期性活动,我们把它称为"周期倍化级联"。最后,当这个常数处于 3.57 与 4 之间时,该映射表现出奇异的性质。这就是发生混沌的区域,在这里,这个确定的值是如此灵

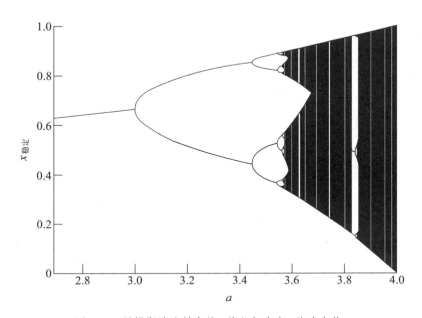

图10.2　逻辑斯谛映射中的 a 值如何决定 x 的确定值。

---

* $x_{稳定}$ 在原文中为 $x_{settled}$,settled 在英语中表示确定的、不变的之意。——译者

敏,以至于 x 的初值只要发生最微小的变化, x 的最终分布就可以认为是随机的[你在图10.1(c)中能看到这一点]。

让我们暂停片刻,来反思一下这对池塘中的金鱼种群意味着什么。这个常数影响了从一代到下一代种群数量是如何变化的。它的值在一种情况下和另一种情况下是不同的,这取决于金鱼(它们的生殖力、对食物的胃口、攻击性、饿猫来觅食等等)以及池塘的环境(现存的食物、气候是否有利于金鱼的健康等等)。如果这个常数很小(小于3),那么这个种群将会保持稳定。如果它处于3与3.57之间,那么这个种群数量将会在最高值和最低值之间周期性地变化。而假如它处于3.57与4之间,那么种群将发生剧烈的波动,因此即使我们有一个简单的、完全确定的方程,也不可能作出长期的预言。

当我到达马里兰的那次讨论会时,我已经理解了图10.2中的左边部分——稳定区和周期倍化级联区。当我在报告中关键性地讲到我不明白一旦 a 大于3.57时会发生什么时,约克打断了我。"我知道接下去会发生什么,"他说。他和他的同事李天岩*一起,最近研究了类似逻辑斯谛映射的一些映射,发现了它们的混沌行为。事实上,在他们以后于1975年发表的论文"周期三意味着混沌"中,甚至按其数学意义杜撰了"混沌"这个词。[2]他们的几个同事建议他们选择一个比"混沌"更加适当的词,但是他们还是坚持己见,给了这个领域这一引人注目的名字。约克和李天岩没有考虑小于3.57的 a 的值,因此也就没有意识到作为通往混沌的路线特征的周期倍化级联。(也有其他周期倍化,多得几乎使人感到不可思议——例如,周期11加倍到周期22、44、88等的循环——它们潜藏在逻辑斯谛映射及其"亲戚"中的混沌的更深的复杂性中。)

---

* 李天岩(1945—),美籍华裔数学家,在应用数学与计算数学几个重要领域中作出了开创性工作,他的博士学位论文指导老师即为约克。——译者

在吉姆和我把我们各自对于这个难题的分散理解的碎片合在一起以后,我们立刻意识到我们发现了一些重要的东西。逻辑斯谛映射的行为并不仅仅是一件数学上的奇事,而是对一些简单的数学模型中的预言具有广泛得多的含义。令我们惊奇的是,我们很快就得知,其他人早就踏入过同一个领域。那是在差不多20年前的1958年,从芬兰数学家米尔贝格(Pekka Myrberg)开始的。但是米尔贝格——以及以后俄罗斯、法国和美国的先驱们——是本着揭示一个令人着迷的数学现象的想法考察这些模式的,而没有明确地摸索用它们去描述自然世界具有的更广泛的内涵。与此相反,约克和我却是在实际的生态学问题的特殊情境下考察逻辑斯谛映射的,要设法理解的不仅是金鱼池中,还有其他可以用这种映射来描述的情况下,种群数量涨落的起因。因此,尽管其他人已经探索过这种映射,并且揭示了关于它的行为的一些东西,但是约克和我最先掌握了这些结果的更大意义和价值。

不过,关于这种映射所有应该知道的东西,我们当然并没有完全理解。在一个重要的细节中,我们错过了一个特性,而其他人看得比我们更深刻。要理解这一点,请再看一下关于这种映射的行为的那个大图景(即图10.2),以及周期倍化级联。它看上去有点像是一棵倒向一边的引人注目的对称的树,而它的分支愈来愈密集。事实上,随着迭代次数的增加,每两个相继分支之间的距离——以出现分支处的常数 a 值之间的距离来度量——等于一个固定的数字。加利福尼亚大学伯克利分校的数学家奥斯特(George Oster)在1976年首先注意到这一点,而我们曾得到过一个近似的公式,预言了这个常数的相继分支值之间的比率大约是4.83。[3]对于我们来说,这仅仅是一个数学细节而已,而我们一完成这项工作,就把它置之脑后了。

但是,在新墨西哥州的洛斯阿拉莫斯实验室工作的美国数学家费根鲍姆(Mitchell Feigenbaum)独立地得出了这个发现,他基于数值研究,而不是数学分析。然而,他看得更远。首先,他的数值研究当然对这个比率给出了一个更加精确的值(大约是4.6692),并且说明,在许多系统从稳定行为转向混沌行为的情况下,这个数字都出其不意地出现了。更重要的是,他大胆地提出,如果流体中从平滑流动的模式到湍流的转变究其本质来说是这样一种向混沌的转变,那么就应该有可能看到周期倍化级联,并且测量出他所预言的那个比率。实验家们很快观察到的正是这种现象。费根鲍姆理所应当地因其洞见而赢得了广泛的赞誉。这一次,在某种程度上可以说,是轮到我首先在数学上发现了某些东西,而由其他人认识到它更广泛的重要性,或者说,是其他人"最后发现了它"。

这些关于逻辑斯谛映射的研究革新了生态学家们对动物种群数量波动的理解。回想起来,生态学家们长期以来一直在争论,这种波动是由于外部的影响(伯奇的观点),还是由于生物体种群的密度(尼科尔森的观点)。有了逻辑斯谛映射这种深刻的洞见,就能很清楚地看出,尼科尔森与伯奇之间的争论是误解了问题的性质。双方都错过了这样一个要点:种群密度的影响如果足够强的话[如图10.1(c)所示],看上去会与外部干扰的影响是一样的。问题不是要去确定种群数量是受密度依赖效应调节的(因此是稳定的),还是由外部的噪声支配的(因此是波动的)。这不是一个非此即彼的问题。更确切地可以说,当生态学家们观察一个波动的种群时,他们必须要找出这种波动是由于外部的环境事件引起的(例如,温度或者降雨的无规律变化),还是由于它自身固有的混沌动力学(由支配着种群发展的潜在确定性方程表示)而引起的。

生态学家们不得不用一种新方式来思考这些种群——有些人会说这是一种新的库恩式*范式——这使得那些老的方式显得陈旧了。正

---

* 库恩(Thomas Kuhn, 1922—1996),美国科学哲学家。——译者

是在像这样的一些历史时期,随着过去的那些假设被新的假设推翻和取代,科学对于那些能足够幸运地投身其中的人来说,才是最为激动人心的。

但是这次革命并不是一夜之间发生的。说服许多同行都颇费口舌,他们不轻易承认混沌理论对科学所具有的深刻意义。1976年初,我决定要写一篇布道论文,其中将提出混沌的更广泛意义。我写了一篇关于混沌理论的综述文章,把逻辑斯谛映射作为我的范例,说明混沌可能包括在一些最简单的方程之中,希望以此来说服其他科学家,去看看他们的工作中哪里会有混沌出现。我深思熟虑地用一种救世主似的风格来写这篇文章,然后把它投给了顶尖的英国科学杂志《自然》。该刊的编辑人员持怀疑态度,尤其是觉得这篇综述太过于数学化了,不太可能引起广泛的兴趣。但是其中的一位资深编辑米兰达·罗伯逊(Miranda Robertson)被说服了,于是她把原稿寄给了梅纳德·史密斯,请他审阅。他的评论非常宽宏大量(米兰达说:"看上去就好像是你母亲写的"),因此《自然》在1976年6月发表了这篇论文。[4]这篇论文达到了预期的目标,就是将混沌带给了广大的科学家读者,而它现在已经被引用好几千次了。

比科学家们的好评更重要的,是大自然的好评,就如与实验的一致所表明的。自从关于逻辑斯谛映射的早期论文发表以来,已经有几位实验家证明了这种映射对动物种群的动力学行为的描述是很恰当的——不仅是金鱼,还有昆虫和哺乳动物。有一个例子是,关于日本最北端的岛屿北海道上的棕背鼤种群从1922年到1995年的变化数据,惊人地显示出逻辑斯谛映射研究所期待的许多特征。[5]同样地,关于加拿大猞猁和荒野中的雪鞋野兔的经典数据,都由于这些概念的后继发展而得到了阐明。实验家们还考察了在实验室中受控条件下的虫口,发现了在类似于逻辑斯谛映射的那些方程基础上所能预料到的那类行为。

混沌的运用超越了生态学的范围。在过去的10年中,混沌在科学和技术中几乎无处不在,这已变得很清楚了。[6]机械工程师们用它的概念来降低我们听到的铁路上的客车轮子的尖长声和刹车声。船舶设计者们用它来避免制造出会在暴风雨中倾覆的轮船。电机工程师们用它来编出可靠的信息码,用它从嘈杂的信号中提取信息,以及帮助避免突然断电。天文学家们用它来理解太阳系中小行星的分布。物理学家们用它来理解和预言流体的运动。总之,混沌正在成为21世纪科学中的一个重要部分。

IV

不可预知的同预先已确定的一起展现,使得万物成为它们现在的样子。这就是大自然在所有等级上创造它自身的方式,有雪花,也有暴风雪。

——斯托帕德,《阿卡狄亚》,第1幕,第4场

为什么科学家们要花费这么长时间才确认了混沌?牛顿在17世纪末创造了现代数学科学,为什么他或者他的某一个继承者都没有研究像逻辑斯谛映射这样简单的东西,揭示其丰富结构呢?

我认为答案在于,自从牛顿时代以来,关于变化的数学研究几乎完全聚焦在随时间连续变化的系统之动力学上。在牛顿运动定律之后,一些杰出的数学家如拉格朗日(Joseph Lagrange)*和威廉·哈密顿爵士(Sir William Hamilton)**等人又在理解动力学系统方面取得了进步,从

---

* 拉格朗日(1736—1813),法国数学家、力学家。奠定了分析力学的基础,并在变分法、代数、数论等方面作出过重大贡献。——译者

** 哈密顿(1805—1865),爱尔兰数学家、物理学家。对分析力学的发展有重要贡献。——译者

而使焦点集中到了**微分**方程上——具有连续变化的变量的那些方程（这些变量以连续变化为特色，例如像平滑变化的距离，而不是像标尺上的刻度那样，有离散的跳跃）。如果这些数学思想家中的任何一位碰巧发现了逻辑斯谛映射，并且花上一些时间去研究它的话，我敢打赌，他们一定早就发现混沌了。

但是他们没有。一直到19世纪末，混沌才首次被瞥见。作出这个发现的是伟大的法国数学家庞加莱，当时他正在研究微分方程。19世纪末，瑞典国王奥斯卡（King Oscar）提供奖金，奖励第一个能够彻底说明太阳系作为一个整体（太阳、行星、小行星等等）完全稳定的人。庞加莱正是在追逐这项奖金的过程中，研究了三个具有相互引力作用的物体（例如，太阳、地球和月亮）的"三体问题"（他近似地把它们作为质点来处理）。他表明了此时得出的微分方程组可能会产生具有"难以形容的复杂性"的轨道。他总结道，奥斯卡国王的问题是不可解的，至少用他手头所具有的方法是无法解决的。他是正确的，也是第一个看到混沌的人，尽管当时几乎没有人认可这一点。*他愉快地，也是理所应当地赢得了这项奖金。[7]

关于混沌的研究在20世纪上半叶几乎毫无进展，尽管回顾往事，也有一些科学家碰巧发现了混沌的影子的例子，但是他们并没有充分意识到自己发现了什么。例如，数学家卡特赖特（Mary Cartwright）和利特尔伍德（John Littlewood）**在20世纪30年代的一篇论文中提出，他们找到了一些相对简单的微分方程的例子，而它们却显示了令人惊讶的复杂行为，这也就是现今我们所谓的混沌行为。但是多数人的意见是，

---

　　* 见《天遇——混沌与稳定性的起源》，弗洛林·迪亚库等著，王兰宇译，上海科技教育出版社，2005年。——译者

　　** 利特尔伍德（1885—1977），美国数学家。在分析数学、数论及非线性微分方程方面都有贡献，著有《函数论》等。——译者

每一个这样的例子都以其自身独有的、特别的方式显得复杂和难以处理。最好还是把它们束之高阁吧。他们不像周围的那一类事物,不能纳入有严整结构的体系之中。

现代混沌理论(modern chaos theory)实际上开始于与天气预报联系在一起的一组方程,这组方程发表于1963年,正如拉金所指出的,这不仅对于现代科学来说是值得注意的一年,而且对于甲壳虫乐队和性革命(sexual revolution)来说也是如此。这些方程是伟大的气象学家、麻省理工学院的洛伦茨(Edward Lorenz)的研究成果。他长期以来一直对天气的变幻莫测着迷,同很多其他人一样,想要知道是否可能有那么一天,我们预报气象会像预言哈雷彗星的运动一样精确。在当时人们普遍认为,如果用更加强大的计算机,再加上来自人造卫星的更好的关于初始天气条件的信息,那么在本质上就会解决以后几天的当地天气预报问题。

洛伦茨用一些“玩具”气象方程来研究,它们漫画式地模仿了天气的演变——这些方程详细指明了与天气相联系的3个量将如何随时间而改变。他惊讶地发现,他的方程具有一个值得注意的特征:它们的解对初始条件极其敏感。[8]如果一组初始条件给出某一个确定的结果,那么另一组条件——即使它们和原先那一组只有些微之差,比原子的尺度更小——在一段短暂的时间以后将给出一个完全不同的结果。这是因为他的这些简单方程发生了混沌行为。它们实际上是在漫画式地模仿某些关于当地天气的东西,对此我们现在已经很确信了——即不可能对天气作长时间(事实上,是多于7到20天,这要由现存条件的细节而定)的预言。

这些洛伦茨方程是“微分”方程,表现出随时间连续**变化**的特点,就像手表上平稳转动着的指针,而不是从一秒钟跳到下一秒。这与逻辑斯谛映射中对待时间的方法是完全相反的,逻辑斯谛映射考察在离散时间中所拍的快照。相比于微分方程来说,科学家们熟悉离散映射的程度要低得多。在那时以前,微分方程一直被认为是循规蹈矩的,是完全可以预言的。因此,对许多科学家来说,连某些简单的微分方程都会产生无法预言的奇异行为,而这些方程在常规上又被认为是已经理解了的,这真是相当令人震惊。

在将近10年的时间里,除了相对少数的一群对天气感兴趣的科学家以外,洛伦茨的研究几乎没有产生任何影响。其原因之一是,处理这些方程要求有相当高的数学能力,还要有高超的计算技巧,用图示的方法来表现它们的行为。有些数学家甚至怀疑,这些洛伦茨方程是否真实地表现了真正的混沌,因为他们认为表面上的混沌,也许是用来研究这些方程的数值近似所人为造成的一种假象。只是到了1999年,才有一位瑞典乌普萨拉大学的博士研究生塔克(Warwick Tucker)严格证明了洛伦茨方程的确是混沌。[9]

在我看来,如果没有约克和其他一些人在20世纪70年代初的倒戈,这些洛伦茨方程很可能至今还是一个气象奥秘。在逻辑斯谛映射的行为被揭示以后,要去说服他们的科学家同仁关于混沌重要性的任务就变得简单多了——每个人都能够根据这个简单得微不足道的例子而领略到混沌的重要性,即使它是那种大多数科学家都很少用到的离散映射。但是洛伦茨的研究证明,混沌现象存在于**微分**方程中,它们以一些光滑和连续变化的量为其特点。也正是这点,使得科学界的大多数人突然开始关心它并产生了兴趣。到20世纪80年代初,科学家们都会用新的眼光来看待他们的工作了,用他们功能日益强大的计算机,来查看他们以前是否忽略了他们研究过的现象中的混沌,这已经是司空见惯的了。

对于大多数科学家来说,经典科学中的某些方程有不可预言性,这是一件惊人的发现。自从20世纪20年代以来,科学家们已经知道,不可预言性是描述原子和亚原子世界的量子理论的一个至关重要的组成部分。量子理论家们知道,只可能预言一个原子中的电子行为的概率。几乎没有科学家曾预料到,不可预言性就潜伏在他们及其前辈们沿用了两百年的那些简单方程中。*

　　这件惊人发现带来了一些令人着迷的洞见。在这个混沌传奇的早期,我的朋友、普林斯顿大学的生态学家霍恩(Henry Horn)提出,正如加尔文主义及其他宗教信仰意识到的,这里最终有了自由意识与人类命运的宿命论之间的调和。造物主将我们置于一个确定性混沌的世界里,遵守着没有随机元素的确定规则,但是仅只有他(她)才知道决定未来如何展开的确切初始条件。对我们来说,这个系统对初始条件的敏感性意味着它是不可预言的,我们把这解释为自由意志。霍恩最初是作为一句开玩笑的题外话提出这一点的,但是现在它却被当作是一份庄重的学术资料了![10]

V

　　在20世纪80年代初,不仅仅是科学家们开始转向混沌——公众也开始感兴趣了。"蝴蝶效应"成了一个时髦词。它似乎是在洛伦茨1972年在华盛顿特区所作的题为《一只在巴西的蝴蝶鼓翅飞翔会在得克萨斯州引发一次龙卷风吗?》的一次演讲以后才开始流行的。洛伦茨的关于地球天气不可预测性的这一非数学报告中,把注意力集中到了这颗行星的气候系统有牵一发而动全身的灵敏性之上,这看来只能用混沌的概念才能理解。然而正如洛伦茨所指出的,蝴蝶效应并不是一个新的概念。例如,它在布雷德伯里(Ray Bradbury)**写于1952年的引人入

---

　　* 见《机遇与混沌》,大卫·吕埃勒著,刘式达等译,上海科技教育出版社,2005年。——译者

　　** 布雷德伯里(1920—2012),美国小说家,写了许多长短篇科学幻想小说和故事,《一声惊雷》于2005年被搬上银幕。——译者

胜的短篇小说《一声惊雷》中就出现过，这比那次华盛顿会议要早得多。在这个故事里，一只史前蝴蝶的死亡，以及随之产生的繁殖衰减，改变了总统选举的结果。

"蝴蝶效应"这个短语的流行也许要归功于格莱克（James Gleick）那部名至实归的科普书《混沌》*，[11]它的第一章就是用这个术语来命名的。这本了不起的书是在1988年初版的，现在已经是科学作品中的一部经典之作了。它不仅将混沌带给了公众，还带给了许多从未听说过它的科学家。在我看来，格莱克的叙述中有三个显著的优点。第一，它对一个新的、难解的科学分支，提供了一种令人信服的说明，易读而精确。第二，它有效地使用了一组有声有色的人物，使这个故事栩栩如生。第三，也是最令人印象深刻的，它对科学进步的本性传达了一种真实的感觉，有其原汁原味的、存在的和无法计划的种种复杂性。对我来说，《混沌》一书对科学的阐述要比你在波普尔（Karl Popper）**的所有正式哲学陈述中能找到的那些更加严肃，也更加具有启发性。

格莱克的书存在的唯一弱点是，在他的作品中给予那些主角的功劳相对来说并非完全正确。例如，约克得到的赞扬太少，而有声有色的圣克鲁斯***的孩子们却得到太多；我认为他对我在这些事件中的角色的描述基本上是正确的。有些不准确的地方触怒了某些专家，因此被本书大力宣传其工作的人在看到这本书时仍显不高兴。当然对大多数人来说，"剧本是最为重要的"，不过对演员们来说，演出海报和荣誉都显得重要。很少有一本科普书能以一个不为人熟悉的概念来如此有力地抓住公众的欣赏力。在它出版后不久，混沌就成了一个街谈巷议的

---

* 中译本《混沌——开创新科学》，格莱克著，张淑誉译，郝柏林校，上海译文出版社，1990年。——译者
** 波普尔（1902—1994），英国科学哲学家。——译者
*** 圣克鲁斯位于美国加州，是加州大学圣克鲁斯分校的所在地。——译者

话题,一些舆论炒作者所必须了解的东西。甚至戈尔(Al Gore)在1988年竞选美国总统失败后,也雇请了一位数学家来给他讲授这种理论的要点。

艺术家们也变得对混沌的思想着迷了。它在不可胜数的视觉艺术作品和许多小说中都起着重要的作用。[12]通俗文化中引用这种理论的例子太多了,它已经跟一种无足轻重的、古老的评论混淆了,那就是事物是复杂的,比你想象的要复杂得多。这就是斯皮尔伯格(Spielberg)的电影《侏罗纪公园》中的混沌,其剧本改编自克赖顿(Michael Crichton)的小说;我简直不能等着看到这些恐龙吃掉那个缺乏理智的"混沌学家"(chaoticist)。

但是如果发表这样的感想,认为艺术中所有涉及混沌的地方都是浅薄的,这也是错误的。作为结束语,让我回到奇妙的《阿卡狄亚》,这是斯托帕德在格莱克的书激起了他的兴趣以后写的。下面是瓦伦丁论大自然基本的不可预言性的一段话,也是逻辑斯谛映射最深刻的教益之一:

> 比起预言3个星期以后的那个星期天,姑妈花园里举行聚会时会不会下雨,我们更擅长预言星系边缘或者原子核中的那些事件……如果一个水龙头的滴水变得没有规律的话,我们甚至不能预言它的下一个水滴。每个水滴都为下一个水滴建立了条件,最小的变化都会把预言打破,而天气也是因为同样的原因无法预言,而且将永远无法预言。(第1幕,第4场)

注释与延伸阅读:

1. *Arcadia* in Tom Stoppard, *Plays 5* (Faber and Faber, 1999).对该剧有价值的

评论参阅 *Tom Stoppard: A Faber Critical Guide*(Faber and Faber, 2000)。

2. T. Y. Li and Jim Yorke, "Period three implies chaos", *American Mathematical Monthly*, vol. 82,(1975), pp. 985—992.这篇论文对许多带有周期3(因此它们每3圈重复一次)的映射,比如说逻辑斯谛映射,证明了每个周期都将存在轨道,还有无限多的混沌轨道——这些轨道是不规则的,它们没有固定的周期。

3. 事实上,我们预言的值是 $2(1 + \sqrt{2})$。

4. "Simple mathematical models with very complicated dynamics", Robert May, *Nature*, vol. 261, 10 June 1976.

5. "The voles of Hokkaido", Robert May, *Nature*, vol. 396, 3 December 1998.

6. *The Nature of Chaos*, ed. Tom Mullin (Oxford University Press, 1993).亦参阅 *Nonlinearity and Chaos in Engineering Dynamics*, eds. J. M. T. Thompson and S. R. Bishop (Wiley, 1994)。

7. Ian Stewart, *Does God Play Dice?: The New Mathematics of Chaos* (Viking Penguin, 1997).

8. 洛伦茨在 *The Essence of Chaos* (University of Washington Press, 1993)一书中对他的工作作了容易理解的说明。

9. "The Lorenz attractor exists", Ian Stewart, *Nature*, vol. 406, 31 August 2000, pp. 948—949.

10. 一篇有用的参考文献是"Randomness and perceived randomness in evolutionary biology", W. C. Wimsatt, *Synthese*, vol. 43 (1980), pp. 287—329。

11. James Gleick, *Chaos* (Heinemann, 1988)。

12. Harriett Hawkins, *Strange Attractors: Literature, Culture and Chaos Theory*, (Prentice Hall, 1995)。

第11章

环境保护的童话：
莫利纳-罗兰化学方程
和CFC问题

艾斯琳·欧文（Aisling Irwin）

著名自由记者和新闻编辑，常年为《自然》《新科学家》等杂志撰稿。致力于科学、环境、发展中国家专题写作，于2000年荣获英国科学作家协会奖。

· · ◆ · ·

"地球是一个脆弱的伊甸园，它的完美在于其精致、淡蓝色的美。同时地球也已被亵渎，我们的工业废气污染了它的两极。化学把这两者联系了起来，而化学方程表达了这一联系的本质。"

一张摄自阿波罗号宇宙飞船的快照摄下了20世纪70年代地球的景象。这一图像是在毫无遮拦的飞驰瞬间拍摄的,前所未有地展现了地球的美。照片呈现了这颗行星的孤独——它只是在黑色未知的世界里漂浮着的一片蓝色的绿洲。首先,地球看上去就像一件易碎的小玩意儿一样:从太空的角度来看,它的居民们像是以莫大的共同兴趣,关注着他们脆弱的星球。[1]

这景象增加了人们产生于20世纪60年代的感觉,那就是人类现在有能力破坏地球的环境从而毁灭人类自身了。阿波罗飞船带来的这一普适的启示唤起人们意识到他们自己都是"地球上的乘客……都是兄弟"。[2]正是这一情绪激起了上千万人在1970年的第一个"地球日"聚集起来,这些集会群众抗议对大自然的大肆破坏。

就在这一环境意识觉醒之时,短短几行东西发表了。它们犹如任何宇宙图像一样,使我们对地球环境的理解产生了意义深远的影响。[3]这几行不是句子,不是用文字,而是用另一种语言符号写下来的。它们证实了人类正在损害着地球的一个生命维持系统,从而预示了地球的灾难。这些化学方程极为简洁地描述了臭氧层的毁坏。

这几行符号的起源,应部分地归功于当时的氛围。反过来,它们又影响了人们当时的情绪。从政治上讲,它们开创了一个新的时代,使得地球上所有的"乘客们"被迫相互协商如何来保护他们的栖息之地。按科学的方法讲,它们已延伸了学科间的边界,迎来了国际性研究热潮,其中包含着许多为了理解最复杂的自然循环而采用的各种途径。从环境论来讲,它们给我们提供了两个信条:人类的管理使得地球很脆弱,反过来,人类有潜力防止技术上的大灾难。

这些方程式的故事涉及大约半个世纪期间的事,即从1930年到20世纪80年代中期。在一定程度上,它展现了人们对大气的科学理解。大气——曾经一度被认为是简单而不活泼的,现在则被认为是永不停息、乱成一团的无数相互作用着的物质。正是沿着达到这一理解的踪迹，才出现了一系列关于臭氧的疑问。回答这些疑问的过程，帮助人们形成了把地球看作是单个系统的观念：一系列长长的因果增殖链，它联系着从泥土中的微生物到平流层中尚未搞清楚的种种气体的所有一切。

为了理解科学家怎样从混乱如麻的大气问题中提取出他们对臭氧的理解，你必须对化学家的工作有些感性认识。从历史观点来说，化学家命中注定的任务就是从物质纷繁混杂的表象中去寻找它的本质，在易变的物质世界中找寻那些不变的东西，去发现关于物质的恒久的、可预测的和带有规律的性质。化学在科学的大家族中常被视为是乏味的，它被错误地认为是一门纯粹描述性的科学，而缺乏像物理学和生物学那样的魅力。化学研究看上去与物理学家和数学家的工作完全不同：物理学家在奋力钻研基本力和基本粒子，而数学家有纯粹、抽象的思考。然而正是化学家们拥有着这样一些工具，凭借它们深入到大气反应的纷乱中去，并将关注的焦点放在最重要的那个反应上。然后他们能用一种在几百年中形成的简单符号语言来表述这一反应。化学家们有能力预言距地面50千米高空上所发生的相互反应——而不必亲自去那里——甚至还能确定这些反应的速度。而且，通过与其他学科的结合产生出关于大气的一些模型，作出一些在随后的数十年中相继被证实的预言，化学家们充分展示了他们的力量。

很少有方程能这样地揭示出人类和他们的环境之间的关系，或者对世界有如此惹人瞩目的影响。也没有任何其他化学家能在短短的几行中创造出这样伟大的一项工作——人们现在认为它具有把我们"从环境大灾难中解救出来"的潜能。这是诺贝尔奖委员会因莫利纳（Mario Molina)*、罗兰(Sherry Rowland)**和克鲁岑(Paul Crutzen)***对臭氧破坏所做的研究而把1995年诺贝尔化学奖颁发给他们时作出的评论。以研究环境受人类影响而荣获诺贝尔奖,这还是第一次。

　　这是一个现代的观念:大气层中任何东西都是会受到损害的。人们过去总是理所当然地认为大气是一成不变的。从远古时期以来人们就认为大气是惰性的:世界上的化学变化就是在这一条件下发生的。18世纪出现了一种新观念:除了固体和液体以外,在我们的周围以及上方可能还有形形色色的气体,它们彼此相互作用,也与其下面的地球发生着相互作用——这是第三种物态。这种观念上的转变,使得科学家们把大气看得越来越复杂。现代形式的化学方程为人们认识的不断深化提供了一条途径。

　　人们一直到1750年以后,才了解大气中各种气体比如二氧化碳、氧气和氮气的特性。随着20世纪新的技术的到来,大气开始显露出它原来深藏着的层面。我们现在把大气想象成像一系列有保护作用的"气体层"的厚球面,每一层都比它下面的一层更稀薄而且每一层都呵护着地球免受寒冷的、缺乏氧气且充满辐射的太空的侵袭。人类的大多数活动都是在第一层球面下进行——这就是我们生活着的地方,我们大多数的飞机都在其间飞行,并且气象也在其内发生着变化。这个最下面的10—15千米称为对流层。在其上方,那里就是超音速喷气式飞机短暂显身的地方,是第二层,称为平流层。以后几层球面几乎是空

　　* 莫利纳(1943—　　),墨西哥化学家。1974年与罗兰共同指出氯氟烃如何破坏臭氧层的机制,论证了1970年荷兰化学家克鲁岑提出的氮氧化物破坏臭氧的论述,共同奠定了保护臭氧层的理论基础。因此三人共获1995年诺贝尔化学奖。——译者
　　** 罗兰(1927—2012),美国化学家。——译者
　　*** 克鲁岑(1933—　　),荷兰化学家。——译者

的,而在几十万米以后就逐渐消失在最接近太空的边缘之处。

但是使用这种简单的分割方法是容易使人上当的。在一场复杂精美的大气表演中,地球实际上既是观众又是演员。数千种不同的物质在地球上打转。它们随着下列各因素而不断改变着、飘动着:冷或热,白昼或夜晚,压强的增加或减弱,太阳辐射的波动,季节以及随每天、每年或更长节律而出现的动力学规律。分子相互碰撞,并且在它们所处的位置、时间、温度、光照、气压以及其他分子存在与否——其中的许多种的作用在某种程度上还是未知的——等因素的支配下相互作用。在20世纪50年代初,科学家们知道了大气中有14种化合物。现在他们可以从中识别出3000种以上的化合物。

现代的化学有一整套的源头:在冶金术和酿造业里;在古代哲学家对无知觉的物质本性以及物质和形式之间的区别等这样一些难题之中;在炼金术士们的神秘迷恋里。为了解释物质的基本特性,炼金术士们探索着一些根本的原理,诸如亚里士多德的四元素(土,气,火和水)、七金属、宇宙精灵(universal spirit)以及哲人石(philosopher's stone)。他们通过把物质和行星、神话中的人物以及神学联系在一起来理解物质的性质。他们采用符号、颜色、图片、神秘的名称和代码来表示物质。

过去200多年的化学成就摧毁了这些荒诞的学说基础。曾是"前后不连贯的,令人费解的,杂乱无章的"这门科学[4],在一些不再那么难以捉摸的基本原理上挣扎起来获得了新生。这些原理的雏形在18世纪的一次发现和洞悉的大爆发中浮现了出来。现在把这一时期称为化学革命。神秘和晦涩被简单而清晰的表达所取代。物质的相互作用不再由意义模糊不清的动物、君主和少女的图像来传达,而是由一些简单的方程来表达,它们可以把一个关于化学的故事归结到一些根本性的东西上:开始,中间过程和最终结果。

今天,我们将物质归入到100多种基本元素之中,它们囊括了我们

所熟知的元素诸如碳和金，以及我们不太了解的元素比如104号元素
铲等。最后这种元素是科学家们突发奇想用人工方法制造出来的短寿
命元素。基本元素存在于物质的本质之中，这一想法最初是由一个名
叫拉瓦锡（Antoine Lavoisier）*的法国人提出来的。他是"化学革命"的
创导者又是法国大革命的受害者。拉瓦锡是一个雄心勃勃的巴黎知识
分子。他在旧制度**中令人憎恨的税收公司"包税局"（Ferme Générale）
中持有股份。这笔财政收入支持了他的科学研究，但也使他在恐怖统
治***时期丢了脑袋。他从实际出发，把元素定义为是一种无法再分解
成更简单东西的物质。隐藏在元素背后的是一个不变性和纯净性的概
念，即认为一个元素永远是同样的，不管它从哪里来也不管它是用什么
方法制备的。每一个元素都应该有一个名字，他说，而且如果有两个元
素结合在一起形成一个更复杂的化合物，那么后者的名字应该能够反
映出构成它的两种元素。化学革命的理想主义者主张，这些名字要抽
象一些，在日常语言中要没有意思，以致它们"不会产生会引起虚假的
雷同的概念"。[5]实际上，现在的一些名字仍然唤起人们想到它们的发
现者、它们的颜色甚至是附近的一颗行星。[6]

　　于是留下的问题就是这些基本元素本身是如何构成的。假设任何
物质最终都是由一种受欢迎的原材料——原始物质（primary matter）
构成的，这很早以来一直是一种诱人的想法。原始物质，最初是由柏拉
图和亚里士多德提出的被认为是一种没有特色的物质，在其上可以
印上种种品质和特性。曼彻斯特的一位教师道尔顿（John Dalton）****
加入了拉瓦锡开创现代化学的行列。他提出基本元素是由原子构成

---

* 拉瓦锡（1743—1794），法国化学家。——译者
** 指法国1789年大革命前的政体。——译者
*** 指法国1793—1794年雅各宾专政时期。——译者
**** 道尔顿（1766—1844），英国化学家、物理学家。——译者

的。任何一种元素的原子都是相同的,但是它们不同于其他元素的原子。一个原子由带正电荷的原子核和由带负电荷的电子绕核旋转形成的电子云组成。它的唯一的身分识别取决于位于其核中带正电的质子的数目。化学家主要关心的是理解原子之间是如何通过彼此最外层电子的共同需求来决定其相互作用的。原子可以看作是在不断地忙于寻求最佳伴侣,据此,它们通过共用或交换电子并成键,从而构成稳定的实体。

具有不同电子分布的不同类别的原子,要取得其稳定性所需的伴侣数目是不同的,而其结合方式也是不同的。一些原子,比如氯原子(为便于讨论,我们用Cl表示),性情是如此活泼以至于不存在单原子的形式,所以通常人们发现它们大多以双原子分子的形式存在(表示为Cl_2)。氧原子(O)有类似的情况,它大多以普通的氧气(O_2)这一最稳定的形式存在。但是氧原子还可以以一种亚稳定的形式存在,这就是三个氧原子结合在一起,形成臭氧(O_3)的形式。双原子氧和三原子臭氧之间的区别是:前者无色、无臭,是我们呼吸所需的气体,而后者是浅蓝色、有刺激性气味的气体——烟雾中的一个成分,因其毒性而声名狼藉。

在平流层里,距地面50千米以上,漂浮着50亿吨臭氧,它们保护着下面的生命免受不良种类的紫外线的照射。臭氧允许紫外线中最柔和的那一种(其波长最长)不受任何阻挡地照射到地球上。这种紫外线称为UVA,它起着一些有益的作用,诸如促进人体皮肤内维生素D的合成。但是臭氧会阻挡住两种攻击性更强的紫外线,UVB和UVC。否则的话,生命将会灭亡。UVB和UVC会降低人体的免疫力,使得我们难以抵御疾病。它们会对皮肤和眼睛造成伤害,接踵而来的是皮肤癌和白内障。它们会破坏浮游植物这种简单的生命形式,而这种植物是海洋食物链最底下的一环,所以它的缺少将会导致整个生态系统的崩溃。绿色植物——当然也包括农作物——也容易遭受这些辐射的攻击。事实上,直到大气中有了足够多的臭氧,生命才得以能从水中过渡到陆地上生活——这大约发生在4.2亿年以前。在从富含二氧化碳的地球大气初步转变为富含氧气的大气的过程中,作为大气的一部分,臭氧也渐渐积聚了。

　　臭氧层形成10亿年以后,人类进化到了足以有能力破坏它的程度。幸运的是,几乎与此同时他们也开始搞清了臭氧。这需要若干观念一步步的更新来理解臭氧层的自然形成和破坏,然后再意识到它易受损害的性质。

　　我们的故事开始于1930年,这有三方面原因。首先,科学家们揭示了臭氧在平流层里自然形成和遭受破坏的微妙机制。第二,著名的美国化学工程师米奇利(Thomas Midgley)宣布他发明了称为是CFCs(氯氟烃)这一类有用的化学物质。第三,诺贝尔奖获得者、物理学家密立根(宇宙线发现者之一)宣称,人类几乎不可能对任何像地球这样的庞然大物造成大的损害。[7]又过了40年科学家们才把前两条表述联系起来,从而揭示出第三条看法是错误的。

　　当中等能量的紫外线UVB到达臭氧层时,它通常与臭氧分子相遇。紫外线能使大多数分子化学键断裂——这只是一个寻找该键易破坏的频率问题。UVB能使臭氧分子破裂,把它分裂为一个双原子氧气分子和一个自由氧原子。当它发挥其碎裂作用(这是一种被称为光分解作用的现象)时,产生的自由氧原子处于一种高度活跃的状态,它时刻在寻找与之结合的新伙伴。紫外线也可以使氧气分子里的那一坚固的化学键断裂,但是在这种情况下需要最高能量的紫外线UVC。这种紫外线会将氧气分子拆分成两个氧原子。在第一种反应里,臭氧被破坏了;在第二种反应里,通常的氧气也被破坏了。有第三个反应把它们结合起来形成了一个反应圈。在前两个反应里生成的自由氧原子都是一些极具攻击性的生成物，它们会尽快寻找伙伴以形成新的键。当一个自由氧原子一遇到一个双原子氧气分子时，它就会缠住不放再次形成臭氧分子。如果它遇到的是一个臭氧分子，那么它能从臭氧中抢夺到一个氧原子，把它自己以及这个臭氧分子变成两个双原子氧分子。

这个循环可以用上文描述过的符号通过一些简单的方程描绘出来：O代表一个氧原子；O_2代表由两个这样的原子结合起来构成的一个普通氧分子；而O_3代表臭氧分子。用一个箭头表述化学反应，我们就能写出如下的一个臭氧的分解方程：

$$O_3 \longrightarrow O_2 + O$$

同时还有双原子氧气分解的另一个方程：

$$O_2 \longrightarrow O + O$$

通过产生了上文所描述的臭氧，这就形成了一个循环：

$$O + O_2 \longrightarrow O_3$$

连接化学方程两边的是一个箭头，而不是一个等号。这是因为方程的两边并非完完全全是相等的。方程两边有着不同的化学物质，它们有不同的性质（臭氧是蓝色有毒的；而氧气是没有颜色、给生命增进活力的）。箭头表示经过一段时间的转变过程，在这段时间里发生了化学相互作用而产生出了新的物质。但是方程的两边从所含有的原子个数守恒的角度来说又是相等的——一个也不会凭空产生或消失。在第一个方程的两边各有三个氧原子（第三个方程也是如此，第二个方程两边都是两个氧原子）。

循环在不断继续着，臭氧重新形成，而在这过程中每个化学键的断裂始终都要吸收能量，而形成新的键时又以热的形式放出能量。

由英国科学家查普曼(Sidney Chapman)*描述的这个循环,直到他提出40年以后才有了余波。查普曼的方程无法完全解释臭氧的自然产生和分解。基于他自己的研究以及根据涉及的各种不同化学反应速率所作出的计算,结果都暗示臭氧应该出现在平流层的很高处,这个位置要比我们过去实际观测到的高很多。科学家们因此知道必须有另外一个机制参与其中,使得臭氧分解的速度与其生成的速度一样快,从而维持仪器记录到的相对稳定的水平。最终花了40年时间,才识别出扮演臭氧自然循环中的主角——当它被发现时,人们发现它就在地球上,就在土壤里。

发现这个循环的人——克鲁岑——在理解臭氧层问题上作了多方面的贡献。他在26岁时作出了其中的第一个贡献,当时他还在斯德哥尔摩大学的气象学系任职。那是20世纪60年代晚期,当时瑞典人正为发现了酸雨而头痛不已。也许这是第一个蔓延整个地区的环境问题,同时也是对臭氧层损耗的一个重要前奏。但是克鲁岑希望研究自然过程,所以当有了研究的机会时,他就选择了研究平流层的臭氧。

克鲁岑在1970年就已经在臭氧层下数万米处发现了人们找寻的那种自然界中破坏臭氧层的化学物质。土壤里的细菌产生出少量的一种特殊的氮的氧化物(N_2O)。克鲁岑注意到这种氧化物,经过对流层向上弥散开来,而当它向上散开时渐渐地变成另一些比先前的活性更强的氮的氧化物。这些气体最终上升到与臭氧层相同的高度。臭氧,正如我们已经看到的,很容易分解。这些氮的氧化物中有一种是一氧化氮(NO),它可以从一个臭氧分子中攫取一个氧原子,然后,再把它送给一个自由的氧原子,以致产生一个双原子的氧气分子。其整体的净效果就是把臭氧变成了普通的氧分子。[8]克鲁岑就这样提供了在自然的

* 查普曼(1888—1970),英国地球物理学家。——译者

臭氧层里化学反应链中缺少了的那一个环节,而且他还引进了下列两个科学家后来将用到的重要观念:来自地球上的稳定分子有能力弥散上升到平流层;并且,在到达那个高度后它们能分解臭氧。

1930年,出现了第二个有重大影响的事件,其主角是米奇利。他是一个美国工业化学家,出生于一个发明世家。到米奇利的晚年,他已经拥有了100多项专利并且是美国化学会会长。[9]1921年,他因为发现向汽油中添加铅可以减轻引擎的震动而出了名。后来,他转到了通用汽车研究公司的冰箱部,宣布制造出了二氯二氟甲烷,这是后来称为CF-Cs化学物质家族中的第一种物质。因为这两项发明,一个环境历史学家"表彰"了他,认为他比我们这个星球上任何单独生物体对大气层所造成的破坏都更大。[10]

米奇利的发明物是一种极为平和的化学物质。它不会燃烧,几乎不溶于水,并且没有毒性。它的分子结构——一个居于中心的碳原子围绕着氟原子和氯原子——非常稳定。原子间理想的伙伴连接成键,通过共用电子,实现了稳定的结构。米奇利制造出了原子间的超级联合体,一个对外部世界的进一步相互作用一点也不感兴趣的分子。他当着前来观看的一些化学家的面,演示了它的"冷漠":他深深地吸入一口这种气体,然后向一团火焰呼去,该气体使得燃烧的火焰熄灭了。他从这一演示中毫发未损地退身而出,并且没有吐出一缕明火这个事实,毫无疑问地使得CFC名声大噪地进入了科学世界。虽然过了一段时间工业界才学会如何去利用CFC,但是在当时它就已经被认为是一类奇妙的分子,一种理想的制冷剂,因为其沸点介于-40℃和0℃(依不同的CFC而定)之间,而且制造成本低廉又便于储存。而最重要的是:它是安全的。

用C代表碳原子,Cl代表氯原子,F代表氟原子,这样的化学符号可以比语言文字更简洁地描绘CFC。例如:一个简单的CFC分子是由一个碳原子、三个氯原子和一个氟原子组成的,这就可以表达为CFCl₃。在第二次世界大战以后,CFC作为气雾喷射剂、空调里的制冷剂以及电子元件的清洁液,才开始广泛使用——年产量从20世纪50年代的20 000吨激增到1970年的750 000吨。它们的惰性既是它们高高地在平流层里有破坏能力的原因,又是科学家没能认识到它的破坏能力的关键。

直到20世纪60年代末期,人们才开始引发一种猜疑。这就是我们也许会在全球范围内扰乱一些自然循环。这种观点的变化,部分是因为科学发展而推动的,但是这种变化也需要跳出一些思维范式,对某些问题重新质疑。这需要有20世纪60年代——一个社会动荡的年代——尤其是需要反战运动、民权运动、女权运动和环境保护运动。从这些社会动荡和行动主义中形成了一种新的环境保护主义。这种环保主义在本质上是具有启示性的;在着眼点上是全球性的,而且以卡森(Rachel Carson)的著作《寂静的春天》为典型代表。在此以前占统治地位的环境保护主义对工业化并对工业时期以前的世外桃源有一种浪漫的渴望。新的环境保护主义却与之不同了。在美国,民众对乡村遭杀虫剂的污染、湖泊的生命死绝和河流的毒化,产生了怨恨和恐惧,这使得政府设立了环境保护署。这一机构成立两年以后,在斯德哥尔摩召开的联合国第一届人类环境会议*上,人们第一次听到了一些官方的抱怨。他们抱怨在一些国家产生的污染物被雨水从空中冲洗下来,通过公认的酸雨形式,落入其他国家。北美和欧洲就这样被迫接受了一种观念,这就是:人工产生的化学物质可以与自然的大气过程发生相互作

---

* 这次会议在1972年召开,除了发表《人类环境宣言》外,最后还通过一项包括109项建议的行动计划,这就导致了联大在同一年建立了联合国环境规划署。——译者

用，而其影响规模是没有国家界限的。

人们开始质疑一些新近提出的科技对全球环境的影响。其中与臭氧层相关的第一个就是关于超音速机群的计划。英国和法国的一个小组提议（并且最终制造了）协和式飞机；而苏联也在设计类似的飞机。在美国，波音公司有一个不那么先进的计划，那就是要在1985年到1990年间用800架这样的飞机布满天空。

800架超音速喷气式飞机在平流层咆哮着穿梭飞行，在它们的尾流中留下一阵阵废气。它们的飞行路线会穿过臭氧层，它们的排气装置喷出缕缕氮氧化物。这事距克鲁岑指出自然界的氮氧化物会破坏臭氧才仅仅一年。科学家们没有花费很长时间就意识到，人造的氮氧化物也会有同样的破坏作用。一个研究员计算出500架超音速飞机在两年中会耗尽10%的臭氧。至关重要的是，科学家们述及了这与癌症的关联。他们预言：臭氧浓度下降1%，仅在美国癌症病例每年就会新增5000—10 000例。这样，公众中原来已为环境破坏感到忧虑的人士，现在清晰地认识到这样一种观点：臭氧层是环绕在我们这个行星周围的脆弱保护壳，它的完整与否与公众自身的安全休戚相关。不久，人们的注意力被吸引到美国空间机构——美国国家航空航天局（NASA）提出的一系列计划上。他们计划一队航天飞机每周到太空旅行一次。这些航天飞机排放出的废气中充满了含有氯化物的化合物。科学家们，其中特别有密歇根州立大学的斯托拉斯基（Richard Stolarski）和奇切罗内（Ralph Cicerone），发现氯也会攻击并破坏臭氧，就像克鲁岑发现氮的氧化物会攻击并破坏臭氧一样。

从化学上讲，所有的概念都已经齐全了，只是有待于把它们组织起来去推断出臭氧是如何被CFC破坏掉的。从哲学上讲，西方世界等待着正在将地球推向毁灭的征兆。但是此时，在科学家们对臭氧被破坏的理解和认为CFC也可能是其罪魁祸首的观点之间，还有一条深深的鸿沟。至此为止，人们洞察到了未来派的飞机和航天飞机把那些极具破坏性的化合物释放到了臭氧层中，而这种释放是粗暴而令人惊讶的。CFC本身是稳定且不易发生化学反应的，并且已经问世20多年了。在大气这个剧场里，它们剩下的只有做观众的份。

毋庸置疑，过去几十年中所发生的事早已造就了把CFC和臭氧破坏联系起来的有识之士。莫利纳和罗兰几乎是不经意地掌握了将它们联系起来的所有必要的化学概念。另外，他们已经关心起了技术的负面影响。学生中的行动派迫使莫利纳考虑公众对可能出自于实验室的魔鬼的畏惧。1986年，作为加利福尼亚大学伯克利分校的一个研究员，他已面临过对研究激光的抗议——反对在任何地方进行将高功率激光作为武器的研究。莫利纳说，他当时在听到研究与武器有关联时，他是"沮丧极了"："我过去希望的是专注于对社会有用东西的研究，而不是用于那种有潜在危害性的目的。"

莫利纳说过，正是科学上的好奇心加上少许的环境意识，驱使他去研究CFC与臭氧层损耗之间的联系。"当初我有一些有关环境的意识，但还是很模糊的。对我来说，考虑得更多的念头是人们正在改变着环境，而对其可能引起的后果却不甚了解——我们感到有责任去真正地评定这些后果。"[11]

莫利纳和罗兰通过一条未料到的途径开始对CFC进行研究了：有一个英国科学家提出CFC对大气研究人员来说可能是一个有用的研究工具。这个想法认为流经大气的CFC具有随风飘动，永不分解和不被干扰的性能，于是气象学家可以用它来艰辛地跟踪气流。在过去的几十年中CFC已广泛使用，这意味着人类可能已经将它们在全球各处散布开来，这好像是有意在为科学实验创造条件似的。

疯狂而杰出的想法最终常常会一事无成，不过偶尔却也会给你带来巨大的利益。莫利纳和罗兰的想法就是这样的一种。洛夫洛克

（James Lovelock）是一名科学家，从他德文郡乡间的别墅之中，做着不受保守学术权威限制的研究。在他的一生中就有许多这样的想法。[12]其中的一个就是在20世纪70年代提出的盖亚（Gaia）*模型，它提出，地球上的生命调节着它们自身的环境从而来保持它们的健康。盖亚模型把地球当成一个简单的、巨大的有机体。它通过多种生物性的反馈过程使自身总是向着保护自己的方向运行。这种调节的例子眼前就有很多：例如，人们认为植物和细菌通过从大气中吸收二氧化碳并将其存积到土壤中的这种方式，来帮助控制地球的温度。这一观点认为地球是一个有生命、有感觉能力的行星，但它遭到了许多科学家的反对，而它尤其与达尔文的自然选择相矛盾。洛夫洛克实际上是一个严谨的科学家，结果在他一生中始终受到无数尖刻的口诛笔伐。[13]他的跟踪CFC的提议同样被科学界权威人士否定了。有一个仲裁人评论说，即使这项任务成功了，他也不会看到其结果的任何可能用途。所以洛夫洛克自己出钱登上了英国南极勘察队的补给舰——"沙克尔顿号"。他随身携带了一台他自己研制的高灵敏度仪器，用它可以测量出大气中含量极低的气体。这一发明已经问世10年之久，已被用于探测杀虫剂和其他污染物质的微小浓度。它使科学家们能够发现DDT**在自然界里已经散布的程度，从而促使了环境保护在20世纪60年代风起云涌。

洛夫洛克纵越了大西洋，一路上他测量了CFC的含量，而在他归来之时，他带回了一份无价的信息。通过对他的测量数据外推，他已算出了释放到大气中的CFC的数量。当他以工业数据为基础，计算出迄今为止释放到大气中的CFC的数量时，他发现这两个数字非常接近。有

---

* 盖亚（Gaea或Gaia）是希腊神话中的大地女神。盖亚模型，或称盖亚假设、盖亚理论，认为地球是一个像生物体一样能不断进行自我调节的统一生命系统核心。——译者

** 二氯二苯三氯乙烷，一种杀虫剂的商品名。——译者

什么结论? CFC没有分解掉并且很可能会永远飘荡在大气之中。

　　这个至关重要的信息被罗兰以一种奇特的、间接的方式捡了起来。当时罗兰是加利福尼亚大学欧文分校的一位享有盛誉的化学家。当时他43岁,在放射性化学这一学科方面已有了一番辉煌事业。他有一个出色的家庭,在其推动下,他投入了学术界的赛跑,一帆风顺地念完了中学和大学。他在芝加哥大学读化学研究生时,师从发明用放射性碳素断代的科学家利比(Willard Libby)*。在过去的5年之中,罗兰一直是化学系的系主任。1970年,他辞去了这个职位,随即开始寻找一个新的研究课题。大约就在那时,由于环境问题在公众的心目中的重要地位以及其家庭成员对这个课题的兴趣,他开始关注环境问题。于是他的兴趣被一次会议所展望的前景吸引住了,这个会议讨论的是如何把他自己的课题——放射性——用到环境问题上去。在奥地利萨尔茨堡出席了这次会议以后,他在火车上遇到了一个会议代表,从他那里罗兰了解到有一系列新的研讨会。这些研讨会旨在通过鼓励化学家和气象学家相互讨论来增进人们对大气的理解。因为原先罗兰在利比那里当研究生时与他一起工作,因此他对大气一直怀有隐约的兴趣。所以在1972年,他参加了其中的一个研讨会,这个研讨会是在佛罗里达州的劳德代尔堡举行的。会上他听到一个科学家转述了洛夫洛克的发现,并且推出了科学家可以用惰性的CFC来跟踪大气运动的想法。

　　然而罗兰是一位化学家,他知道没有一个分子在大气里是能保持永恒不变的,因为单单就任何分子终究都会费劲地达到平流层这一事实就能说明这一点:在那里,太阳紫外辐射就会使它分解。他想知道CFC最终的命运会是什么样子,而这种好奇心引导他进入了这个传奇经历的核心部分。罗兰把这个问题带回到加利福尼亚大学欧文分校。

---

　　* 利比(1908—1980),美国核物理学家、化学家。因研制出碳14断代技术,获1960年诺贝尔化学奖。——译者

1973年,他和莫利纳在那里一起开始研究这个问题。莫利纳当时是一个30岁的墨西哥人,他参加了罗兰的课题,从事博士后研究。莫利纳是一个狂热的科学家,他从11岁起就在其父母为他改造过的浴室里做化学实验,此后就一直坚持做化学实验。虽然这一课题与他早先的科研经历相距甚远,但他还是欣然接受了这项任务。在三个月里,他们一起做的工作震惊了工业界并永远改变了他们的生活。

首先,莫利纳快速地研究了CFC在对流层,即所谓的"污物槽"中的每一个可能的变化。比如在雨水中氧化和分解,这是大气处置大多数分子的方式。但是他发现没有什么能阻止CFC上升到臭氧层所在的高度。接下来,他计算出刚从喷雾罐里喷出的单独一个CFC分子要上升到足以使它分解的高度需要多少时间。答案是:这需要半个世纪。所以,芭杜(Brigitte Bardot)在1970年使用过的香水喷出的CFC,至今在空中已经飘荡30多年了,而且还要再过上20多年才会分解掉。

莫利纳和罗兰认识到一旦一个CFC分子飘荡到足够高,在具有可以打断它一个键的能量的紫外线照射下,CFC会立即被毁灭掉并且释放出一个活泼的氯原子。在CFC消亡这一点上的研究或许已经完成了,但是他们决定继续循着他们的研究工作去揭示出CFC分解后那些碎片的命运。首先,他们必须考虑分子间相互作用,然后他们还必须将这一纷繁复杂的化学反应情节放入到大气动力学的大剧院中去。当他们研究可能发生化学作用的不同物质时,他们利用了先前对化学动力学的研究,即对分子间相互作用的速度以及对这些相互作用发生的途径进行的研究。化学家们辛苦的工作早已表明一个在实验室里做的实验可以揭示出一个特定的化学反应需要多少时间,即使这一反应涉及活跃在一些难以接近的环境下的氯原子,比如在寒冷稀薄的平流层中。科学家们已经完成了许多这样的实验并且记录了结果,所以原来对莫利纳和罗兰来说可能会是10多年的工作结果只花了几天时间就完成了。

然后,他们就把这些洞悉放入到控制臭氧运动的动力学过程的模型中去。现在在麻省理工学院工作的莫利纳告诉我:

> 有挑战性的难点是:与实验室的环境相对照,在这一自然系统中化学反应是如何发生的?很容易在一些细节上迷失方向。为对所得的结果真正有把握,你必须把该系统运转的基本特征综合起来处理。这就是我们现在所熟知的:大气是怎样在起作用的?不过当时我们仅是刚刚诞生的第一代大气科学家。

莫利纳回忆起这一段孤独的时期——他一个人连续不停地工作,而这工作又常常是一些例行的任务,定期向罗兰汇报并接受他的指点,而且始终向着一个看上去似乎让人越来越激动的结论前进。其中的许多工作要用到铅笔和纸张——例如计算或者勾画出表示分子的初步草图,这是化学家们在探索可能的反应过程中所必须做的。他还做了一些简单的实验来详细地分析不同的CFC在紫外线照射下会发生什么变化。

当时的一些大气模型仅仅考虑了气体的上下运动,把它们描述为像是处于一个直圆柱筒中似的。这些模型无法告诉研究者大气随不同纬度和不同季节的变化。然而,通过巧妙的处理,这些不成熟的模型给出了一个令人震惊的答案:容易参加化学反应的氯原子会像克鲁岑提出的自然产生的氮氧化物那样破坏臭氧。首先,它会从一个臭氧分子中攫取一个氧原子而使其成为一个普通的双原子氧分子。而后它会把这个氧原子传递给另一个自由的氧原子从而产生一个新的双原子氧分子。在此过程中,氯原子会用这种方式耗尽O_3和O,而产生O_2。至关重要的是,当氯原子完成这一搬运转移以后,它又自由了,又可以开始另一回合了——实际上它可以如此不断地进行下去,在其踪迹所到之处消耗掉数以千计的臭氧分子。这个过程,只有当氯原子遇到一个它能牢牢结合的其他物质时才会停止,于是人们把这种物质叫做终止分子。一旦它处于这种稳定的状态之中,氯原子也就不再到处横冲直撞,于是它向下飘移穿过大气,最后被雨水带走。

依照这个模型,平均而言,单独一个氯原子的形式在终结以前会消耗掉 100 000 个臭氧分子。最终臭氧的产物以及臭氧的破坏会达到一种新的平衡,那时,CFC 的出现已经造成使平流层中的臭氧含量降低了将近百分之十。这样的结果就是:紫外线会穿透地球的保护层,从而伤害保护层下的生物,这就导致每年皮肤癌的发病数会增多好几万例,并且会因动物的免疫系统遭到破坏而使它们对疾病丧失了抵抗力。

莫利纳和罗兰给我们带来了一条令人心神不定的信息,他们用化学语言给出了其中的精髓。CFC 分解释放出氯原子:

$$CFCl_3 \longrightarrow CFCl_2 + Cl$$

这个氯原子攻击臭氧分子并产生一个氧分子:

$$Cl + O_3 \longrightarrow ClO + O_2$$

接着再产生出另一个氯原子:

$$ClO + O \longrightarrow Cl + O_2$$

领会这些方程的最好方式也许是通过详述其中一个演员的故事,这个演员就是第一个方程里所描述的氯原子。50 多年来它一直以第一个方程左边的符号所代表的形式存在着——作为稳定的氯氟烃的一部分。在紫外线照射下,它被粗暴地拉离这一舒适的位置——在第一个方程的右边产生出一个单独的、具有攻击性的氯原子。第二个方程中,这个氯原子捕获了一个臭氧分子。这个方程描述了这个氯原子怎样从臭氧那里获得一个氧原子来构成一个短暂的组合。最后的一步就是当我们的氯原子失去这个氧原子的时候,从而在第三个方程中再一次释放出一个自由的,具有攻击性的氯原子。

这两个化学家意识到了他们发现的惊人本质以及立即向外界报道这一发现的重要性。他们在顶尖的科学杂志《自然》上发表了他们的发现,其中在讲述他们的工作的同时引入了他们的方程。全文压缩到不满三页,刊登在1974年6月28日出版的那一期上。两位作者等着公众对此的反应。可是却什么都没有。

公众没有注意到他们的工作,科学新闻记者也没有注意到他们的工作。科学新闻记者照例应该对他们的工作作出解释。这两个科学家意识到他们的论文难以被人们理解,他们提出的警告被科学杂志所使用的语言掩盖了。他们的论文《平流层作为氯氟甲烷的排污槽:氯原子对臭氧的催化破坏》,只是在倒数第二段简短地提了一下有下列可能性:"从这些方程所阐明的反应来看,可以得出一些重要的结果",并且"可能引发一些环境问题"。支持他们观点的一篇评论用了一种很谨慎的口气。

所以,1974年9月,在美国化学会于大西洋城召开的一个会议期间,莫利纳和罗兰举行了一次记者招待会。在这个会议上他们还对CFC命运进一步提出了两篇论文。莫利纳解释说:

> 我们认为社会拥有的唯一机遇就是让公众参与其中。就与新闻界和工业界打交道的那些活动而言,虽然我们并未感到很安逸,但是我们认为再采取这一步却很重要。要决定举行记者招待会并不困难;我们早就下定决心要让我们的发现受到政府和公众的关注;不过,我们也意识到并非科学界中的所有人都赞同这个决定。当科学家们开始把他们的想法发布

在一些新闻媒体上的时候，必定会出现某种不满。

    在记者招待会上，他们呼吁进一步彻底禁止向大气层排放 CFC。自从他们迈出了从科学界到公众的这一惊人的一步以后，他们再也没有回过头。到了 1974 年底，这一领域的其他带头人也纷纷发表论文给予支持。他们后来说，接下来的两年是一场大"动乱"。他们的评论对美国化学工业来说理所当然是一个威胁，因为当时这些化学工业生成了世界上大部分的 CFC。美国的化学品制造商与科学家们展开了论战，指出他们的主张仅仅是理论上的，而且这种不可靠的基础理论很难成为搞垮有经济价值的整个工业的好理由。与此相反，这些科学家争辩道，这种威胁过于严重以至于我们没有选择等待"证明"出现的自由。

    莫利纳说："科学的观念在一开始是不容易解释清楚的，所以当我们面对工业界或者其他专家时这也不是一件容易的事。这些正是我们面临的艰巨任务。"他认为他们的行动有助于改变科学家们的态度，使他们感到他们有责任把他们的发现公布于众。

    "难以置信的平流层之旅展及辩论团"[14]在美国巡展了两年。莫利纳和罗兰在联邦的和州一级的立法机关的听证会中，给出了众多的指证。一起参加的还有密歇根大学的切切罗尼。他也进行着类似的研究。这段时间里，化学巨头杜邦公司，领导着科学上的反对派。他们的一个证人正是洛夫洛克，他在 1974 年出席美国国会的一个会议时作为这个公司的证人。虽然历史会把阐明 CFC 故事的许多贡献归功于他，但是他起初是怀疑莫利纳和罗兰的主张的。几年以后，为了替自己辩解，他在《新科学家》杂志上说了下面这段话："也许有人会说我是一个大傻瓜，但是我认为只是做了自然而然的事。我喜欢[工业界的]人，他们看上去是一群十分可敬而又正派的科学家。"[15]实际上，在面对诸如盖亚那样一股令人畏惧的力量时，他总是怀疑人们有破坏地球的能力，他不相信略微多照一些紫外线就得忧心如焚了。

其间，另一位化学家斯科勒（Richard Scorer）却指责这次研究是"言过其实哗众取宠的"。化学制造商们让他在美国各处飞来飞去极力宣扬这一说辞。据莫利纳和罗兰所说，在反对使用CFC的人们之中，红头发和白皙皮肤的参与者特别容易遭受盲从的指责，而且这种争论常常变得"激烈且针对个人"。不过他们没有对他们的行为感到后悔。

在这一阶段，辩论几乎全部集中于CFC在气雾剂中的使用这一问题上，而很少提及它们被用来作为冷冻剂或在制造诸如聚苯乙烯泡沫塑料中的发泡剂。两年以后的1976年，美国科学院在新的研究的支持下，对这门科学提出了一个回顾性的评论。这篇评论建议应大幅度地削减CFC非必要的应用，除非在两年中能新发现其威胁的缓和。这个结论使原先的平衡发生了倾斜，而到了1978年，一些团体，包括环境保护署，已经发布了关于逐步停止生产CFC的一些规章。加拿大、挪威和瑞典也采取了行动。到20世纪80年代初期，国际性的响应增长起来。1972年，第一届国际环境大会在斯德哥尔摩召开。大会以后成立的联合国环境规划署鼓励对CFC问题的探讨。到1985年，联合国已经监督20个国家在保护臭氧层的《维也纳公约》*上签字。

这段故事最令人惊异的方面是，尽管还完全缺乏CFC破坏臭氧的观察证据，但是人们还是采取了如此多的行动。科学家们还没有从天空中收集到表明臭氧正在消失的数据。事实上，正如他们后来自己指出的，当时在平流层里的任何地方都还没有测量到任何含氯物质。[16]《维也纳公约》的签署，说明各国在感受到或从经验上明示一个全球性的环境问题的影响以前，第一次在原则上同意去解决它。

---

* 1985年3月22日制定于维也纳。制定该公约的外交会议是根据1984年5月28日联合国环境规划署理事会通过的第12/14号决定召开的。公约于1988年9月22日生效。——译者

对此的解释可以部分地归结于在20世纪70年代出现于美国的环保意识。在美国当时有许多新的机构，诸如环境保护署正在小试身手。1981年，当里根(Ronald Reagan)取代卡特(Jimmy Carter)成为美国总统时，这些自由就被剥夺了，进一步减少CFC产生的计划也被搁置起来。[17]如果莫利纳和罗兰稍晚几年才呈递他们工作的话，那么最初的响应也许会是截然不同的。还能作一些解释的是，CFC所造成的威胁有其凶险的特性，因为它带给众人比如致死的不可见的射线和皮肤癌这样的一些令人恐惧的概念。最后一点是，在事物的重大的体制里，解决该问题并不需要付出昂贵的代价。它肯定不会要求人们彻底地改变个人的生活方式，而且公众对因生产奢华的产品(诸如除臭喷雾剂)而被置疑的行业也几乎没有同情心。

表达这一争议是预防原则的一个早期探索。所谓预防原则指的是，当涉及人类健康与环境恶化之间的争议时，我们不能总是等待着表明有危害的"证据"出现。一个必然的推论是：与其要让公众提供有害的证据，倒不如应该由制造商们负责提供证明安全的证据。CFC工业制造商们正是从反面来争辩的，说他们应该被认为是合法的，除非能证明他们是违禁的。

莫利纳特别指出："他们希望享有与个人相同的权利。"实际上，臭氧被CFC消耗掉的理论是应用预防原则的一个理想的根据。如果科学家们的警告没有得到重视，由此可能对人类健康产生可怕的后果——那么以后延迟的行动所付出的代价也许会非常大。相对而言，对这个问题所建议的解决方法花费不高，而且也不致造成混乱。跟这场运动相似的另一个例子是米奇利的另一个发明：含铅汽油。在英国，尽管还缺乏证据证明它对儿童有害，人们还是决定逐步淘汰使用它。人们应在高风险以及存在另一种可供选择的技术这两者之间予以权衡，于是在花费不大的情况下人们改造了汽车。

化学方程只能描述实际情况中的一些片断。莫利纳和罗兰的辉煌成果在于把一个重大的片断分离了出来,把它从纷乱中识别出来。他们自己并不把这些方程称为描述了臭氧层中全部活动的过程。更确切地说,这些方程被认为是描述了从人类观点来考虑的那些最重要的活动过程。这些方程的不完整性反映出人类当时所掌握的化学知识还不完整,而且这些不完整性直到11年以后,当3个英国科学家在1985年宣告他们发现了臭氧层空洞时才得以重视。这正是臭氧损耗引起了世界性关注的时刻,欧洲人开始因CFC问题而激愤。于是反对CFC运动的第二个阶段开始了。此刻,这一发现在公众中所引起的震惊与在科学家中所引起的震惊一样剧烈。臭氧层中的巨大空洞是在南极上空发现的,在此以前一直没有人在那里搜寻过:人们一直想在中纬度地区上空寻找到比这轻微得多的破损。

化学需要对付或处理的基本问题——这个由莫利纳和罗兰的努力而生动地阐明的问题——是它试图去描述真实的物质世界,一个极为复杂的对象。化学过程——以及用以表述它的方程——永远不会是不折不扣地正确的。化学方程无法枚举发生反应所必需的所有条件,还有那些或许会阻止反应发生的条件,等等。因此,牺牲了完美才有纯粹。当外界环境改变时,一个方程就有不正确或不适用的风险。这就是发现臭氧层空洞时所发生的情况。

当时,为英国南极勘探队工作的3个科学家在他们剑桥各自的办公室里偶然发现了极地上空的空洞。[18]他们的一项日常工作就是处理从哈利湾站得来的数据。人们从20世纪50年代起就开始检测哈利湾站上空平流层中的臭氧含量了。他们使用一种称为多布森分光光度计的测量工具,在20世纪80年代早期所测得的臭氧层持续偏低的读数一直使他们惊讶不已。加德纳(Brian Gardiner)、法曼(Joe Farman)和尚克林（Jonathan Shanklin）怀疑这是仪器差错所造成的。他们对南极都有丰富的经验。他们在暴风雪席卷的鬼蜮之地，白茫茫的悬崖以及荒凉的冰原上工作，仅有企鹅为伴，还能听到冰块断裂时发出的咔嚓声。他们经受过在实验帐篷里度过冰冻的晚上，也要在冰面上行走数小时才能收集到置于荒野之中的仪器上的读数。他们知道极端寒冷和操作遥控仪器这一技术上的困难会使仪器上的读数失真，所以在测量数据的时候必须保持高度警惕。

"按逻辑上讲，要在地球上的南极看到臭氧损耗的可能性是极小的，"加德纳评论道。[19]但是因为在他们严谨工作的同时又提高了测量的精度，此时出现的臭氧损耗数据却不是变小而是变得更大了。每年都一样：在南极洲10月份的初春急剧的损耗突然表现出来，持续两个月，此后臭氧含量水平又开始逐渐恢复。多布森分光光度计似乎确实看到并盯住了一大块臭氧空洞，隐约显现于南极冰原之上。更使英国南极勘探队的科学家感到气馁的是，他们的竞争对手，技术更精良、而其仪器又装置在绕南极上空的"雨云号"人造卫星之上的美国航空航天局，却没有发现臭氧层出了什么岔子。

3年以后，法曼、加德纳和尚克林相信他们已经足够严格地检验了他们的读数。他们不能再否认他们面前的这些数据所显示的结果了：每年10月，南极上空都会有三分之一的臭氧消失掉。现在领导着气象学和臭氧研究组的英国南极勘探队的加德纳说到他"可怕地认识到"这个结果确实是存在的，他们已经发现了一个全球性的重大问题。要在科学的小心谨慎与有责任尽可能快地提出警告之间作出权衡是一件压力沉重的事情。

他们的论文在1985年发表了，论文描述了在哈利湾站上空有一个巨大的令人感到意外的空洞。这个空洞的深度比珠穆朗玛峰的高度还要大，从10千米向上升到24千米。每年减少的臭氧似乎自己会逐渐补充但最终总是再次消失。一个天上的灰姑娘,南极漫长的黑夜一结束魔法便失灵了。美国航空航天局的"雨云号"人造卫星,从高空用多种机械眼观察地球,不久也得出了相似的数据。美国航空航天局的科学家们发现,在此以前他们已经通过给"雨云号"卫星上的一条指令使其不去理会那些非常低的臭氧读数(因为它们看起来可能是一些差错),而将令人满意的关于臭氧含量的数据传给了他们的计算机。当修正了这条指令以后,"雨云号"开始给出一系列令人瞩目的地球图像:在南极洲上空有黑色的斑块,它逐年不断地在不祥地增大着。它对于人类在地球上造成的这个污斑,有了栩栩如生的描绘,这既震惊了公众,也震惊了研究界。

"我记得一切是如何发生的——结果来了,"现在执教于雷丁大学的一位首席大气科学家奥尼尔(Alan O'Neill)教授说,"对于正在发生的一切,当时没有人有任何概念。"

这是莫利纳和罗兰以前所未能预料到的。化学过程比它的方程所能描述的要复杂得多;除了他们已经考虑过的因素以外,还有其他很多因素在起作用。

后来为了把莫利纳和罗兰的断言与英国南极勘探队勘探的发现结果协调起来而作的努力被证明是大气科学界的一股联合力量,它表明大气科学是比任何其他单门科学都更重要的一门课题。在以往仅停留在其科学小圈子中的那些气象学家、物理学家、数学家和化学家中诞生了一种新的科学人才。这些人才满足于不完全的数据,部分的结果,存在着疑问的各种模型,以及没有人知道接下去出现什么结果的种种空白,他们可以游刃有余地驰骋于各学科之间。

以后的18个月多的工作是在紧张状态下进行的,因为科学家们要紧急修复这个空洞,并且为了取得内部的一致意见,来对外界说出"真话",他们还有许多政治工作要做。莫利纳-罗兰方程理所当然地使得这项工作有了一个良好的开端。这两位科学家以及克鲁岑和其他一些关键性人物一起,立即着手努力工作,试图找到问题的答案。不同学科的科学家们共同投入了解释这个空洞是如何形成的智力战斗之中。[20]根据加德纳所说,每一个人都希望能在他们自己的研究领域里解答这个问题。认为这是对流层范围内问题的人争辩说这是在大气层底部的一种效应,进而作用到其上方。认为是中间层范围内问题的人则认为这是上面的效应降下来造成的。平流层专家却赞成间接的效应,认为在地球上其他地方产生了损耗,然后向南漂移到达南极洲。太阳物理学家则关注太阳活动的变化作为答案所在。其间物理学家发明了旋拧流图线,把这个问题解释为不是因为臭氧耗尽引起的,而是由于南极洲初春突然的温度变化引起的地球周围臭氧的重新分布。另一方面,化学家则从南极洲冬季异乎寻常的寒冷着手研究,看看这样的寒冬是否为春季开头爆发性的臭氧耗尽的化学反应提供了环境上的条件。这些理论中的一些显然一提出就显得滑稽可笑,不过当时对它们加以探究并予以扬弃也许是最适当的了,这样它们以后就不会以任何可信性再度出现。科学家们以惊人的速度达成了一致的意见,许多评论家现在把这项工作看作是对环境问题作出科学反应的典范。

化学家们赢了。好几个研究组都提出,答案就在于寒冷刺骨的南极洲冬季的化学反应里。从4月到8月太阳都照不到南极,飓风像鞭子一样抽打着整个南极,将它那里的空气与大气的其他部分隔开。在这冰封的被隔离的世界里,巨大的环状云高高地在天空上方形成。南极探险家早已谈起过这些幽灵般的云。当太阳落山很久以后,这些云仍然保持着太阳的余辉。云里充满了冰晶:这是一些分散着的细微固体,它们正是臭氧快速被破坏的核心原因。没有人能十分确定其机制,但是大家知道在这些固体的冰晶表面可以发生在其他条件下不能发生的

化学反应。这些冰晶的行为犹如平流层中的婚姻介绍所,在那里各种
气体会在南极的夜晚中驻足、相遇并相互发生反应;否则的话,那些气
体会像船只一样只是经过罢了。

科学家们能够证明在这里停下来参加相互作用的分子是莫利纳和
罗兰早就描述过的"终止分子"(主要是氢氯酸分子和含氯的硝酸盐分
子)。如上所述,横冲直撞的氯原子在参与了和臭氧的数千次反应以
后,它最终被俘获在一个比较稳定的分子之中。到达了这一点后,它的
胡作非为就算到头了,并且下落到地球上。但是在有冰晶的情况下,这
些终止分子则相约在那里,在冰晶的晶体表面起着反应且生成新的物
质,有时就生成氯分子(Cl_2)自己。一旦阳光再次温暖了南极洲,紫外线
就会开始打破氯–氯之间的化学键,将它们又变成活泼的氯原子,这样
它们又重新获得了它们的破坏能力。因此,南极洲的冬天为后来的臭
氧破坏时期提供了独一无二的条件。

当科学家披露了南极洲臭氧空洞——这很快由"雨云号"卫星的照
片变得生动且易于理解——时,它在美国以外成为了一种公众的意
识。就这一回,对于一个即将来临的环境灾难,普通百姓能用自己的行
动来防止它的发生。他们所须做的只是改变一下他们的购买习惯,这
对他们来说是轻而易举的事。世界灾难与日常生活之间的这个联系激
起了公众的想象力,鼓起了环境消费者的环保力量,并且导致许多人在
购买罐装喷雾剂时尽其本分:先阅读一下小号铅字排印的说明。人们
进一步受到查尔斯王储(Prince Charles)宣告的激励,他说即便是黛安
娜王妃(Princess Diana)也会限制她自己只使用合乎道德的喷雾剂。

臭氧空洞的这个发现激发了许多世界性的谈判。现在有90多个
国家签署了《蒙特利尔议定书》的最新修正条款,承诺逐步淘汰其他多
种有可能损耗臭氧的物质。虽然有人担心中国生产的CFC可能会使我

们前功尽弃,但是许多人现在敢说这个问题看来已经得到解决了。大多数科学家预言这个空洞会在2050年到2075年间被补满。[21]虽然南极洲的臭氧空洞仍然在扩大,但这是在预料之中的,因为氯氟烃上升到平流层还有一段时滞。也许21世纪末我们会真正能够向上凝视到一个完整无缺的臭氧层,并且把臭氧耗损的解决方法作为一个对环保的反应写进教科书中去。莫利纳认为他工作的最伟大的影响在于创建了一种将世界看作是单个系统的见解,而这反过来又巩固了人类行为会影响整个地球大气的观念。

"从某些意义上来说,这成了说明——科学确实清楚这些情况是会发生的——的首例。但是,因为这些类型的情况是有可能解决的,因此这件事也成为一个非常重要的先例。"加德纳则提得更具体了。他指出我们应该从臭氧谈判中学会如何解决诸如全球变暖等这样一些问题[22]——我们应该"在气候变化这一更大问题的后果酿成一场大灾难以前,促使各政府达成协议以限制燃烧矿物燃料"。[23]

臭氧就这样使我们像着了魔似地信服,因为我们已避免了第一场全球性的环境灾难,我们也可以用同样的方法去避免更多的危难。各国已经做到抑制他们的CFC生产,但他们就一定能削减矿石类燃料的燃烧从而缓和全球变暖吗?

但是环境问题的下一个章节太复杂了,以至不会有像解决臭氧故事中那样简单的方法。臭氧问题清楚而单纯;它也是一个紧迫而且势不可挡的问题。当今最为声名狼藉的一些问题是:全球变暖问题,森林滥伐问题,以及生物多样性消失问题,它们混乱不堪,狡猾地隐藏着,并且慢慢才会显现出来。在全球变暖这一情况中,矿石燃料是构成各种生活方式和各种社会文化的基础。就像罗兰在1997年亲自告诉美国当时的总统克林顿(Bill Clinton)所说,"在CFC的情况中,所论及的是一些气体,全球大约有20家公司在制造它们。这些公司都是以科学为基础的,其用途几乎全部在社会的富裕阶层那一块。但对于矿石燃料,每一个人几乎每一天在他们的每一个活动中都在使用源自于矿石燃料的能量。"[24]臭氧的故事是用一个不寻常的方法解决掉的一个不寻常的问题。[25]无论如何,正是臭氧方程的简洁性允许它们发挥了其影响力,而这一点已使得世人沾沾自喜,总以为对于其他迫近的环境灾难也能够找到不费劲的解决方法。[26]

对地球的两种看法是这个故事的主要线索。地球是一个脆弱的伊甸园,它的完美在于其精致、淡蓝色的美。同时地球也已被亵渎,我们的工业废气污染了它的两极。化学把这两者联系了起来,而化学方程表达了这一联系的本质。在我们故事开始时,我们的地球是孤弱无援的,就像在塔楼里的一位无助的公主一样。然后来了环保卫士,他们愿意捍卫她的贞洁。一些巫术科学家冒天下之大不韪,公然宣称世界末日要来了。于是环保卫士们展开行动。在最后一章里,各国齐心协力成功地转悲为喜。

莫利纳-罗兰方程是这个童话的核心部分。

注释与延伸阅读:

1. 科斯格罗夫(Denis Cosgrove)在 *Apollo's Eye: A Cartographic Genealogy of the Earth in the Western Imagination*(Johns Hopkins University Press, 2001)一书中探究了"阿波罗17号"宇航飞船上拍摄的这张照片的影响。

2. 这是《纽约时报》(*New York Times*)在1968年12月25日的一篇社论中说过的一句话,文章进而声称"阿波罗"宇宙空间飞行会改变我们对自己在宇宙中地位的看法,其意义之深远就如同哥白尼革命一样。

3. Mario J. Molina and F. S. Rowland, *Nature*, vol. 249, 28 June 1974, pp. 810—812.

4. William H. Brock, *The Fontana History of Chemistry*(Fontana, 1992).

5. Guyton de Morveau, in M. P. Crosland, *Historical Studies in the Language of*

Chemistry（Dover, 1978）.

6. 金属汞就是一个例子*, 虽然它现在有一个拉丁名字 hydrogyrum。氯(chlorine), 一种绿色的气体, 名称源自表示绿色的希腊语 *khloros*。国际纯粹与应用化学联合会最终禁止了用人名来命名元素, 因为这会引起不适宜的、主要是民族主义的争端。

7. John McNeill, *Something New Under the Sun: An Environmental History of the Twentieth Century*（Allen Lane, 2000）.

8. 这一循环可以用方程表示：$NO + O_3 \longrightarrow NO_2 + O_2$；$NO_2 + O \longrightarrow NO + O_2$。

9. 他由于患了脊髓灰质炎而致残了。每天早晨他使用一套绳子和滑轮把自己从床上吊起来。这个太夸张的发明是他的死因：有一天他缠在这套装置之中, 勒死了自己。

10. McNeill, op. cit.

11. 个人访谈, 2000年12月。

12. *Homage to Gaia: The Life of an Independent Scientist*, 这是洛夫洛克的自传（Oxford University Press, 2000）.

13. 达尔文的自然选择是按照个体生存竞争来解释生物体的行为的；盖亚理论意味着生物体也许会按群体的全体利益而共同行事。参见 Richard Dawkins, *Unweaving the Rainbow*, 这是对盖亚理论的批判。

14. Lydia Dotto and Harold Schiff, *The Ozone War*（Doubleday, 1978）.

15. *New Scientist*, 9 September 2000.

16. 到了20世纪70年代后期, 进行过的测量已表明CFC确实到达了平流层, 而且以后的测量表明存在着无氯的原子团。臭氧含量的改变直到20世纪80年代中叶才得到证实。

17. 霍德尔(Donald Hodel)是里根政府的内政部长。他认为戴帽子和墨镜比尽力去阻止臭氧层破坏更为可取。

18. 你可以在英国南极勘察队的网站中找到有关新近的研究以及南极洲生活的风情。http://www.antarctica.ac.uk.

19. 个人访谈, 2000年12月。

20. 关于各种竞争理论的更进一步的细节以及迟至1987年发现平流层臭氧损耗的故事, 参阅 John Gribbin, *The Hole in the Sky: Man's Threat to the Ozone Layer*（Corgi, 1988）.

21. 2000年12月在布宜诺斯艾利斯举行的"平流层过程及其在气候中的作用"(SPARC)的第二届全体会议上, 提出的一份研究对这一问题是乐观的。

22. 全球变暖由地球温度的升高所证明, 而后者可能是由下列三方面的原因产生的：燃烧矿物燃料产生的气体过量地积聚在大气之中, 砍伐林木以及农业的发展。

---

* 在英语中 mercury 一词既作汞解又作水星解。——译者

23. 英国广播公司(BBC)访谈,2000年12月。

24. 全球气候变化东厅圆桌会议,1997年7月24日。

25. McNeill, op. cit.

26. 沙别科夫(Philip Shabecoff)在 *Earth Rising : American Environmentalism in the 21st Century*(Island Press, 2000)一书中认为,因为下述的两大原因,20世纪的环保运动到达了其有效性的极限:问题更复杂了,而解答也更含糊了;反环保运动更活跃,也更难以对付了。

伟大的方程如何长存

斯蒂文·温伯格（Steven Weinberg）

　　美国著名理论物理学家，因电弱统一理论方面的贡献获1979年诺贝尔物理学奖。美国国家科学院院士、1991年美国国家科学奖章得主。著有《最初三分钟——关于宇宙起源的现代观点》（*The First Three Minutes：A Modern View of the Origin of the Universe*）等多部科普畅销书。

●　●　◆　●　●

　　"在现代物理学里这些伟大的方程仍然是科学知识领域中的一个永恒的组成部分，它们可能比更早期的辉煌的大教堂存留得更为久远。"

　　我们显然极难以生活在过去几世纪以前的人那种思维模式去思考,但是他们的许多典型的时代产物如建筑物、道路和艺术作品至今仍保存下来,其中的一些我们仍然还在使用着。与此相似,虽然我们常常难以理解以前科学家们的想法,而他们当时也不知道我们现在所知道的那些知识,但是那些冠以他们名字的伟大的方程——麦克斯韦电磁场方程,爱因斯坦引力场方程,薛定谔量子力学波函数方程,以及在本书中所讨论的其他的方程——都仍然在伴随着我们,并且依然十分有用。正如大教堂是中世纪精神的纪念碑那样,这些方程是科学发展前进道路上的里程碑。会有那么一天,我们不再把这些伟大的方程传授给我们的学生吗?

　　虽然这些方程是科学知识领域中永恒的组成部分,但是我们对它们在什么背景下有效,以及它们为何在这些背景下有效的原因的理解却已有了深刻的变化。我们不再像麦克斯韦本人那样把他的方程看作是对以太中张力的描述,也不像他的同时代的物理学家亥维赛(Oliver Heaviside)*那样把这个方程看作是对电磁场的确切描述。我们自从20世纪30年代以来就知道,这个支配着电磁场的方程包含了无数个附加项,它们正比于越来越高的场功率及场振荡的频率。这些附加项在可见光的频率中是微不足道的,但是在高得多的频率中将会引起光的散射。麦克斯韦理论是一个**有效场论**,即这个理论仅仅是对足够弱小的、缓慢变化的场才是一个很好的近似。

　　那些必须添加到麦克斯韦方程组中去的附加项来自于电磁场中与成对的带电粒子及其反粒子的相互作用,它们源源不断地从空无一物空间中产生出来,然后又相互湮没。20世纪30年代,人们对这些附加项通过运用量子电动力学(即电磁学、电子和反电子的量子理论)作了

---

　　*　亥维赛(1850—1925),英国物理学家、数学家。——译者

计算。量子电动力学本身也不是最后的解决办法,它来源于一个在理论上更基本的方程,即现代基本粒子的标准模型。为此我们要取一个近似:其中所有的能量被取得很小以至于不能产生 W 场和 Z 场(在标准模型中出现的这些场是电磁场的同胞兄弟)的量子。然而这个标准模型也不是最后的答案;我们认为它仅仅是一个更基本理论的低能量近似,而这个更基本的理论的方程可能根本不包括电磁场以及 W 场和 Z 场。

广义相对论方程经历过相似的重新解释。爱因斯坦在推导他的方程时,受到了一个基本的深刻见解的指引,这就是万有引力和惯性的等价原理。不过,他还引入了一个特别的假设——数学上的简单性,即方程应该是所谓的二阶偏微分方程。这就是说,爱因斯坦所设想的方程只包含场的变化率(一阶导数)和变化率的变化率(二阶导数),不会再包含更高阶的变化率了。我不知道爱因斯坦在什么地方曾解释过这个假定的动机。他在 1916 年发表的有关广义相对论的论文中,声称"在选择这些方程时,其任意性是有最小限度的",因为这些方程本质上只可能是引力场的二阶偏微分方程,这样才能与引力和惯性等价的原理保持一致。但是至少在那篇文章中,爱因斯坦没有尝试去解释为什么方程必须是二阶的。可能是他仰仗于下列同样也未被解释过的事实:当牛顿的引力理论用引力场写出来时,这些场所满足的方程(泊松方程)是二阶的。或者也许是爱因斯坦感到有如此基本的重要意义的方程就必须尽可能简单。

如今,广义相对论已被广泛地认为(虽然不是人人都如此认为)是另一个有效场论,它仅仅在距离远大于 10^{-33} 厘米和粒子能量远小于与 10^{19} 个质子的静止质量相当的能量时才适用。今天没有人会(或者至少是没有人也许会)认真地对待在更短的距离或更大的能量的情况下,由广义相对论得出的任何结论。

一个方程越重要,我们对它含义的变化越要留神。这些变化里最为引人注目的要数狄拉克方程了。在这个方程里,我们看到的不仅是我们有关方程为何是正确的、方程在什么条件下是正确的这两点的观点发生了变化,还能看到我们对方程所表述的内容的理解也有了根本性的变化。

狄拉克在1928年开始寻找量子力学薛定谔方程的一个变体,使它能与狭义相对论保持一致。薛定谔方程决定了量子力学的波函数,这是一个依赖时间和空间位置的数值量,而它在任何位置和时刻处的平方等于在那个时刻、那个位置发现粒子的概率。薛定谔方程并不对称地对待时间和空间,而这种对称性应是狭义相对论所要求的。更确切地说,此时波函数随时间的变化率和波函数对位置的二阶导数(也就是说,波函数位置变化率的位置变化率)相关联在一起。狄拉克指出,一个没有自旋粒子的薛定谔方程的相对论性的版本(克莱因-戈登方程)与概率的守恒是不一致的。而所谓的概率守恒原理要求在某个时刻发现粒子的全部概率必定总是百分之百。

狄拉克构建起了薛定谔方程的一个相对论性的版本,它能与概率守恒原理保持一致。这个方程自那时起就称为狄拉克方程,但是它所描述的却是一个自旋为1/2(以普朗克常量单位制来表示)而不是0的粒子。这被认为是一个伟大的成就,因为人们早在几年以前通过对原子光谱的解释,就已知道了电子的自旋是1/2。再者,通过研究外部电磁场对他的方程产生的效应,狄拉克能够说明电子是一个小磁体,其磁场强度恰恰等于荷兰物理实验家古德斯米特和乌伦贝克从光谱数据中推得的结论。此外,狄拉克能够计算出氢原子的"精细结构"。这是指仅仅在整个角动量中有区别的状态之间能量要有微小的差异。当1984年狄拉克逝世时,悼念他的一份讣告把电子为何必定有1/2的自旋归功于他的解释。

　　所有的这些困难在于,不存在狄拉克所寻找的那种相对论性量子理论。相对论和量子力学的融合必然会形成一些有无限量粒子的理论。在这些理论中,波函数所依赖的真正的动力学变量不是一个粒子或几个粒子的位置,而是像麦克斯韦电磁场那样的**一些场**。粒子是这些场的量子,即是能量和动量的包。光子是电磁场的一个量子,其自旋为1。电子是电场的一个量子,其自旋为1/2。

　　毕竟,如果狄拉克的论点是正确的话,那么这些论点必将会适用于任何种类的基本粒子。在狄拉克的分析中,他没有引用到电子的一些特殊性质,使电子与其他粒子区别开来。事实上,这些性质包括电子是有极微小质量的粒子,以及它们是在所有普通原子中都能找到的绕原子核周围轨道运动的粒子。但是跟狄拉克设想的相反,量子力学和相对论并没有不允许存在自旋不同于1/2的基本粒子,而且人们知道这些粒子确实是存在着的。不仅光子的自旋为1,而且也有自旋为1的重粒子,即如W粒子和Z粒子,它们似乎与电子一样都是基本粒子。在相对论性量子力学中,甚至没有任何理论能阻碍自旋为0的基本粒子的存在。事实上,这种粒子在我们如今的一些基本粒子相互作用的理论中现身了,许多实验物理学家花费了大量的精力来寻找这些无自旋的粒子。

　　狄拉克理论成功地预言了存在电子的反粒子,也就是正电子,这是其最伟大的成就。这种正电子几年后在宇宙线中被发现了。狄拉克察觉到他的方程具有负能量的解。为了避免所有原子中的电子进入负能态而引起的崩溃,他假定这些态几乎都是占满的,以致泡利不相容原理(它不允许两个电子占据同一个状态)就能维持正能量的普通电子的稳定性。而偶尔未填充的负能态就被用来解释为相当于一个有正能量的,但其电荷与电子相反的粒子,也就是把它看成一个反电子。

　　但是从量子场论的视角来看,没有理由能说明为什么一个自旋为

1/2的粒子必然有一个相反的反粒子。在我们的一些理论中,自旋为1/2的粒子是它们自己的反粒子,虽然这些粒子从来没有被检测到过。当然,虽然量子场论告诉我们,一个带电粒子必然有一个相反的反粒子,但是这种说法正如对自旋为1/2的粒子那样,它对自旋为0或1的粒子(这些粒子不遵循泡利不相容原理)来说,也同样是正确的,并且这种自旋粒子的反粒子在实验中是已为人熟知的。

在狄拉克研究工作后的许多年里,在这一点上的混乱状态一直持续着,甚至延续到了今天。20世纪50年代,在伯克利计划制造一台新的加速器,它第一次拥有足够的能量以产生反质子。有人提出了异议,因为人人都知道质子肯定有一个反粒子,为什么要以此特定的发现为目标去设计这样一台加速器呢?当时作出的一个回答是,质子似乎并不能满足狄拉克方程,因为它的场强要比狄拉克理论所预期的强大得多,而且如果质子不能满足狄拉克方程的要求,就没有理由去预期它有一个相反的反粒子。人们当时还没有认识到狄拉克方程与反粒子的必然性之间是毫无联系的。

那么,狄拉克方程为何在预言氢原子的精细构造和电子的磁场强度这些方面如此有用呢?这恰好是因为量子力学和狭义相对论的结合要求,如果有一个场,它的自旋量子数为1/2,并且只与经典的外部电磁场相互作用,那么这个场就必须满足一个在数学上与狄拉克方程等同的方程,尽管它有着跟原来迥然不同的解释。场不是一个波函数——它不像薛定谔波函数那样是一个数值量,而只是一个量子力学的算符,而且它也没有在不同位置上发现粒子的概率的那种直接的解释。在考虑了这个算符对单个电子各个状态的作用以后,我们能计算出该粒子的磁强度以及该粒子在各原子中所处的一些态中的一些能量。由于电子场算符的方程在数学上恰恰与狄拉克对他的波函数所给出的方程是一样的,所以这种计算的结果就和狄拉克的一样了。

所有这一切都仅仅是近似的结果。电子在电磁场中的相互作用还有着量子涨落。所以说,电子的磁场强度和它在原子中各态的能量就并不完全与狄拉克所计算出来的那些结果一致了。而且电子与原子核还有非电磁的弱相互作用。不过在普通的原子中,这些都是很小的效应。虽然根据狄拉克方程作出的关于原子结构的计算仅是近似的,但它们却是一个很棒的近似,而且依然大有用处。

因此,狄拉克方程仍然是有效的。当一个方程像狄拉克方程那样成功时,它永远不只是个错误。对于反对者提出的理由而言它可能不再正确了;在新的背景下,它可能完全垮掉;我们必须不断地乐于接受对这些方程的新解释。不过,在现代物理学里这些伟大的方程仍然是科学知识领域中的一个永恒的组成部分,它们可能比更早期的辉煌的大教堂存留得更为久远。

图书在版编目(CIP)数据

天地有大美:现代科学之伟大方程/(英)格雷厄姆·法米罗主编;涂泓,吴俊译. —上海:上海科技教育出版社,2020.6

书名原文:It Must be Beautiful:Great Equations of Modern Science

ISBN 978-7-5428-7200-5

Ⅰ.①天… Ⅱ.①格… ②涂… ③吴…
Ⅲ.①方程–基本知识 Ⅳ.①0122.2

中国版本图书馆CIP数据核字(2020)第056743号

责任编辑 陈 浩 潘 涛 林赵璘
装帧设计 汤世梁

天地有大美——现代科学之伟大方程

[英]格雷厄姆·法米罗 主编
涂 泓 吴 俊 译
冯承天 译校

出版发行 上海科技教育出版社有限公司
(上海市柳州路218号 邮政编码200235)
网 址 www.sste.com www.ewen.co
经 销 各地新华书店
印 刷 常熟市华顺印刷有限公司
开 本 720×1000 1/16
印 张 22.5
版 次 2020年6月第1版
印 次 2020年6月第1次印刷
书 号 ISBN 978-7-5428-7200-5/N·1089
图 字 09-2020-451号
定 价 65.00元